KB008068

세계 최대 스미스소니언 자연사박물관 이야기

박물관이 살아 있다

책을 펴내며

사랑하면 알게 되고, 알면 보이나니…

저는 스미스소니언을 사랑합니다. 스미스소니언은 미국 워싱턴 DC에 있는 세계 최대 박물관 그룹입니다. 스미스소니언의 미션은 '인류의 지식을 늘리고 확산하는 기관'입니다. 그 안에 미국국립박물관 19개, 국립연구소 14개, 그리고 국립동물원이 있습니다. 그중 '스미스소니언 자연사박물관'과 '스미스소니언 항공우주박물관'은 단일 박물관으로서 그 분야 세계 최대의 컬렉션과 전시 시설, 그리고 연구 시스템을 갖추고 있습니다.

저는 스미스소니언 정책분석실(OP&A)에서 방문연구원으로 훌륭한 선배 연구원들과 같이 근무했습니다. 저의 연구 과제는 '미국 과학관에서의 과학교육시스템 연구'였습니다. 스미스소니언에서 저는 많은 것을 얻었습니다. 먼저 제 인생의 스승 두 분을 만났습니다. 폴 테일러 박사님과 캐롤 네비스 박사님 두 분입니다. 그리고 제 삶의 새로운 콘텐츠를 배웠고 지금도 배우고 있습니다. 한국에 스미스소니언과 같은 국립자연사박물관을 만들겠다는 인생의 목표도 세웠습니다. 캐롤 네비스 박사님은 OP&A의 디렉터였습니다. 제주 항공우주박물관에는 이분의 컨설팅과 도움을 받은 전시물들이 아직 있습니다. 테일러 박사님은 자연사박물관 코리아 갤러리의 책임자였습니다. 박사님은 저의 꿈을 후원한다며 15년째 제게 귀중한 스미스소니언 자료들과 책들을 보내주고 있습니다. 지금까지 보내주신 책과 자료, 잡지들이 1,300권 이상입니다. 테일러 박사님은 이 책의 원고를 다 보시고, 정말 바쁘신 가운데도 기꺼이 추천사를 써주셨습니다.

이 책 〈박물관이 살아 있다〉의 원고를 쓰기 시작한 게 2016년입니다. 어느덧 7년 7개월의 세월이 흘러 이제야 겨우 책이 나오게 되었습니다. 책을 쓰는 내내 저는 세 가지를 반영하려고 노력했습니다. 첫째, 각각의 주제에 대해 통찰력을 갖고 보는 것입니다. 둘째, 너무 뻔한 일반 지식보다는 짧지만 깊이 있고, 다른 것들과 연관성이 있는 정보를 발견해내는 것입니다. 셋째,

무엇보다도 재미있는 이야기로 엮어내는 것, 즉 스토리텔링입니다. 다행히 스미스소니언 자연사박물관의 전시는 이런 요소들을 모두 잘 갖추고 있습니다.

"사랑하면 알게 되고, 알면 보이나니, 그때 보이는 것은 전과 같지 않으리라."

저는 유홍준 교수님의 이 말을 무척 좋아합니다. 한 구절 한 구절이 마음에 쏙쏙 와닿습니다. 저와 함께 이 책을 읽으면서 여러분도 스미스소니언 자연사박물관의 전시가 다르게 보이기 시작했으면 좋겠습니다.

그동안 때로는 머리 아프고 답답한 시간이 많았습니다. 하지만 스미스소니언 같은 국립자연사박물관의 필요성을 알린다는 소박한 사명감으로, 자연사박물관의 전시에 대해 제대로 한번 공부해보자는 마음으로 자료를 찾아 읽고, 또 읽으면서 참 미련하게 썼습니다.

책이 나올 때까지 저를 도와주신 분들이 많습니다. 특히 (사)과학관과문화의 최미정 수석연구원이 많은 도움을 주었습니다. 주제별로 필요한 자료, 책, 정보들을 찾아주고 콘텐츠 구성과 원고 교정에도 큰 도움을 주었습니다. 아들 권호석도 틈틈이 원고를 읽어보며 의견을 주었습니다. 사진도 저와 제 동료들이 직접 찍는다고 찍었지만, 책에 넣기엔 화질이나 조명 때문에 부족한 점이 많았습니다. 최미정 수석연구원과 영남대 박물관의 김대욱 박사님, 경산시의 박장호 박사님, 전북대학교 이택우 군도 자신들이 찍은 사진들을 사용하도록 보내주었습니다. 그래도 도저히 구하기 힘든 사진들이 꽤 있었습니다. 마침 작년부터 스미스소니언에서 이미지 다운로드를 허용하는 정책이 생겨서 바다거북, 대왕오징어 등 제가 직접 찍을 수 없는 사진들을 책에 사용할 수 있었습니다. 스미스소니언에 감사드립니다. 7년 7개월의 시간 동안 무한한 인내심을 발휘하며 원고를 기다리고, 이 책의 출판을 허락해주신 리스컴 출판사의 이진희 대표님께 진심으로 감사드립니다. 디자이너 한송이 씨와 에디터 김민주 씨에게도 감사의 마음을 전합니다.

추천사

스미스소니언을 찾아주신 여러분, 진심으로 환영합니다

스미스소니언 국립자연사박물관에 대한 통찰력 있고 자세하게 설명된 이 책의 추천사를 쓰게 되어 영광입니다. 권기균 박사가 설립한 (사)과학관과문화의 학생 연수단은 매년 정기적으로 우리 자연사박물관을 방문했습니다. 저는 인류학 부문 큐레이터 및 연구 프로그램 책임자로서 그들을 10년 넘도록 즐겁게 맞이하고 있습니다.

권기균 박사는 2005-2006년에 스미스소니언의 중앙기획정책실에서 방문연구원으로 일했습니다. 그곳에서 그는 스미스소니언 국립자연사박물관 '코리아 갤러리'의 성공적인 설립을 위해 자문을 해주었습니다. 그는 자문단에 꼭 필요한 핵심 구성원이었습니다.

방문연구원으로서 권 박사의 주요 연구 주제는 과학교육에서 스미스소니언 과학관의 역할 연구였습니다. 그는 한국으로 돌아간 이후에도 스미스소니언에서 연구했던 과학교육에 관한 아이디어를 적극적으로 과학관에 적용했습니다. 그리고 다양한 형태로 스미스소니언과 협력을 계속해왔습니다. 그가 우리 박물관을 한국 독자들에게 소개하는 중요한 이 책을 출간하게 된 것도 그런 과정의 결과물입니다. 저는 스미스소니언을 한국 독자들에게 소개하는 책을 쓰기에 그보다 더 적합한 사람은 없다고 생각합니다.

〈박물관이 살아 있다〉는 스미스소니언 박물관의 역사, 박물관의 미션인 '지식의 증진과 확산', 박물관의 다양성에 대해 매우 유용한 개괄서입니다. 스미스소니언 컬렉션의 방대함과 수많은 직원들의 연구 관심 분야를 자세히 설명하고 박물관의 주요 전시 내용을 요약한 이 책은 많은 독자들에게 커다란 도움을 줄 것입니다. 특히 스미스소니언을 방문하려는 사람들은 이 책을 읽고 박물관의 주요 전시실에 대한 자세한 정보를 얻을 수 있고, 자연사박물관이 전시를 통해 전달하려는 메시지도 깊이 있게 이해할 수 있을 것입니다.

이 책 집필에 헌신한 저자에게 진심으로 감사드립니다. 이 책을 통해 스미스소니언을 방문하는 모든 분들이 많은 학습의 경험과 유익하고 즐거운 시간을 갖게 되기를 바랍니다!

It is an honor for me to write these words of introduction to Dr. KWON Ki-kyun's insightful and well-illustrated new Korean-language overview of the Smithsonian's National Museum of Natural History. As a curator and research program director within the Anthropology department of this Museum, I have had the pleasure for over a decade of welcoming Dr. Kwon and the many visiting student groups he regularly brought to the Smithsonian from the Korean Association for Science Centers and Culture, which he founded.

Dr. Kwon has been closely associated with the Smithsonian since his first appointment as a Visiting Scholar in 2005-2006 at the Institution's former central planning and policy office. From that office he was an integral and helpful member of the group of advisors that worked with us to establish the Smithsonian's very successful "Korea Gallery" at the National Museum of Natural History.

His primary research topic as a Visiting Scholar was to study the role of Smithsonian science museums in science education. After Dr. Kwon's return to Korea, he actively applied many of the ideas about science education that he was developing at the Smithsonian's science museums. He has continued many forms of collaboration and now also this important publication introducing our Museum to the Korean public. I cannot think of anyone more qualified than Dr. Kwon to have written a book introducing our museum to a Korean audience.

This book provides a very useful overview of the Smithsonian's history, its core mission("increase and diffusion of knowledge"), and the diversity of its museums. This book, notes the large numbers of visitors and the range of staff research interests. Many readers will benefit from this book's summary of the contents of the National Museum of Natural History's major exhibitions. Those planning a visit to this museum will especially find this book's detailed information about our major exhibition halls useful for better understanding of the many messages conveyed within the exhibition halls, during their visits.

I sincerely thank Dr. Kwon for his dedication in preparing this book. To all who visit the Smithsonian through the pages of this book, I wish you a great learning experience and a productive and enjoyable visit!

Paul Michael Taylor

미국 스미스소니언 국립자연사박물관 인류학부 아시아 문화사 프로그램 이사,
아시아 유럽 및 중동 민족학 큐레이터

추천사

공학박사가 자기 전공 분야도 아닌 자연과학 분야에 대해 공부한 것을 이야기로 풀어냈다. 자연과학에 대해 아는 것 없는 누구라도 재미있을 부분만 선별해 자세하게, 다양한 각도에서, 오랫동안 들여다본 것을 얘기하듯이 정리해 놨다. 그것이 이 책이 갖는 가치다. 책의 모든 페이지에는 현장 사진 한두 장이 들어가 있어서 실제로 박물관을 구경하면서 해설 듣는 느낌을 그대로 가질 수 있다.

자연사 관련 지식이 없거나 아무 생각 없는 사람에게 "인간과 바나나의 DNA 60%가 똑같다는 사실 알아?"라고 호기심을 불어 넣어주는 역할까지도 한다. 그러면서 질문에 대한 이유를 친절하게 설명해준다. 46억 년 전에 지구가 생긴 이후 땅이 변하고, 37억 년 전에 생명체가 탄생하고 진화해서 오늘에 이르기까지의 물질의 역사는 과학 공부 그 자체다. 이 책으로 과학 공부의 중요한 기둥 하나를 확실히 잡은 것이나 다름없다.

김선빈 _ 전 국립과천과학관장

스미스소니언 자연사박물관에 들어서면 그 규모와 깊이, 그리고 전시기법에 다시금 놀라게 된다. 이 거대한 박물관을 책에 담아 한국으로 가져올 생각을 한 사람이 있다. 그곳에 몸담아 그 가치를 누구보다도 잘 알고 있던 그는 이 땅의 아이들과 어른들에게 보여주고자 7년의 시간을 헌신했다. 그 결과 미국의 자랑 스미스소니언 자연사박물관이 벌거벗겨져 고스란히 이 책에 담겼다. 저자는 자연사박물관을 꼼꼼히 살펴보되 그의 철학이 담긴 '하나고르기'로 깊이를 추구했으며, 그의 해박한 만물 지식으로 재미를 더했다. 저자는 이 책을 통해 스미스소니언 자연사박물관을 이 땅에 이식하는 데 성공했다. 이 책으로 더 많은 사람이 과학에 대해 관심을 갖고 제2의 스미스슨이 나오는 데 밑거름이 되길, 자연사박물관을 시작으로 저자의 더 큰 대장정이 이루어지길 기대해본다.

나용수 _ 서울대학교 원자핵공학과 교수, 전 ITER 통합운전전문가 그룹 의장

스미스소니언 박물관 하면 누구나 익히 들어본 이름입니다. 세계 최대의 박물관이자 교육, 연구 커뮤니티입니다. 인류의 지식증진과 확산을 위한 미션과 비전을 가지고 1846년에 세워진 스미스소니언은 미국을 움직이는 힘의 원천이 되고 있습니다. 세계 최대의 자연사박물관을 비롯해 19개 박물관으로 구성된 이곳은 세계적 수준의 박사급 연구원들만도 500명이 넘는다고 합니다. 이런 거대한 조직의 구석구석을 한눈에 훑어볼 수 있게 정리해준 이 책은 정말 대단한 노력의 결정판이라 할 수 있습니다. 저자 권기균 박사는 지난 2005년부터 2006년까지 스미스소니언의 연구원으로 참여했고, 지금까지도 스미스소니언과 교분을 맺으며 남다른 열정을 가지고 있습니다. 우리나라에서도 이런 미래의 꿈을 비추어줄 랜드마크가 어디엔가 세워져야 할 때라고 생각합니다.

박규택 _ (사)과학의전당 이사장, 전 한국과학기술한림원 총괄부원장

알면 알수록 더 많이 볼 수 있고, 많이 보면 볼수록 더 많은 감동을 느낄 수 있다. 독자들은 스미스소니언의 안내 팸플릿 정도로는 결코 알 수 없는 진수를 이 책에서 느낄 수 있을 것이다. 방대한 스미스소니언 박물관의 역사와 전시물에 관한 이 책의 내용들은 오랜 시간 그곳에서 직접 연구하고 지속해서 관계를 이어온 저자만이 할 수 있는 이야기다.

이 한 권의 책을 통해 독자들은 단순히 스미스소니언을 이해하는 것을 넘어 수십만 년 지속되어 온 인류 문명의 역사를 느끼게 될 것이다. 우리가 사는 세상이 얼마나 아름답고 멋진 곳이며, 그 문명을 이루기 위해 우리 선조들이 얼마나 많은 노력을 기울였는지를 이해하게 될 것이다. 이 책을 읽다 보면 저자가 안내하는 박물관을 함께 관람하는 듯한 착각에 빠질 것이다. 스미스소니언을 방문해 전시물을 보고 싶다면 방문 전 꼭 이 책을 읽어볼 것을 권한다.

이태형 _ 충주고구려천문과학관 관장

〈박물관이 살아 있다〉는 스미스소니언 박물관의 연구원으로 과학교육과 연구에 참여하고 지금까지 소통해온 이야기꾼 권기균 박사의 통찰력과 스미스소니언의 방대한 소장품이 만나서 만들어진 역작입니다. 과학과 역사, 인간의 독창성에 대한 깊은 이해를 바탕으로 권 박사의 글솜씨, 역동적인 현장 사진과 상세한 설명까지 더해졌습니다. 훌륭한 해설가와 함께 박물관을 관람하면서 인류의 역사를 따라 흥미진진한 시간 여행을 하게 될 것입니다. 이 책은 학생들의 지적 호기심과 과학에 대한 열정을 불러일으키는 진로서입니다. 동시에 온 가족이 함께 읽고 과학과 예술, 역사에 대해 소통할 수 있는 길잡이가 될 책입니다. 자연의 놀라운 다양성을 궁금해하는 모든 사람에게 완벽한 가이드가 될 이 책을 적극 추천합니다.

이혜숙 _ 이화여대 명예교수, 한국과학기술젠더혁신센터 소장, 한국과학기술단체총연합회 고문

이 책은 스미스소니언 자연사박물관의 '찐팬'인 저자가 7년 동안 애정과 열정을 가지고 집요하고 끈기 있게 그리고 미련스럽게 완성한 역작이다. 이 책은 생각하는 힘을 키우고 창의력을 높이는 하나고르기 탐구법을 기반으로 한 문장 한 문장 쓰여졌다. 저자는 철저한 자료 수집과 검증을 바탕으로 전시물을 전문적으로 소개하며, 호기심을 유발하고 흥미로운 에피소드를 적재적소에 넣는 영리함으로 독자로 하여금 손에서 책을 놓지 못하게 한다. 이 책은 자연사 분야 지적 욕구를 충족시킬 수 있는 전문 도서이며, 자연사에 대한 대중의 관심과 흥미를 불러일으킬 교양 도서이자, 어린이와 청소년의 미래 설계를 도와주는 진로서이다.

조경숙 _ 이화여자대학교 공과대학 환경공학과 교수, 한국과학창의재단 생활과학교실 운영 책임교수

추천사

(사)과학관과문화 대표이자 한국과학문화교육단체연합 회장인 권기균 박사의 원고를 받아보고 경탄을 금할 수 없었다. 스미스소니언 자연사박물관은 입장료 없이 일 년 내내 관람이 가능한 세계 최대의 자연사박물관이다. 1억 5,000만여 종의 식물, 동물, 화석, 운석, 유골 및 역사적 문화 유물들을 전시하고 있다.

이 책은 이들 전시물이 배치되어 있는 5개 전시실을 차례로 둘러본다. 우리가 채 알지 못했던 여러 가지 새로운 사실들을 재미있게 설명하고 있다. 곁들인 사진들은 마치 우리가 박물관을 걸어 다니며 관람하고 있는 듯한 착각에 빠지게 만든다. 저자의 뛰어난 표현력 또한 독자들에게 더욱 생생한 현장감을 느끼게 한다. 더구나 저자는 스미스소니언 박물관에서 방문연구원으로 연구를 진행한 경험이 있고, 지금까지도 박물관과 밀접한 관계를 유지해오고 있으니 누구보다 스미스소니언을 잘 안다고 할 수 있다.

과학을 사랑하는 모든 사람에게 필독을 권하고 싶은 책이 발간되어 기쁜 마음을 금할 길이 없다. 끝으로 이렇게 귀중한 책을 집필한 저자와 출판사에게 감사하다는 말씀을 드린다.

진정일 _ 고려대 명예교수, 한국과학문화교육단체연합 이사장, 전 대한화학회 및 IUPAC 회장

스미스소니언 자연사박물관은 세계 최대 규모와 최고의 전시 기법을 자랑하는 자연사박물관이다. 이 책은 그런 스미스소니언 자연사박물관의 전시를 마치 우리가 직접 방문해서 관람하듯 자세하게 설명해주는 책이다.

우리나라에는 아직 국립자연사박물관이 없다. 국립자연사박물관의 기능을 일부 담당하는 곳들은 있지만, 스미스소니언 같은 국립자연사박물관은 없다. 자동차 부품 생산공장은 있지만 자동차를 처음부터 끝까지 완성하는 공장은 없는 것과 같다. 이 책이 국립자연사박물관 건립 운동의 촉매 역할을 하길 바란다. 이 책을 읽고 많은 사람들이 국립자연사박물관의 중요성을 이해하고, 국립자연사박물관 건립의 필요성을 느꼈으면 좋겠다.

특히나 인생의 꿈을 키워가는 중요한 시기를 보내는 청소년들이 자연사박물관을 통해서 자연을 탐구하며, 인류의 역사를 알아보고, 세상을 바꿀 큰 꿈을 꾸길 바란다. 그래서 청소년들에게 이 책을 읽어보기를 권한다. 자연과 인류를 사랑하는 성인들에게도 이 책은 곁에서 조언을 아끼지 않는 친절한 친구가 되어줄 것이다. 오랫동안 이 책을 집필한 저자에게 경의를 표한다.

조한희 _ 한국박물관협회 회장, 한국자연사박물관 관장

역시 스미스소니언 박사다. 저자 권기균 박사는 스미스소니언 자연사박물관의 연구원으로 근무했던 경험과 네트워크로 과우회의 학생들에게 스미스소니언 자연사박물관의 버추얼 탐방을 안내해주었다. 상세한 해설과 하나고르기 게임을 통해 과학영재들의 자기 주도적 과학탐구력을 키워주었다. 그런 그가 〈박물관이 살아 있다〉를 출간한다는 소식에 가슴이 설렜다. 원고를 받아보고 나서 이번에는 만물박사라는 생각을 갖게 됐다. 권 박사의 지식은 해박하고 내용전달력은 뛰어나다. 무엇보다 책이 아주 재미있게 술술 읽힌다.

이 책은 스미스소니언 자연사박물관에 큰 가치를 얹어준다. 저자는 이 한 권에 전시물의 생물학적·고고학적 측면뿐만 아니라 그 전시물에 얽힌 인류 발전사까지 담았다.

나는 이 책이 과학관 전시에 관한 필독서라고 생각한다. 과학관 전시 해설자들도 이 책을 참고하면 좋겠다. 누구든지 국내외 어느 과학관을 탐방하든 이 책을 미리 읽으면 큰 도움이 될 것이다. 과학관에 갈 수 없는 경우라면 이 책만 읽어도 충분하다. 그만큼 전시물을 생생하게 보고 느끼고 즐길 수 있게 해주기 때문이다. 아는 만큼 더 볼 수 있고, 배운 만큼 더 즐길 수 있게 해주는 책, 그것이 바로 〈박물관이 살아 있다〉다.

최석식 _ 과우회장, 전 과학기술부 차관

7년 동안 계속되어온 저자의 노력이 드디어 결실을 맺었다. 이 책은 스미스소니언 박물관이 소장하고 있는 전시물에 대한 저자만의 혜안을 담고 있다. 스미스소니언 박물관에 대한 저자의 남다른 애정은 2000년대 중반 그가 스미스소니언 박물관에 방문연구원으로 머무르면서 시작되었다. 그 후부터 지금까지 매년 박물관을 방문하면서 전시물들을 파악하고 연구해온 그는 스미스소니언 박물관과 전시물들에 정통한 몇 안 되는 전문가가 되었다. 스미스소니언 박물관의 수석 큐레이터인 폴 테일러 박사와의 각별한 인연도 그만이 가지고 있는 특별한 점이다. 이런 저자의 설명을 접하니 비로소 스미스소니언 박물관과 그곳에 전시된 전시물을 올바로 이해할 수 있을 것 같다.

이 책을 읽고 스미스소니언 박물관을 방문한다면 분명 전혀 다른 느낌으로 전시물을 둘러볼 수 있을 것이다. 과학계의 이야기꾼으로 통하는 저자가 바로 옆에서 설명하는 듯한 생생함을 느낄 수 있다. 이 책을 읽는 모든 사람들에게 생생한 현장감과 저자의 열정이 온전히 전달되기를 바란다.

한동수 _ 카이스트 전산학부 교수, 카이스트 스마트전시기술 연구단장

Contents

Discover your impact on life's epic story today and into the future.
Exploring Earth's distant past helps us understand the present and plan our future.
JOURNEY THROUGH
Explore how life evolved as the world changed.
DEEP TIME
Travel back to the origins of life on Earth.
Mass Extinction
Travel Back in Time
DEEP TIME MAP

1장 스미스소니언 이야기

2장 포유류 전시실

3장 해양 전시실

4장 인류의 기원 전시실

5장

보석·광물·지질학 전시실

6장

화석 전시실

1장
스미스소니언 이야기

세계 최대의 박물관 스미스소니언

'워싱턴' 하면 가장 먼저 생각나는 것은? '미국의 수도'다. 미국 대통령이 사는 백악관과 국회의사당이 이곳에 있다. 그다음은 넓은 잔디밭 광장과 워싱턴 DC의 랜드마크인 높이 170미터의 워싱턴 기념탑(워싱턴 모뉴먼트)이다. 이것을 중심으로 서쪽 끝에는 링컨기념관이, 동쪽 끝에는 국회의사당이 있다. 이들은 워싱턴을 배경으로 하는 거의 모든 영화에 등장한다.

워싱턴 기념탑을 중심으로 한 내셔널 몰. 타원이 있는 자리에는 현재 아프리칸 아메리칸 문화역사 박물관이 건립되었다.

소장품 1억 5,400만 점, 자연사박물관만 1억 4,600만 점

워싱턴을 상징하는 또 하나의 아주 중요한 것이 있다. 미국 국회의사당과 워싱턴 기념탑 사이에 있는 잔디밭이다. 이 잔디밭을 사람들은 '내셔널 몰'이라고 부른다. '워싱턴 광장'이라는 별명도 있다. 잔디밭의 길이는 1.6킬로미터, 폭은 400미터나 된다.

2008년 오바마 대통령 취임식 때는 이곳에 200만 명의 인파가 모였다. 그런데 여기서 절대 빼놓을 수 없는 것이 있다. 영화 〈내셔널 트레저〉와 〈박물관이 살아있다 2〉의 무대가 되었던 곳. 세계 최대의 박물관 복합단지, 바로 스미스소니언이다.

스미스소니언을 처음 방문하는 사람들은 적어도 세 번은 놀란다고 한다.

첫째, 그 방대한 규모에 깜짝 놀란다. 스미스소니언은 정말 크다. 길이 1.6킬로미터인 내셔널 몰의 양옆으로 14개의 대형 건물들이 늘어서 있다. 맨 끝에 있는 농무부 건물 하나만 빼고 모두 박물관과 미술관이다. 그중 2개가 미국 국립미술관, 나머지가 모두 스미스소니언 박물관이다.

스미스소니언 박물관은 워싱턴 DC와 뉴욕에 모두 19개가 있다. 2020년 의회의 건립 승인을 받은 미국 라티노 박물관과 미국 여성역사 박물관까지 포함하면 21개다. 부속기관으로 교육 및 국립연구소가 14개, 도서관이 21개 있는데, 이중 과학도서관이 10개다. 이 도서관들은 기구상으로는 '스미스소니언 도서관과 아카이브'라는 연구소 소속이다. 스미스소니언 박물관은 뉴욕에 있는 2개만 빼고 모두 워싱턴 DC에 있다. 워싱턴 DC에는 스미스소니언 미국 국립동물원도 있다.

스미스소니언은 정말 크다. 상근 직원이 6,300여 명, 자원봉사자가 7,000명이다. 그중 세계적 수준의 연구원들이 500명이 넘는다. 공동으로 연구프로젝트를 진행하는 나라도 100여 개국이나 된다. 매년 전 세계에서 수천 명의 박사들이 이곳에 와서 프로젝트를 진행한다. 소장품의 경비를 담당하는 경비원의 숫자만 1,900명이다. 1년 예산은 대략 2조 원이 넘는다.

웹사이트도 엄청나다. 웹사이트 방문자가 코로나 19 이전에 연간 2억 명을 훨씬 넘었다. 코로나 19 이후에는 웹사이트에서 버추얼 투어와 비대면 교육자료들이 추가되었다. 그래서 온라인 방문객까지 합치면 그보다 훨씬 많다. 스미스소니언에서 발행하는 잡

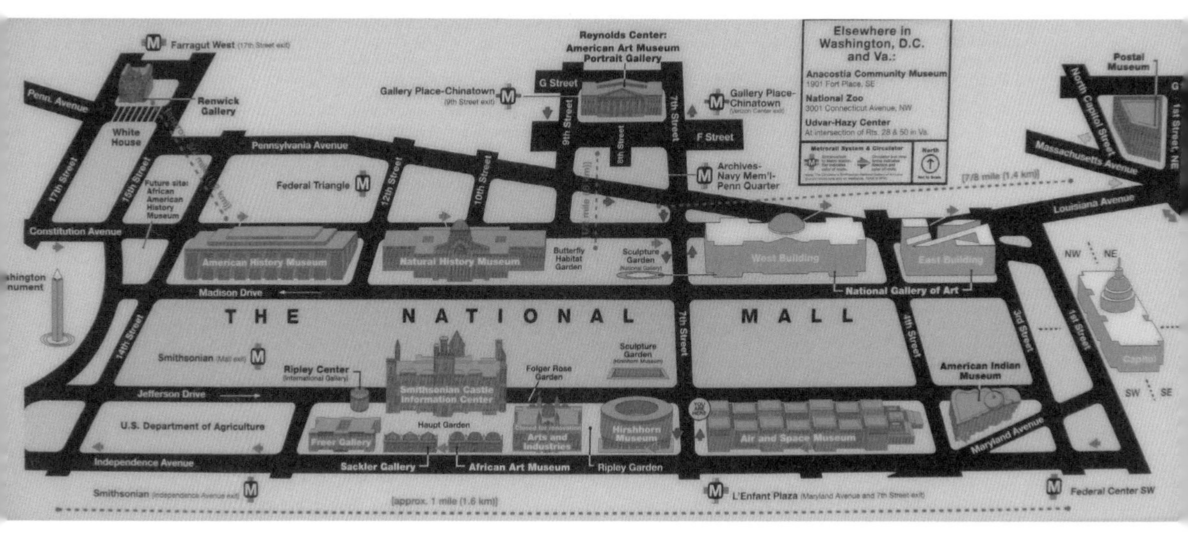

스미스소니언 박물관 배치도

지도 있다. 월간으로 간행되는 〈스미스소니언 매거진〉과 격월간인 〈항공 우주(Air & Space)〉다.

둘째는 관람객이 엄청나게 많아서 놀란다. 한 해 스미스소니언 방문자는 3천만 명이 넘는다. 가장 인기 있는 곳은 항공우주박물관으로 관람객이 830만 명, 다음이 자연사박물관 680만 명, 세 번째가 미국 역사박물관 420만 명이다. 더욱 놀라운 것은 박물관과 미술관의 입장료가 무료라는 점이다. 코로나 19로 대부분 박물관과 미술관이 문을 닫으면서 웹사이트를 강화해 버추얼 투어를 시작했다. 그중에서도 스미스소니언 자연사박물관의 버추얼 투어는 시스템이 가장 편리하게 잘 되어 있다.

셋째로 사람들이 놀라는 것은 스미스소니언 박물관의 풍부한 전시물과 세련된 전시기법이다. 스미스소니언의 소장품은 1억 5,400만 점이다. 그중 자연사박물관의 컬렉션이 1억 4,600만 점으로 전체의 94%나 된다. 세계의 자연사박물관 중에서 최대 규모다. 곤충 표본 3,500만 점, 무척추동물 3,500만 점, 새 표본 62만 점, 포유류 표본이 59만 점이나 된다, 조개껍질은 2,000만 점, 물고기가 400만 점이다. 고래 컬렉션도 6,500점이나 된다. 광물도 60만 점이 넘고, 보석도 1만 점 이상이다. 심지어 운석이 1만 7,000점 이상이고, 식물 종도 500만 종이 넘는다. 게다가 인류학 연구를 위해 수집한 사람의 두개골과 뼈가 3만 3,000 명의 것이 있다.

만약 이것들을 하나씩 꺼내 1분씩 본다면? 먹지도 자지도 않고 300년을 보아도 모자란다. 그래서 스미스소니언은 소장품의 1% 이하만 전시한다. 나머지는 수장고에 보관하면서 연구용으로 활용한다. 대표적인 박물관을 골라서 몇 가지만 살펴보자.

항공우주의 역대급 스타들이 실물로 전시된 항공우주박물관

내셔널 몰의 항공우주박물관에 들어서면 눈이 휘둥그레진다. 화려한 항공우주의 역대급 스타들이 모두 모여 실물로 전시되어 있기 때문이다. 린드버그가 최초로 대서양을 횡단했을 때 탔던 비행기 '세인트오브루이스호', 최초의 상업용 우주선 '스페이스십 원', 맨 처음 달에 착륙했던 우주인 암스트롱과 올드린, 콜린스가 탔던 '아폴로 11호'의 사령선, 미국 최초의 우주선 머큐리 '프렌드십 7호', 팀 화이트가 1965년 미국인 최초로 우주 유영을 할 때 탔던 '제미니 4호', 척 예거가 탔던 최초의 초음속 비행기 '벨 X-1', 라이트 형제가 타고 처음 하늘을 날았던 유인동력 비행기 '플라이어 1호' 등 역사적으로 유명한 비행기와 우주선 등이 실물로 23개 전시실에 화려하게 펼쳐져 있다.

항공우주박물관의 세인트오브루이스호(맨 왼쪽)와 그 뒤의 스페이스십 원(맨 뒤), 그 아래 아폴로 11호 달 착륙선

1974년 미국 아폴로 우주선과 소련 소유스 우주선이 우주에서 도킹하는 장면

1층 왼쪽의 전시실엔 1974년 미국 아폴로 우주선과 소련의 소유스 우주선이 우주에서 도킹하는 장면이 전시되어 있다. 그 옆에는 스쿨버스 크기의 허블망원경 실물 모형이 있다. 허블망원경 렌즈 초점이 맞지 않아 우주 공간에서 수리를 했던 미션 4에 대한 해설도 함께 전시되어 있다. 그밖에 미국 최초의 우주정거장 스카이 랩, 폰 브라운이 개발한 2차대전 때 영국에 엄청난 규모의 폭격을 가했던 나치의 V2 로켓도 있다. 모두 실물들이다. 그 옆 전시실에서는 우주왕복선의 기획에서 개발단계까지의 역사를 보여준다.

버지니아에도 또 하나의 스미스소니언 항공우주박물관이 있다. 우드바하지센터다. 이곳은 규모가 워싱턴의 항공우주박물관보다 훨씬 더 크다. 실내 전시장의 면적이 축구장의 3배나 된다. 여기에서 톱스타는 2012년 퇴역한 우주왕복선 '디스커버리호'다. 또 지금까지 운행했던 것 중에서 가장 빠른 정찰기 '블랙버드(SR-71)'도 있다. 이 비행기는 로스앤젤레스에서 워싱턴까지를 불과 1시간에 주파했다. 히로시마에 원자폭탄을 투하했던 폭격기 '에놀라 게이'와 악명 높은 일본의 가미카제 자살특공대가 탔던 비행기도 있다.

최초의 초음속 여객기 '콩코드'도 있다. 그밖에 각종 대회에서 우승한 비행기들과 우주선 등 270여 대의 비행기와 우주선들 그리고 우주복과 각종 미사일들이 모두 실물로 건물 안에 전시돼 있다.

워싱턴 DC와 버지니아를 합쳐 스미스소니언의 항공과 우주에 관한 컬렉션은 5만 8,300 점이다. 2011년 초까지 전시되어 있던 우주왕복선 '엔터프라이즈호'는 2012년에 뉴욕에 있는 자유의 여신상 앞으로 옮겨갔다. 대신 그 자리에 '디스커버리호'가 들어왔다.

규모와 전시품, 전시기법에서 세계 최대인 자연사박물관

내셔널 몰에서 국회의사당을 바라보면 왼쪽에 초록색 돔형 지붕의 석조건물이 보인다. 스미스소니언 자연사박물관이다. 계단을 올라가 자연사박물관의 입구 1층으로 들어서면, 중앙홀에는 세계에서 제일 큰 아프리카코끼리가 보인다. 그 왼쪽은 포유동물 전시실, 그 뒤편에는 해양 전시실이 있다. 이들 두 전시실의 출구 사이에 '인류의 기원' 전시실이 있다. 오른쪽으로는 5년간의 리노베이션 끝에 2019년 새로 문을 연 화석 전시실이 있다.

우드바하지센터의 디스커버리호

스미스소니언 자연사박물관 전경

포유동물 전시실에는 274마리의 포유동물 표본들이 실감 나게 전시되어 있다. 이 전시실의 주제는 '진화'다. 전시를 준비하는 데만 6년여가 걸렸고 약 200억 원의 돈이 들어갔다. 이곳에 전시된 동물 표본들은 대부분 스미스소니언 국립동물원에서 죽은 동물들로 만들었다. 그러나 마치 살아 있는 것처럼 생동감이 있다.

해양 전시실은 길이 13.8미터의 참고래 모형이 아이콘이다. 약 3,700리터의 물속에 인도·태평양에서 서식하는 산호초가 자라는 수족관도 있다. 또 전 세계에 12마리밖에 없는 대왕오징어 표본 중 2마리가 이곳에 전시 중이다. 살아 있는 화석 실러캔스도 실물 표본 2개가 이곳에 있다. 사자갈기해파리, 메갈로돈 외에 방대한 해양생물 표본들이 화려하게 전시 중이다. 이것 역시 준비 기간 5년에 300억 원이 넘는 예산이 들어갔다.

2010년 문을 연 '인류의 기원' 전시는 10년간 110명의 인류학자가 연구한 결과를 가지고 48개국의 협조를 얻어 이루어졌다. 유명한 인류 화석 76개를 선정해서 그 화석이 있는 나라들의 협조를 얻어 복제품을 한곳에 모아 전시한 것도 있다. 또 루시의 복원 모형과 8종의 인류 조상들의 얼굴을 복원한 전시도 있다. 여기에는 250억 원이 들어갔다.

2019년 개관한 화석 전시실은 면적이 약 870평이고, 전시물이 약 700점이나 된다. 가장 최근에 완성된 전시실답게 화려하고 가장 짜임새가 있다. 화석 전시실이지만 과거에서부터 현재와 미래까지 연결하는 새로운 관점으로 이야기를 펼쳐간다. 목이 긴 디플로도쿠스 화석이 전시실 가운데에 길게 보이고, 가장 유명한 티라노사우루스 화석 3개 중 하나인 '국보급 티라노사우루스'를 미 육군 공병대로부터 50년 임대 형식으로 빌려와 전시하고 있다. 화석을 정리하는 모습도 직접 볼 수 있다.

2층에는 지질학·보석·광물 전시실이 있다. 여기에는 세계에서 가장 유명한 다이아몬드인 '호프 다이아몬드'가 있다. 45.52캐럿의 이 다이아몬드는 세계에서 가장 큰 블루다이아몬드다. 그밖에 각종 진귀한 보석·광물, 지구와 달의 여러 암석과 운석들이 가득하

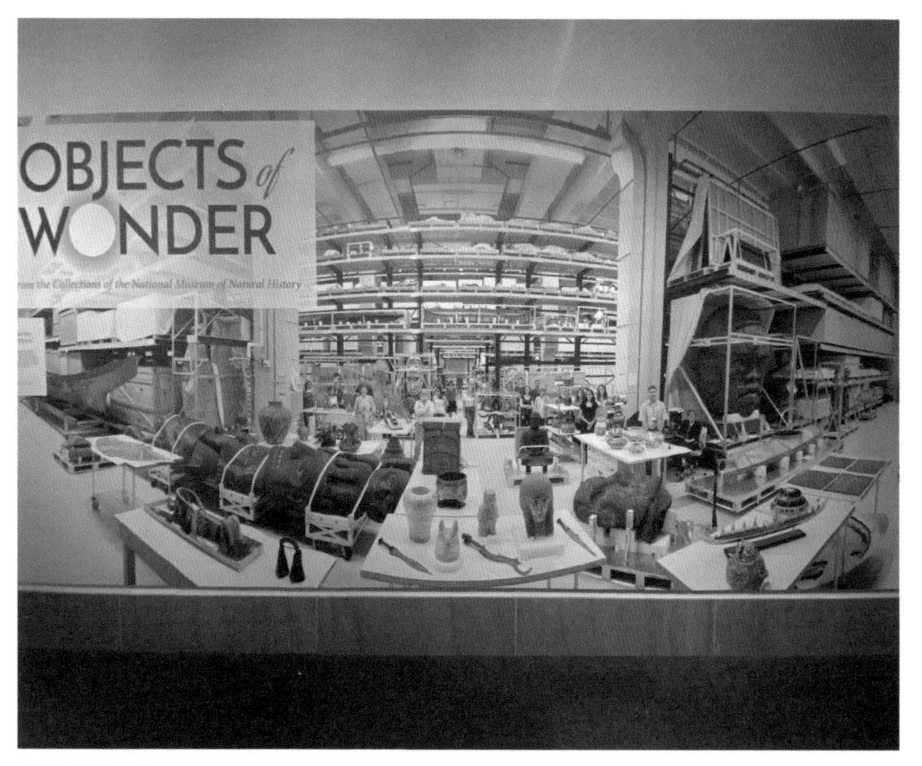

스미스소니언 수장고

2007년부터 2017년까지 2층에 설치되어 있던 코리아 갤러리. 왼쪽부터 차례로 갤러리 맵, 입구에 전시되었던 변시지 화백 작품, 갤러리 내부 모습.

다. 이 전시실을 꾸미는 데에는 130억 원 가까이 들었다. 그 밖에 척추동물의 뼈를 모두 조립해서 만든 전시실도 있다. 곤충, 살아 있는 나비, 각종 생물의 뼈, 이집트 미라 전시실 등도 볼거리가 가득하다.

2007년부터 2017년까지는 2층에 한국관 전시실(Korea Gallery)이 있었으나 협약 기간이 만료되어 전시가 끝났다. 그때 코리아 갤러리 책임자였던 폴 테일러 박사가 다시 코리아 갤러리 계획을 추진 중인데, 한국 정부의 관심과 지원이 꼭 필요하다.

풍부한 문화와 예술, 역사 컬렉션

스미스소니언에는 미술관도 많다. 스미스소니언 소속은 아니지만 미국 국립 미술관도 내셔널 몰에 있다. 그밖에 근현대 회화와 조각 작품으로 유명한 허시혼 미술관도 스미스소니언 소속이다. 아시아와 중동 지역의 세공품과 그림, 의류, 동양 예술품과 생활용품을 전시하는 프리어 갤러리와 새클러 갤러리도 있다. 그리고 아프리칸 아트 뮤지엄에는 아프리카 미술품과 토산품도 수만 점 있다. 내셔널 몰에서 조금 떨어진 곳에는 미국 작가들의 미술작품만 모아 놓은 국립 아메리칸 아트 뮤지엄이 있고, 같은 건물에는 스미스소니언 국립 초상화 박물관도 있다. 참고로, 뉴욕에 있는 스미스소니언 국립 디자인 박물관인 쿠퍼 휘트 뮤지엄에는 각종 디자인 작품이 20만 점 이상 있다.

스미스소니언 인디언 박물관도 있다. 처음에는 뉴욕에 문을 열었고, 나중에 이곳 내셔널 몰에 인디언 박물관을 하나 더 지었다. 인디언 박물관을 건립하기 위해 15개 인디언 부족의 동의를 모두 받아내는 데만 15년이 걸렸다. 당시 인디언 부족들이 내놓은 소장품들이 트럭 2,400대분이나 되었다.

스미스소니언의 설립 목적은 '인류의 지식 증진과 확산'이다. 그런 점에서 스미스소니언 박물관의 역할은 전시와 연구에만 있는 것이 아니다. 스미스소니언은 자신들의 활동 범위로 4대 영역을 제시한다. 제1순위는 과학이다. 그다음이 예술, 역사 그리고 문화다. 과학적 연구에 중점을 두면서도 교육을 비롯한 거의 모든 분야에 걸쳐 스미스소니언은 미국을 움직이는 힘이다.

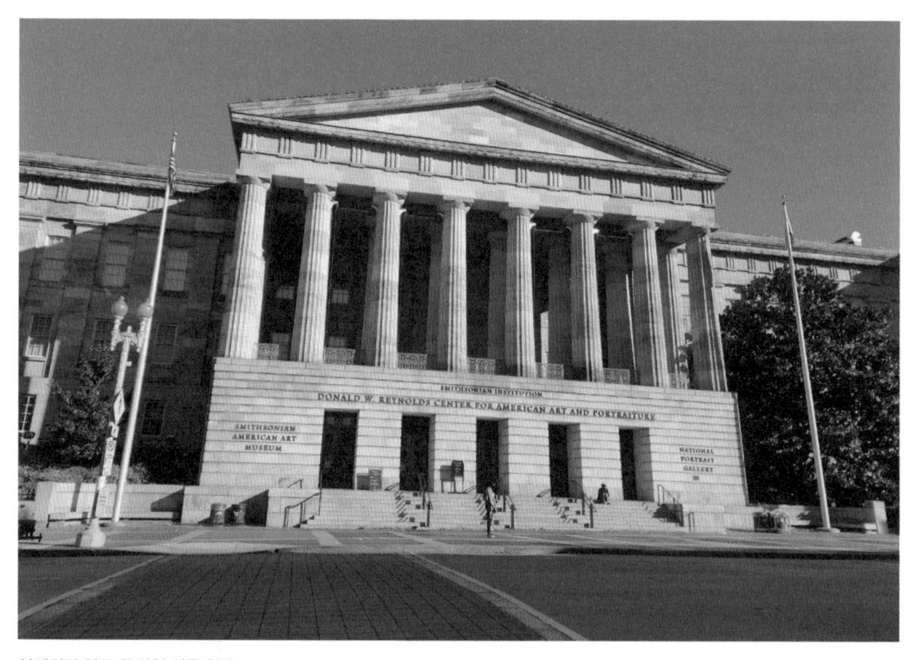

아메리칸 아트 뮤지엄 정문 입구

스미스소니언 복합단지 안의 또 다른 명소,
리플렉션 풀·링컨기념관·한국전 참전용사 추모공원

링컨기념관에서 바라본 리플렉션 풀. 워싱턴기념탑이 풀에 반사되어 보인다.

링컨기념관 앞에는 길이 1킬로미터의 넓고 긴 직사각형 풀이 있다. 영화 〈포레스트 검프〉에서 주인공 포레스트 역의 톰 행크스가 반전 시위 장소에서 여주인공 제니를 극적으로 만나는 장면의 그 연못이다. 링컨기념관에서 이곳을 보면 워싱턴 기념탑이 물속에 반사되어 보인다. 또 워싱턴 기념탑 쪽에서 보면 링컨기념관이 풀에 반사되어 보인다. 그래서 이름이 '리플렉션 풀'이다.

링컨기념관의 계단은 1963년 흑인 인권운동가 마틴 루터 킹 목사가 '나에게는 꿈이 있습니다(I have a dream)' 연설을 했던 그 계단이다. 이 연설로 흑인 민권운동의 횃불이 점화되었다. 지금도 그가 연설했던 자리에 포토존 표시가 있다. 사람들은 그곳에서 기념사진을 찍는다.

1963년 흑인민권운동 당시 리플렉션 풀에 모인 사람들. 여기서 마틴 루터 킹 목사가 연설을 했다.

킹 목사는 왜 이 계단에서 그 연설을 했을까? 뒤를 돌아보면 답을 알 수 있다. 바로 뒤에 '흑인 노예 해방'을 실현한 미국 제16대 대통령 에이브러햄 링컨의 커다란 석상이 있다. 이 계단을 올라 링컨기념관으로 들어가면 링컨 조각상을 가운데 두고 양쪽 벽면에 유명한 게티스버그 연설문과 링컨의 두 번째 취임 연설문이 크게 새겨져 있다.

리플렉션 풀을 사이에 두고 워싱턴 기념탑 반대편에 링컨기념관이 있다. 링컨기념관 입구에 있는 링컨 조각상

연못 오른편에는 한국인들이 그냥 지나칠 수 없는 작은 공원이 있다. 한국전 참전 용사 추모공원이다.

이곳은 여러 가지 과학적 데이터들을 적용해서 제작되었다. 이 추모공원은 정확히 북위 38도 지점에서 시작된다. 여기에는 총을 들고 낮은 오르막길을 행군하는 참전 용사 19명의 동상이 있다. 이 19명의 모습이 그 바로 옆의 검은 돌벽에 반사되어 38명이 된다. 8·15해방 직후 38선은 한국 분단의 상징이었다. 이 공원의 흙과 나무들은 우리나라 태백산맥에서 직접 가져온 것들이다. 부조에 새겨진 수많은 얼굴들은 실제 참전했던 미군 병사들의 사진을 보고 만든 것이다.

공원 산책로를 따라가면 왼편에 한국전에 참전했던 나라들 이름이 새겨져 있고 맨 끝에는 유명한 '자유는 공짜가 아니다(Freedom is not free)' 문구가 새겨져 있다. 이 문구 바로 다음에 한국전쟁에서 전사한 미군 병사들과 UN군의 숫자가 있다. 사망자 미군 54,226명, UN군 628,833명.

병사들의 동상 맨 앞에 새긴 글귀가 마음을 숙연케 한다.

"우리나라는 자신들이 결코 만난 적도 없는 사람들과 전혀 알지도 못했던 나라를 지키기 위해 국가의 부름에 응했던 조국의 아들과 딸들을 기억합니다."

한국전 참전용사 추모공원. '자유는 공짜가 아니다 (Freedom is not free)' 문구가 새겨져 있다.

신비롭고 흥미진진한 스미스소니언 박물관의 탄생 이야기

제임스 스미스슨 얼굴 부조

스미스소니언은 세계 최대의 박물관 그룹이다. 연구소면서 미국을 움직이는 '이너 서클'이기도 하다. 이것은 제임스 스미스슨(James Smithson, 1765-1829)이라는 영국 과학자의 유산으로 세워졌다. 그런데 이 제임스 스미스슨의 출생 과정부터 박물관의 탄생까지가 파란만장하다.

영국 과학자의 유산으로 세워진 스미스소니언 박물관

제임스 스미스슨은 1765년 프랑스 파리에서 영국인 부모의 혼외자식으로 태어났다. 그의 아버지는 영국의 공작, 어머니는 영국 왕 헨리 7세의 직계 후손인 왕녀 출신 미망인으로 물려받은 재산이 많았다.

제임스 스미스슨은 옥스퍼드 대학에서 화학과 광물학을 공부했고, 22살에 영국 왕립학회 회원이 되었다. 황동을 만드는 데 쓰이는 칼라민은 그의 이름을 따서 '스미소나이트(Smithsonite)'라고 명명되었다. 그는 전기의 근본적인 성질들도 연구를 했다. 그밖에도 다양한 연구를 했는데, 그중에는 특이한 것들도 많다. 예를 들면, 뱀의 독에 대한 분석, 화산재의 성분 조사, 여성의 눈물 성분 분석 등이다. 그는 모두 27편의 과학 논문을 남겼다.

그는 어머니로부터 막대한 유산을 물려받았다. 하지만 평생을 독신으로 지내다가 1829년, 63세에 사망해 이탈리아 제노바 근교의 개신교 묘지에 묻혔다. 그는 죽기 3년 전인 1826년에 직접 유서를 써놓았다.

"내 유산을 조카에게 물려준다. 만약 그 조카가 죽을 때에 상속자가 없으면 그 유산을 모두 팔아서 금괴 형태로 미국 워싱턴으로 보내 달라. 그곳에 '인류의 지식을 늘리고 확산하는 기관'을 세워 달라. 기관 이름은 내 이름을 따서 '스미스소니언 기관(Smithsonian Institution)'으로 하라."

제임스 스미스슨 인물 안내

제임스 스미스슨이 죽자 유산은 모두 조카 헨리 제임스 디킨슨에게 상속되었다. 6년 후, 1935년 조카 헨리 제임스가 사망했다. 그런데 그도 결혼을 하지 않아 상속자가 없었다. 유산은 일단 모두 영국으로 귀속되었다.

영국과 2년간 재판, 대통령과 국회까지 나서다

스미스슨이 사망한 1829년 말, 영국에 주재하던 미국 외교관 애론 베일은 이 유서의 내용을 미국 정부에 알렸다. 그리고 1835년, 스미스슨의 조카마저 죽은 후 미국은 스미스슨의 유산에 대해 통보를 받았다. 그때 미국 대통령은 제7대 앤드루 잭슨으로, 현재 미국 20달러 지폐의 주인공인 인물이다.

그때나 지금이나 미국 행정부는 법적으로 외국의 돈을 받을 수 없다. 앤드루 잭슨 대통령은 1835년 12월 17일 의회에 이 사실을 알리고 유권해석을 의뢰했다. 이 사안에 대해 의회에서 연방주의자와 반연방주의자 간에 격론이 벌어졌다. 반연방주의자들은 국가기관을 설립할 헌법적 권한이 없다면서 반대했다. 그러나 의회의 다수파는 존 퀸시 애

제7대 미국 대통령 앤드루 잭슨의 초상화가 인쇄된 20달러 지폐

덤스가 이끄는 연방주의자들이었는데, 그들의 주도로 1836년 찬성 법안이 통과되었다. 법안은 스미스슨의 유언대로 그의 유산을 받아서 스미스소니언 기관 설립에 사용할 수 있도록 했다.

존 퀸시 애덤스는 미국 2대 대통령을 지낸 존 애덤스의 아들이다. 그는 6대 대통령선거에서 앤드루 잭슨을 완패시키고 당선되었다. 하지만 7대 대통령선거에서는 앤드루 잭슨에게 패했다. 이렇게 앤드루 잭슨과 존 퀸시 애덤스는 정적이었지만, 스미스소니언 설립에 대해서는 힘을 합쳤다. 그것이 미국의 국익에 도움이 된다고 판단했기 때문이다. 이렇게 스미스슨의 유산으로 워싱턴 DC에 스미스소니언 기관을 설립하는 것이 합법적으로 가능하게 되었다. 그러나 유산이 먼저 영국으로 귀속되었기 때문에 유산을 찾아오려면 영국과 소송을 해야 했다. 마침내 1838년, 소송 2년 만에 미국 측이 승소했다.

미국은 유언장에 언급된 대로 유산을 모두 팔아 1파운드짜리 금화로 바꿨다. 금화는 박스로 모두 11상자였다. 당시 금액으로 미화 508,318.46달러, 미국 연방정부 예산의 1.5%가 넘는 큰돈이었다. 참고로, 그로부터 30년 후 미국이 알래스카를 사들였을 때 러시아에 지불한 돈이 720만 달러다. 그것과 비교해보면 스미스슨의 유산이 얼마나 큰 돈이었는지 짐작이 간다.

'인류의 지식을 늘리고 확산하는 기관'

돈만 찾아왔다고 다가 아니었다. 법안이 통과되면서부터 이미 또 다른 격론이 벌어졌다. '인류의 지식을 늘리고 확산하는 기관'이 무엇인가에 관한 토론이었다. 처음에 사람들은 스미스슨의 생각은 대학 설립이라고 생각했다. 그러나 국회의원, 교육자, 연구자, 사회개

혁가, 일반 대중 모두가 나서 스미스슨의 '지식의 증진과 확산'의 의미가 무엇인지 의견을 내놨다. 천문대, 과학연구소, 국립도서관, 출판사 또는 박물관 등 점차 다른 아이디어들이 제시되었다. 영국과 소송을 하는 데에 2년이나 시간이 지났건만, 그 돈으로 무엇을 할 것인지는 결론이 나지 않았다. 돈을 찾아오자 토론이 더 치열해졌다. '대학이다', '아니다, 도서관이다', '아니, 연구소다', '박물관이다'

1846년, 마침내 과학연구소이면서, 박물관이고, 도서관이면서, 출판도 하고, 천문대도 있는 것으로 10년 만에 결론이 났다. 이어 '스미스소니언 기관에 관한 법'이 제정되었다. 1846년 8월 10일, 제11대 제임스 포크 대통령이 스미스소니언 법안에 서명했다. 유일하게 대학을 제외하되 이상에서 언급한 복합 기능들을 담당하는 기관, 스미스소니언은 대표와 이사회에 의해 운영되는 신탁 기관으로 자리 잡혔다.

이 법안의 기본골격은 177년이 지난 지금까지도 그대로 유지되고 있다. 스미스소니언은 연방정부에 의해 설립되었지만, 입법·사법·행정부에 속하지 않는다. 스미스소니언 기관 자체의 이사회에 의해 운영되는 조직이다. 미국에서는 장관을 '세크리터리(Secretary)'라고 한다. 스미스소니언의 대표도 호칭이 세크리터리다. 그렇게 한 이유는 장관급 예우

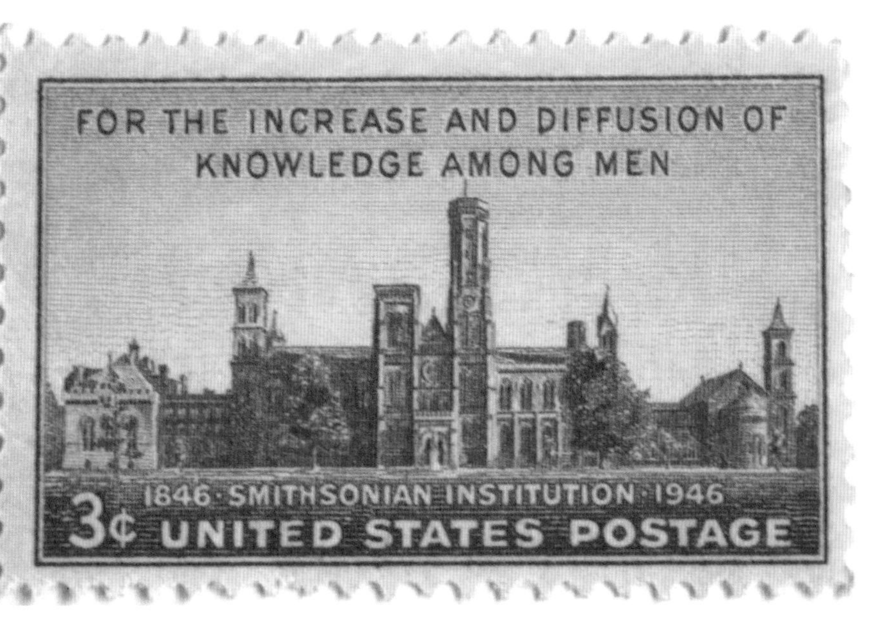

지식의 증진과 확산을 위하여 설립된 스미스소니언 박물관을 기념하는 우표

로 어느 한 부서의 지휘를 받지 않도록 한다는 의미가 있다.

스미스소니언의 이사진은 연방대법원장과 미국 부통령을 포함해 상원의원 3명, 하원의원 3명, 시민대표 9명으로 구성된다. 미국의 연방대법원장은 종신제이므로 이사 임기도 종신이다. 상원과 하원의장의 추천을 받아 임명되는 국회의원인 이사들은 임기가 의원 임기와 같다. 시민대표들은 이사회의 추천을 받아 대통령이 임명한다. 그중 2명은 워싱턴 DC 거주자여야 한다. 나머지 7명은 50개 주에서 지명되는데, 한 주에서 2명은 안 된다. 이사회는 1년에 3번씩 개최하며, 여기서 스미스소니언의 전략과 예산, 사업의 주요 사항들을 결정한다.

연구·행정·강의·전시 모든 것이 스미스소니언 캐슬에서

1846년 첫 이사회는 '인류의 지식 증진과 확산'을 위해 스미스소니언 빌딩 건축을 결정했다. 위치는 워싱턴 DC의 내셔널 몰, 건물은 노르만 건축 양식으로 했다. 초대 대표로는 뉴저지대학(현 프린스턴대학교의 전신) 전자기학 교수 조셉 헨리가 선출되었다. 그는 32년의 재임 기간(1846~1878) 중 스미스소니언이 위대한 연구센터로서 자리매김할 수 있게 기틀을 잡았다.

영국과의 소송 후 스미스소니언을 어떤 형태로 가져갈 것인가에 대해 토론이 8년 동

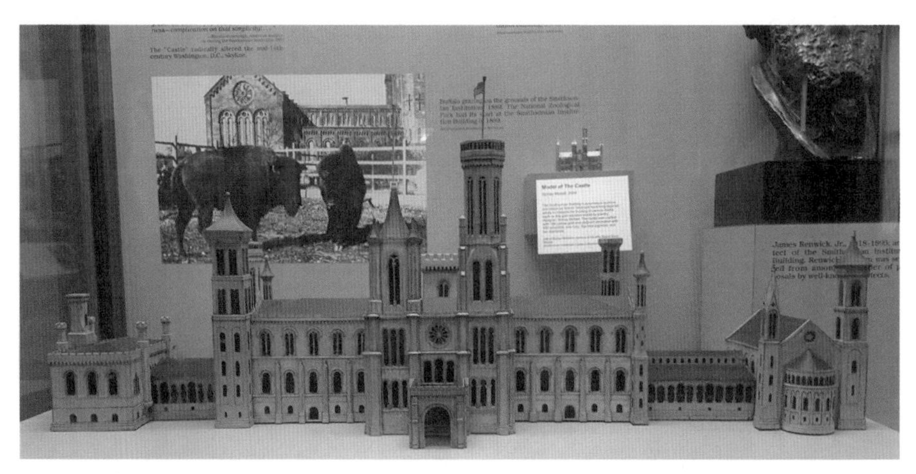

스미스소니언 캐슬 모형

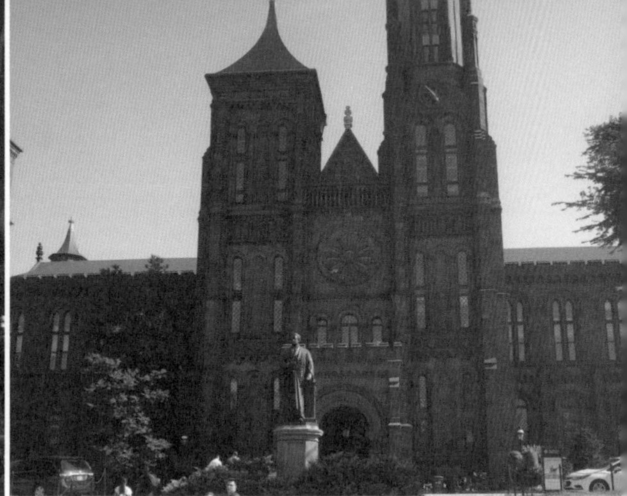

왼쪽은 캐슬 내부, 오른쪽은 스미소니언 캐슬 외관과 초대 세크리터리 조셉 헨리의 동상

안이나 이어졌다. 그동안 쌓인 이자도 엄청나서 그 이자로 스미스소니언의 첫 번째 건물을 설계하고 지었다. 건물을 짓는 데만 7년이 걸렸다. 그 건물이 현재의 '스미스소니언 캐슬'이다.

개관 당시에는 캐슬에서 연구, 행정, 강의, 전시 등 스미스소니언의 모든 것이 이루어졌다. 도서관, 실험실, 수장고, 대표의 생활공간까지 다 캐슬에 있었다. 현재는 스미스소니언 본부 사무실과 스미스소니언 인포메이션 센터, 스미스소니언 19개 박물관을 상징하는 전시물들로 꾸며진 홀이 있다. 이 홀에서는 중요한 행사의 의전과 만찬 등이 개최되곤 한다. 캐슬 뒤편에는 '하웁트 가든'이라는 아름다운 정원이 있다. 캐슬의 설계는 건축가 제임스 렌윅 주니어가 맡았다. 그는 공학과 역사에 대한 이해, 예술과 건축에 대한 풍부한 경험을 바탕으로 절충주의 스타일의 설계를 했다.

그런데 특이하게도 제임스 스미스슨은 죽을 때까지 단 한 번도 미국을 방문한 적이 없었다. 방문은 고사하고, 미국의 그 누구와도 편지 왕래조차 한 적이 없었다. 그런 그가 왜 하필 유산을 모두 미국의 워싱턴으로 보내라고 했을까?

정확한 이유는 알 수 없다. 다만 추측할 뿐이다. 미국의 독립이 1776년이고, 연방정부가 임시수도였던 필라델피아에서 워싱턴 DC로 수도를 옮긴 것은 1800년이었다. 워싱턴 DC는 계획도시여서 새로운 세계에 대한 상징적 의미가 있었다. 그래서였을까? 아니면 돈 많은 부모의 혼외자식으로 태어나서 자란 서러움에, 차별 없는 신세계를 동경해서였을까? 스미스소니언은 이렇게 극적인 탄생과정을 거쳐서 만들어졌다.

미국을 움직이는 힘, 스미스소니언

스미스소니언을 알면 미국이 보인다

스미스소니언은 '캐슬'이라는 건물 하나에서 출발했다. 하지만 창립 이래 177년 동안 꾸준히 발전을 이루며 성장해왔다. 현재는 그 안에 19개의 국립박물관과 14개의 교육 및 연구센터, 21개의 도서관, 1개의 국립동물원이 소속되어 있다. 말 그대로 세계 최대의 박물관·교육·연구 커뮤니티다. 또 2020년에는 스미스소니언 미국 라티노 박물관과 스미스

캐슬 뒤쪽의 하웁트 가든

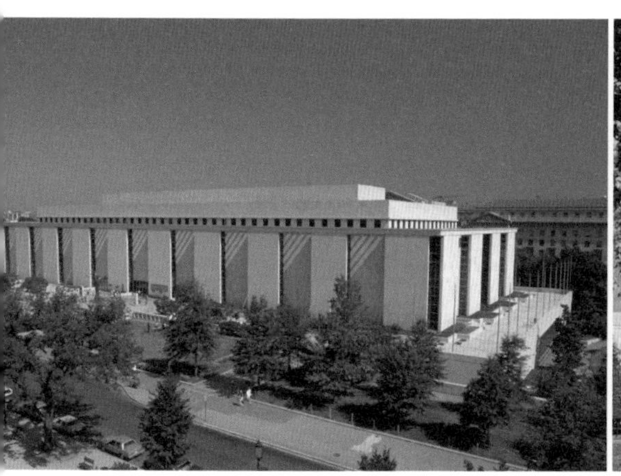

스미스소니언 미국 역사 박물관(왼쪽)과 아프리칸 아메리칸 역사 및 문화 박물관(오른쪽)

소니언 미국 여성역사 박물관의 건립 계획을 의회에서 승인받았다.

그 성장 과정에서의 전략적 특징들은 크게 3가지로 요약할 수 있다.

첫째, '인류의 지식 증진과 확산을 위한 기관'이라는 미션과 비전

둘째, 정부와 국회의 확고한 지원, 대표의 리더십, 그리고 시민의 참여와 기부

셋째, 우주·지구·자연·인간 등 미래지향적 과학 연구의 강화와 전략적 실행

'인류의 지식 증진과 확산을 위한 기관'이라는 미션과 비전

스미스소니언은 '인류의 지식 증진과 확산을 위한 기관'이라는 미션과 원칙을 지켜왔다. 이를 위한 스미스소니언의 영역은 크게 '과학, 역사, 예술, 문화'로 정리할 수 있다. 오늘날 스미스소니언은 과학과 역사 그리고 예술 분야에서 세계 최대 규모의 박물관 전시 및 체험, 교육 및 연구 자료, 인적 물적 교류 및 학술 세미나와 연구프로젝트, 이벤트 등을 제공하고 있다.

또 매년 3,000만 명 이상의 사람들이 스미소니언박물관을 방문하지만, 그들에게서 입장료를 전혀 받지 않는다. '인류를 위한 지식 증진과 확산'이라는 가치가 그냥 구호에 그치는 것이 아니라, 가치 판단의 중요한 기준으로 실제 작용하고 있다. 이것을 분야별로 몇 가지 사례만 들여다봐도 바로 알 수 있다.

미국 역사와 문화, 인종과 문화적 유산에 관한 박물관

우선 역사박물관을 보자. 미국 역사박물관에서 다루었거나 다루고 있는 전시는 미국 성조기 전시실, 미국 대통령 전시실, 퍼스트레이디 전시실, 미국 민주주의의 역사, 미국이 치러온 전쟁의 역사, 악기와 대중음악, 배트맨과 그의 자동차, 심지어 디즈니랜드 100주년 전시물까지 정치, 역사, 문화 등 다양하다.

재미있는 점은 스미스소니언 미국국립 역사물관도 '미국과학관협회(ASTC)'의 회원이라는 것이다. 미국 역사박물관을 보면, 미국 역사와 과학이 분리되지 않는다. 일찍부터 국립 역사박물관 내 과학 관련 전시를 통해 미국 역사가 과학의 발전과 하나라는 것을 분명히 했다. 미국 도로 및 교통기관의 발달사, 농업과 식품의 역사, 미국 기업과 제품의 역사, 에디슨과 전기 전시실, 가정생활 용품의 역사, 맨해튼 프로젝트, 소아마비의 역사와 백신의 발견, 미국의 여성 발명가들, 미국 컴퓨터 개발의 역사 같은 전시가 그것이다.

또 리멜슨 발명센터를 설치해 발명과 기술혁신(이노베이션)에 관한 전시를 하는 한편, 스파클 랩에서는 창의적 활동을 통해 창의력과 벤처마인드를 고취하고 있다. 리멜슨 발명센터 바로 앞에는 뉴턴의 프린키피아 초판본, 케플러의 '천체의 운동에 관하여' 등 역사적으로 유명한 도서와 뉴턴의 편지, 아인슈타인의 친필 문서 등 희귀 문서들로 유명한 디브너(Dibner) 라이브러리가 있다.

미국 역사 박물관에 있는 디브너 라이브러리(왼쪽)와 과학 연구소인 리멜슨 발명센터(오른쪽)

2016년에 문을 연 국립 아프리카계 미국인 역사문화 박물관

그러면서 미국 역사와 민주주의에 대한 이해, 문화와 자연유산에 대한 책임, 생태계 보호, 우주 진화의 미스터리 탐구 등을 강조하고 있다. 스미스소니언은 세상에 미국의 모습을 보여주고, 미국에 세상의 모습을 보여준다. 전 세계의 전문가들이 스미스소니언과 함께 공동 프로젝트로 또는 방문연구원으로 지식의 증진과 확산에 참여하고 있는 것도 그중 하나다.

과거 미국 역사박물관의 전시에서는 아프리카계 미국인의 삶과 민권운동이 상당한 비중을 차지했었다. 그러다가 2016년 9월, 내셔널 몰 초입에 37,161㎡ 규모의 '국립 아프리카계 미국인 역사 및 문화박물관'이 문을 열었다. 이 박물관의 포털사이트에서는 가장 먼저 인종에 관한 이야기로 시작한다. 먼저 '인종에 관한 이야기는 개인적인 성찰로 시작된다'라고 전제한다.

이 박물관 전시의 주제는 크게 세 가지다. 첫째는 '노예제도와 자유'. 이 전시는 역사 속의 노예 제도와 자유를 다루었다. 15세기 아프리카와 유럽에서 시작된 노예무역, 미국 건국과 남북 전쟁, 그리고 링컨 대통령의 노예제 폐지까지 미국의 변화를 보여준다.

둘째는 '자유 수호와 자유란 무엇인가'. 미국에서 노예 제도는 없어졌지만, 인종 차별은 계속되었다. 박물관 전시실 안에 옛날식 시내버스 한 대가 서 있다. 흑인 칸과 백인 전용 칸이 따로 있는 버스다. 1955년 12월, 이 버스 안에서 역사적 사건이 발생한다. 한

미국 역사 박물관

흑인 여성이 흑인 칸이 만석이라 백인 칸에 앉았다. 버스 기사가 그녀에게 흑인 칸으로 옮기라고 했다. 그러나 흑인 전용칸은 만석. 그녀는 그냥 앉아 있었다. 그녀는 '흑백 인종 분리법' 위반으로 체포되었다. 이 사건 때문에 버스의 인종 분리에 항의하는 '몽고메리 승차 거부 운동'이 일어났다. 1년 후 인종 분리 버스가 불법이 되었다. 1960년에는 노스캐롤라이나 주에서 백인들만 식사할 수 있는 울워스 식당에 흑인 대학생 4명이 들어섰다. 그러나 식당은 주문 받기를 거절했다. 학생들이 계속 의자에 앉아 있으니까 주인은 식당 문을 닫아버렸다. 다음날 학생들은 그 식당에 다시 갔다. 이를 계기로 식당에서의 인종 차별에 항의하는 연좌시위, 불매운동, 구속과 체포가 1년 6개월 동안 수십 개 도시에서 계속되었다. 그리고 1963년 마틴 루터 킹 주니어의 '워싱턴 대행진'을 전환점으로 민권운동이 힘을 받았다. 1964년 민권법, 1965년 투표권법에 존슨대통령이 서명했다.

마지막은 '변화하는 미국'이다. 전시에서는 1968년 이후로 아프리카계 미국인의 사회적, 경제적, 정치적, 문화적 경험과 역할을 보여준다. 힙합의 출현, 각종 스포츠의 스타들, 특히 버락 오바마 대통령의 재선까지도 보여준다.

스미스소니언의 미술관들

스미스소니언은 미술관도 많다. 스미스소니언 미국 미술관, 초상화 박물관, 허시혼 미술관과 조각정원, 새클러 갤러리, 프리어 갤러리, 렌윅 갤러리, 아프리칸 아트 미술관, 뉴욕에 있는 스미스소니언 국립 쿠퍼 휴잇 디자인 박물관 등이 스미스소니언 소속 미술관이다.

새클러 갤러리는 서남아시아 중동 지역의 미술품들을 전시하고 있다. 외과 의사인 새클러가 기증한 것들이다. 프리어 갤러리는 한국, 중국, 일본 등의 미술품들이 전시되어

아메리칸 아트 뮤지엄 정문 입구

있다. 스미스소니언에서는 프리어 갤러리와 새클러 갤러리를 통틀어 아시아 미술이라고도 한다. 렌윅 갤러리는 1858년 미국 최초의 미술관으로 지어진 건물이다. 현재는 미국의 현대 공예품들을 전시하고 있다.

무엇보다 '스미스소니언 미국미술관(American Art Museum)'은 미국 작가들의 작품이 가장 많은 미술관이다. 소장 목록에 등재된 미국 화가가 7,000여 명이며, 소장 작품은 4만 2,000여 점이다. 미국독립 이전 식민지 시절의 미술품부터 현대 미술품까지 범위도 넓다.

이 미술관은 건물 자체가 유명하다. 워싱턴에서 백악관, 국회의사당에 이어 세 번째로 지어진 공공건물이다. 1836년 앤드루 잭슨 대통령 때 착공했고, 1865년에는 남북전쟁을 승리로 이끌고 나서 재선에 성공한 링컨 대통령이 이 건물에서 취임식을 했다. 그래서 미술관 3층의 전시실 이름이 '링컨 갤러리'다.

이 건물은 1958년 스미스소니언 소속이 되었고, 1965년에는 미국 역사의 랜드마크 건물로 지정되었다. 그리고 3년 후, 스미스소니언 미국미술관과 스미스소니언 초상화 박물관이 되었다. 여기에는 역대 미국 대통령과 역사적 인물들의 초상화가 2만 점 이상 있다.

미국의 문화지도를 표현한 백남준의 '일렉트로닉 슈퍼 하이웨이'(왼쪽)와 대담한 현대미술 작품 전시로 유명한 허시혼 미술관(오른쪽)

이 미술관에서 가장 인기 있는 곳은 3층의 링컨 갤러리다. 미국 현대미술을 이끄는 작가들의 작품들이 전시된 이곳에서도 유난히 사람들의 눈길을 끄는 작품이 있다. 백남준의 '일렉트로닉 수퍼 하이웨이: 컨티넨탈 US, 알래스카, 하와이'다. 길이 12미터, 높이 4.5미터의 이 작품은 비디오로 만든 미국의 문화지도다. 2006년 백남준이 사망했을 때, 스미스소니언은 이 작품을 영구 전시하기로 했다.

내셔널 몰의 여러 건물 중 유독 눈에 띄는 건물이 있다. 위에서 보면 딱 도넛 모양으로 생긴 건물이다. 바로 대담한 현대미술 작품 전시로 유명한 허시혼 미술관이다. 이 미술관에는 약 5,000여 평의 조각정원이 딸려 있다. 그래서 보통 '허시혼 미술관과 조각정원'으로 부른다.

스미스소니언의 과학연구 강화 전략

다음은 과학 분야다. 이것은 스미스소니언의 최대 강점이다. 박물관 중에서 세계 최대의 자연사박물관과 세계 최대의 항공우주박물관을 가지고 있다. 항공우주박물관은 내셔널 몰과 워싱턴 덜레스공항 근처의 스티븐 우드바하지센터에 2개가 있다. 과학과 관련된 연구소는 9개나 된다. 스미스소니언의 14개 연구소의 절반이 넘는다. 과학 관련 연구소로는 박물관 보존연구소, 발명과 이노베이션 연구 리멜슨센터, 국립 스미스소니언 열대연구소, 국립 스미스소니언 보존생물학연구소, 국립 스미스소니언 환경연구센터, 국립 하버드 스미스소니언 천체물리센터, 국립 스미스소니언 해양연구소, 국립 스미스소니언 아카이브 및 도서관 등이 있다. 이 가운데 국립 스미스소니언 보존생물학연구소는 국립동물원의 멸종 위기에 처한 동물들을 보존하기 위해 국립 스미스소니언 동물원과 함께 연구 및 보존 활동을 전개하고 있다.

여기서 또 하나 중요한 게 있다. 스미스소니언 박물관의 '생명의 백과사전(Encyclopedia of Life, EOL)'이다. EOL은 스미스소니언 자연사박물관이 관장하고 있다. 이것은 약 2백만 종에 이르는 정보를 수집, 보유한 세계 최대의 무료 디지털 생물다양성 정보 자원이다. 여기서는 알려진 거의 모든 종에 대해 각 종마다 1페이지 이상의 신뢰할 수 있는 정보를 다국어 디지털 자료로 제공한다. 살아 있는 자연에 대한 인식과 이해를 공유하는 것이 목적이다.

스미스소니언은 지속해서 과학적 연구를 강화해왔다. 특히 스미스소니언의 풍부한 소장품을 기반으로 인적자원, 과학적 성과 등을 대중과 공유하면서 전 세계의 연구기관들과 공동 프로젝트를 진행해왔다. 지금도 약 100개국의 연구기관과 공동 프로젝트가 진행 중이다. 미국 NASA에서 개발한 모든 항공과 우주에 관한 프로젝트의 결과물은 사용 후 스미스소니언의 항공우주박물관으로 보내진다.

스미스소니언의 과학자들은 끊임없이 과학적 탐구주제들에 대한 전략적 과제들을 설정하고 추진한다. 그 주제들을 보면, ①우주의 기원과 자연현상 ②지구와 비슷한 행성의 형성과 진화 ③생물다양성의 이해와 발견 ④인간 다양성과 문화적 변화 연구 등이다.

내셔널 몰의 항공우주박물관 내부(왼쪽), 우드바하지센터에 전시된 블랙버드(오른쪽)

다음 세대를 위한 과학교육센터와 학습·디지털 액세스 센터

스미스소니언의 교육연구센터는 2개가 있다. 하나는 스미스소니언 과학교육센터다. 스미스소니언은 1985년부터 국립아카데미와 공동으로 미국 국립과학자원센터(National Science Resource Center, NSRC)를 설립해 국가과학교육표준을 개발, 보급하고 과학교육 콘텐츠와 교재, 교육자료를 개발해왔다. 또 학교와의 활발한 교류 프로그램 등으로 박물관의 전시와 연계하면서 학교 교육의 탐구역량도 강화해왔다. 2010년에는 NSRC를 스미스소니언 과학연구센터로 개편했다.

다른 하나는 스미스소니언 학습 및 디지털 액세스 센터다. 스미스소니언은 2013년 다음 세대를 위한 과학교육표준에 맞게 모든 과학교육 리소스를 바꿨다. 이렇게 설치된 곳이 학습과 디지털 액세스를 위한 스미스소니언 센터다. 이곳에서는 스미스소니언 러닝랩을 운영한다.

한편 2020년 들어 코로나 19로 모든 박물관이 문을 닫았을 때, 스미스소니언은 박물관 홈페이지를 통해 가상박물관 버추얼 투어를 만들고 인터넷으로 활용할 수 있는 교육자료를 한층 강화했다. 홈페이지를 둘러보면 정말 폭넓고 깊이가 있는 교육용 자료들이 풍부하다. 연구원용, 교사나 에듀케이터용, 대학생용, 학생이나 가족용 등 다양한 자료들이 있다.

스미스소니언은 박물관의 전시와 연계한 다양한 교육 프로그램으로 학교 교육의 탐구역량을 강화해왔다. 사진은 코리아 갤러리 총 책임자인 폴 테일러 박사와 학생들이 토론하고 있는 모습

스미스소니언 소속 박물관과 연구소, 동물원

박물관	교육 및 연구센터, 동물원
• **과학** - 스미스소니언 국립 항공우주박물관 - 스미스소니언 국립 우드바하지센터(항공우주) - 스미스소니언 국립 자연사박물관 - (미국역사박물관도 미국 과학을 포함) • **역사** - 스미스소니언 국립 미국역사박물관 - 캐슬(인포메이션센터 포함) - 스미스소니언 국립 아프리카계 미국인박물관 - 스미스소니언 국립 인디언 박물관(DC, NY) - 스미스소니언 국립 우편박물관 - 스미스소니언 국립 애너코스티아 박물관 • **미술** - 스미스소니언 국립 허시혼미술관과 조각정원 - 스미스소니언 국립 미국미술관 - 스미스소니언 국립 초상화박물관 - 스미스소니언 새클러 갤러리 - 스미스소니언 프리어 갤러리 - 스미스소니언 렌윅 갤러리 - 스미스소니언 국립 아프리카미술박물관 - 스미스소니언 아트&인더스트리 빌딩 - 스미스소니언 국립 쿠퍼 휴잇 디자인박물관 (NY) ■ 미국 라티노 박물관 (2020년 건립 승인) ■ 미국 여성역사 박물관(2020년 건립 승인)	• **교육연구센터** - SSEC (Smithsonian Science Education Center) - SCLDA (The Smithsonian Center for Learning and Digital Access) • **박물관 및 과학연구센터** - 박물관보존연구소(박물관서포트센터 포함) - 발명과 이노베이션 연구 리멜슨센터 - 스미스소니언 국립 열대연구소 - 스미스소니언 국립 보존생물학연구소 - 스미스소니언 국립 환경연구센터 - 하버드 스미스소니언 국립 천체물리센터 - 스미스소니언 국립 해양연구소 - 스미스소니언 국립 아카이브 및 도서관(20개) • **국립동물원** - 스미스소니언 국립 동물원 • **예술 및 문화연구센터** - 스미스소니언 국립 미국미술 아카이브 - 스미스소니언 국립 민속 및 문화 유산센터 - 스미스소니언 국립 아시아태평양아메리카 문화센터 - 스미스소니언 국립 라티노센터

2장
포유류 전시실

육상에서 가장 큰 동물, 코끼리 이야기

스미스소니언 자연사박물관에 들어서면 바로 1층에 넓은 홀 로텐더가 있다. 그 중앙에 거대한 아프리카코끼리 한 마리가 단상 위에 우뚝 서 있다. 이 코끼리는 어깨높이가 4미터, 몸길이가 10.7미터다. 살았을 때 몸무게는 11톤이었다. 세계에서 가장 큰 코끼리이고, 스미스소니언 자연사박물관의 아이콘이다. 그 존재감은 주변의 모든 것을 단박에 압도하고도 남는다.

전에는 이 코끼리의 무대 위에 아프리카 사바나 지역 식생들을 재현해놓았었다. 그러나 2015년 사바나를 재현했던 무대 분위기를 다 없애고 코끼리 하나만 올려놓았다. 그랬

스미스소니언 자연사박물관의 상징, 빅 패밀리 빅 스토리

세계에서 가장 큰 아프리카코끼리. '헨리'라는 애칭으로 불리는 자연사박물관의 아이콘이다.

더니 분위기가 확 바뀌었다. 높이 치켜든 코, 앞으로 쭉 뻗은 상아, 활짝 펼친 귀에서 코끼리의 엄청난 반발과 긴장감이 느껴진다. 세상을 향해 엄중한 경고의 메시지를 보내는 것 같다.

자연사박물관의 아이콘, 아프리카코끼리 '헨리'

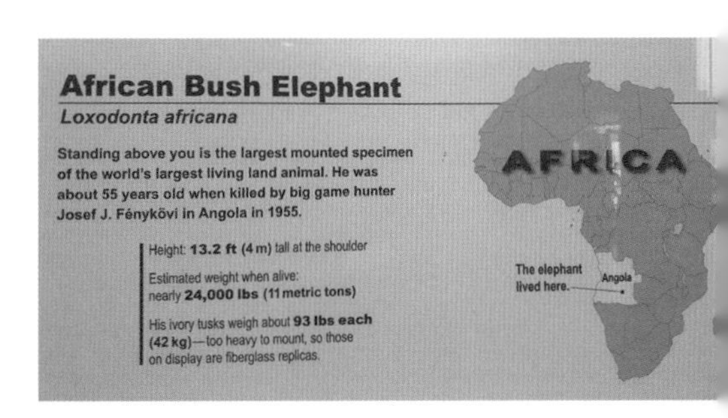

헨리는 아프리카의 앙골라 지역에서 살았다

여기에 전시된 거대 코끼리는 1955년 헝가리 출신의 게임 헌터* 조셉 페니코비가 아프리카에서 잡아 스미스소니언에 기증한 것이다. 그는 1954년 코뿔소를 사냥하러 나섰다가 앙골라 남동부의 미개척지 쿠이토 강가에서 이 코끼리를 처음 보았다. 그리고 1년 후 다시 탐험대를 조직해 이 코끼리를 찾아 나섰다. 1955년 11월 13일 이 코끼리를 다시 찾아냈고, 총알을 16발이나 발사해 결국 사냥에 성공했다.

* 빅 게임 헌터(Big Game Hunter) : 야생 맹수들을 사냥하는 사냥클럽. 사냥대회도 연다. 인터넷 게임 '빅게임 헌터'는 여기서 이름을 따왔다.

아프리카코끼리 헨리는 어깨높이가 4미터, 몸길이가 10.7미터, 몸무게 11톤에 이른다.

그는 편지와 함께 이 코끼리의 가죽과 두개골, 다리뼈 등을 스미스소니언 박물관에 기증했다. 요즘과는 달리 당시엔 이런 행동들이 영웅 대접을 받았다. 그래서 사람들은 기증한 사람의 이름을 따서 이 코끼리를 '페니코비 코끼리'라고 불렀다. 하지만 지금 코끼리 사냥은 범죄행위다. 이름도 박물관이 공모해 정한 '헨리'라는 애칭으로 불린다. 헨리는 스미스소니언의 초대 대표 조셉 헨리의 이름이기도 하다.

스미스소니언 아카이브 센터의 기록을 보면, 헨리는 몸무게가 11톤에 가죽 무게만 2톤이었다. 이를 보존 처리하는 데만 트럭 한 대 분량의 소금이 들어갔다. 이것을 아프리카에서 워싱턴으로 이송하는 것도 큰 문제였다. 결국 트럭, 기차, 배 등을 거쳐 1956년에 스미스소니언 자연사박물관에 도착했다. 스미스소니언의 박제 전문가들이 이걸 전시용 표본으로 만드는 데만 16개월이 걸렸다. 이 작업에 들어간 점토만 약 5톤이다. 그 당시 복원기술이 얼마나 좋았는지, 지금도 마치 살아 있는 코끼리를 보는 것 같다.

길이 8미터에 몸무게 7톤, 매일 싸는 똥만 50~100킬로그램

당시 코끼리 헨리는 55살이었다. 코끼리는 평균 수명이 60~70살이다. 사람은 어른이 되면 몸이 더 이상 자라지 않지만, 코끼리는 살아 있는 동안 몸집이 계속 성장한다. 보통 아프리카코끼리는 수컷이 높이 4미터에 몸길이 8미터, 몸무게는 7톤까지 자란다. 암컷은

AGE & SIZE
Elephants usually live between 60 and 70 years. Unlike us, they continue to grow throughout their lives.
The African bush elephant standing above you was about 55 years old and one of the largest in the world—13.2 feet tall (4 m) and weighing about 24,000 lbs (11 metric tons).
AFRICAN ELEPHANT
FEMALE ASIAN ELEPHANT
TRUNKS
Boneless but muscular, trunks are flexible, strong, and coordinated. Elephants use them for breathing and smelling—and to get food, drink water, greet a relative, comfort (or discipline) a calf, and communicate with each oth
TUSKS
Tusks are a pair of pointy front teeth that never stop growing. Elephant use them as tools and weapons or as a place to rest their trunks. Most African elephants have tusks. But among Asian elephants, usually only males grow tusks.
EARS
Elephants' large ears help them catch sound, warn enemies, and keep cool. When an elephant is too hot, it flaps its ears, moving air over its skin, cooling the blood underneath. African elephant ears are much bigger than those of Asian elephants.
African Elephant © Corbis Images
Female Asian Elephant: Barry Kusuma/Oxford Scientific/Getty Images

코끼리의 생태를 설명하는 패널. 코끼리는 평균 수명이 60~70살이며, 아시아코끼리는 일반적으로 수컷만 상아가 있다.

키가 2.6미터, 몸무게는 3톤 정도다. 참고로 중생대 최상의 포식자였던 백악기 공룡 티라노사우루스의 추정 몸무게가 6.5톤 정도다.

코끼리는 식사량도 엄청나다. 매일 200킬로그램 이상을 먹는다. 매일 싸는 똥이 50~100킬로그램이다. 몇 년 전 새끼 코끼리 사진 몇 장이 인터넷에서 인기를 끌었다. 어미를 바짝 따라가던 새끼 코끼리가 어미가 싸는 똥에 맞아 휘청거리며 쓰러졌다가 다시 일어나는 장면의 사진이다. 원주민들 얘기로는 엄마 코끼리의 똥이 새끼 코끼리의 면역력을 높여준다고 한다.

물도 매일 190리터를 마신다. 장 길이는 19미터나 된다. 당연히 소화 시간도 길다. 하지만 먹는 것들을 완전히 다 소화하지는 못한다. 그게 오히려 다행이다. 건기에 코끼리들은 초원에서 먹이와 물을 찾아 하루 60킬로미터를 이동한다. 계속 이동하면서 식물들의 씨를 먹고 똥을 싼다. 그때 소화가 다 되지 않은 똥 속의 식물 종자들이 널리 퍼뜨려진다.

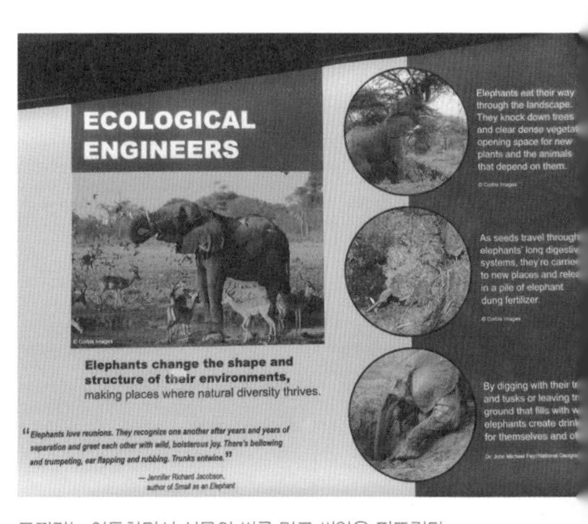

ECOLOGICAL ENGINEERS
© Corbis Images
Elephants change the shape and structure of their environments, making places where natural diversity thrives.
"Elephants love reunions. They recognize one another after years and years of separation and greet each other with wild, boisterous joy. There's bellowing and trumpeting, ear flapping and rubbing. Trunks entwine."
— Jennifer Richard Jacobson, author of Small as an Elephant
Elephants eat their way through the landscape. They knock down trees and clear dense vegeta opening space for new plants and the animals that depend on them.
As seeds travel through elephants' long digestiv systems, they're carrie to new places and rele in a pile of elephant dung fertilizer.
By digging with their t and tusks or leaving t ground that fills with w elephants create drin for themselves and o

코끼리는 이동하면서 식물의 씨를 먹고 씨앗을 퍼뜨린다.

코끼리들은 암컷을 중심으로 집단을 이루고 살아간다. 가장 나이 많은 암컷 코끼리가 집단을 이끌어간다. 먹이와 물을 찾고, 가족들을

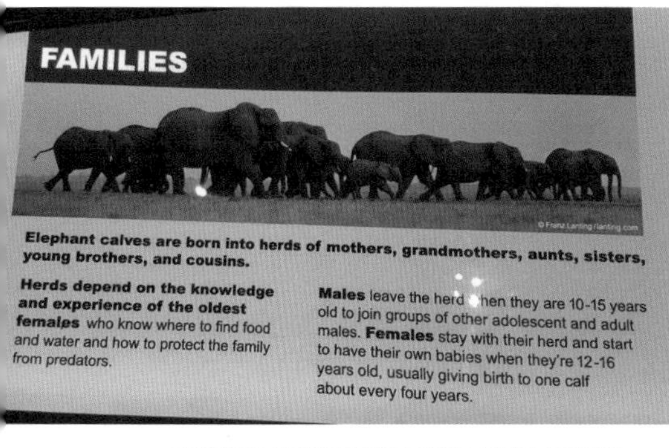

코끼리들은 암컷을 중심으로 집단을 이루고 살아간다.

보호하는 법을 잘 알기 때문이다. 수컷들은 10~15살이 되면 무리를 떠나 따로 살아간다. 암컷은 12~16살 때 새끼를 낳는데, 보통 4년에 한 번꼴로 출산한다. 임신 기간은 22개월. 갓 태어난 새끼는 키가 90센티미터, 체중은 100킬로그램 정도다. 5개월까지는 어미젖만 먹다가 6개월이 지나면 풀도 같이 먹는다.

코끼리의 상아는 끝이 뾰족한 앞니가 발달한 것이다. 상아도 몸집과 마찬가지로 평생 계속 자란다. 상아는 흙을 파는 도구도 되고, 맹수와 싸울 때는 공격 무기도 된다. 아프리카코끼리는 암수 모두 상아가 길게 자란다. 보통 수컷의 상아는 길이가 1.8~2.4미터, 무게는 23~45킬로그램 정도다. 암컷은 상아 무게가 7~9킬로그램 정도다.

아시아코끼리는 흔히 수컷만 상아가 있고, 암컷은 상아가 없다고 한다. 하지만 엄밀히 말하면 암컷은 앞니의 성장 속도가 너무 느려서 겉으로 보이지 않는 것이다. 수컷은 상아 길이가 1~1.5미터 정도다. 참고로 코끼리 헨리의 실제 상아는 45킬로그램으로, 너무 무거워서 1988년에 파이버 글라스로 모형을 똑같이 만들었다.

코끼리의 코는 코뼈가 없이, 5만여 개의 근육으로 되어 있다. 용도도 정말 다양하다. 호흡과 냄새 맡기는 기본이고, 동료들이 발산하는 페로몬도 코로 감지한다. 코끼리의 후각은 개의 두 배 이상이다. 코로 음식도 집고, 물을 코에 담아서 입으로 가져간다. 그런데 코끼리가 태어나면서부터 코를 잘 쓰는 것은 아니다. 우리가 젓가락질을 배우듯이 어미와 친척들에게서 코로 물 먹는 법을 배운다.

코끼리는 소리도 잘 듣는다. 적이 나타나면 귀를 활짝 편다. 이것은 경고의 메시지다. 귀에는 가는 실핏줄이 있다. 그래서 한낮 더위에는 부채처럼 귀를 펄럭여서 체온조절을 한다. 또 하나 특이한 것은 코끼리의 발이다. 코끼리는 발로도 소리를 감지한다. 육중한 다리로 발을 땅에 대고 있으면 16킬로미터 떨어진 곳의 소리도 저주파 울림으로 구분할 수 있다.

그렇다면 코끼리는 잠을 하루 몇 시간이나 잘까? 코끼리는 잠을 가장 적게 자는 동물로 알려져 있다. 초원의 코끼리는 잠자는 시간이 하루 평균 2시간밖에 안 된다. 그러나 동물원의 코끼리들은 4~6시간 정도 잔다고 한다. 잠은 어떻게 잘까? 동물원에서 아기코끼리가 누워서 자는 것은 본 적이 있다. 하지만 초원의 코끼리는 거의 누워서 잠을 자지 않는다.

지구상에 현존하는 코끼리는 3종뿐

현재 지구상에서 살고 있는 코끼리는 모두 3종뿐이다. 아프리카덤불코끼리(African Bush Elephant)와 아시아코끼리(Asian Elephant), 그리고 둥근귀코끼리(African Forest Elephant)의 2속 3종이다.

아프리카코끼리의 귀는 크기가 크고, 모양이 아프리카 대륙처럼 삼각형이다. 아시아코끼리 귀는 크기가 비교적 작고 모양이 사각형이다. 둥근귀코끼리는 말 그대로 귀 윗부분이 부드럽고 둥글다. 아프리카덤불코끼리는 우리가 보통 얘기하는 아프리카코끼리다. 덩치가 가장 크고, 아프리카 사하라 사막의 이남 사바나 지역에서 주로 서식한다.

코끼리의 원래 조상인 에리테리움이 처음 등장한 것은 공룡 멸종 후인 약 6천만 년 전이다. 이후 포스파테리움, 팔리오마스토돈이 나타났고, 약 1,180만 년 전부터 플라티벨로돈, 다이노테리움 기간테움, 740만 년 전부터 프라임엘레파스 등 여러 코끼리 조상들

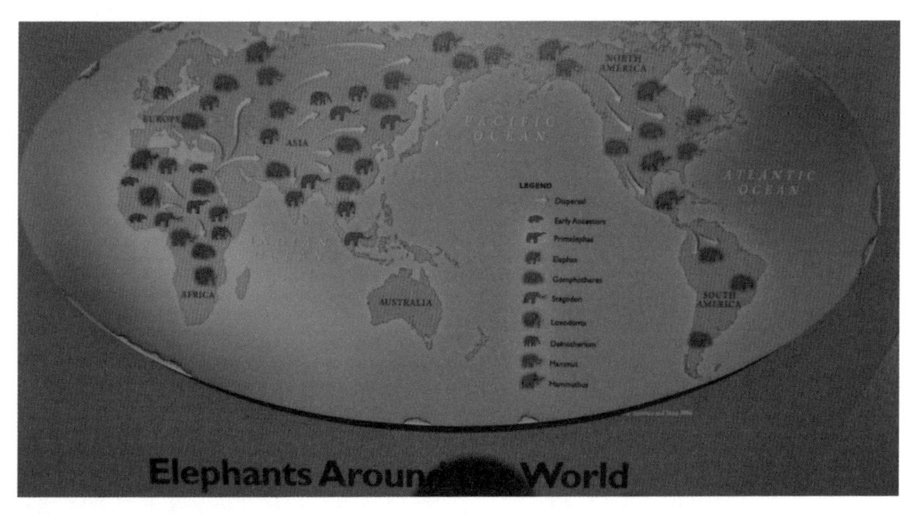

코끼리 조상들의 전 세계 대륙 분포 지도

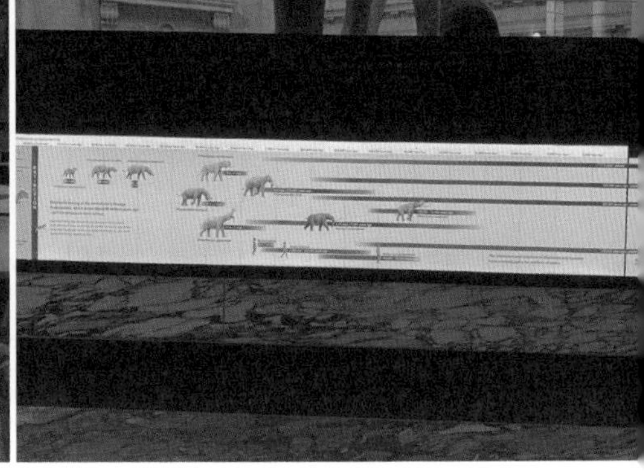

코끼리 조상들의 멸종과 진화를 알려주는 스미스소니언 자연사박물관 2층 로비의 청동 코끼리 모형 전시물(왼쪽)과 1층에 전시 중인 코끼리의 진화 도표 패널(오른쪽)

이 멸종과 진화를 계속해왔다. 아프리카덤불코끼리의 조상은 약 2백만 년 전에 나타나 지금까지 살고 있다.

아시아코끼리는 보통 '인도코끼리'라고 부른다. 아시아코끼리도 조상들은 사하라 사막 이남의 아프리카가 본류이다. 플라이오세에는 아프리카 대륙 전체에서 번성했었다. 성질이 온순해서 가축처럼 길든 지가 오래되었다.

둥근귀코끼리는 주로 콩고 분지의 아프리카 열대우림 지역에 산다. 3종의 코끼리 중에서 가장 작다. 그래서 별명이 '난쟁이 코끼리'다. 전에는 아프리카덤불코끼리와 같은 종인 줄 알았는데, 2010년 DNA 검사를 통해 전혀 다른 종임이 밝혀졌다. 이 코끼리는 다른 코끼리와 달리 상아가 똑바로 자란다. 둥근귀코끼리의 조상은 50만 년 전에 처음 등장했다.

15분마다 한 마리씩 죽임을 당하는 코끼리들

코끼리의 무대 아래 벽면에는 코끼리 밀렵과 불법 거래 실태가 낱낱이 고발되고 있다. 그 내용을 보면 충격적이다.

상아를 찾는 사람들 때문에 코끼리들이 죽임을 당하고 있다. 아프리카코끼리들에게 가장 큰 위협은 밀렵이다. 15분마다 한 마리씩 아프리카코끼리들이 죽임을 당하고 있다. 상아는 코끼리의 두개골 깊숙이 들어가 있어서 사슴뿔을 잘라내는 것과는 근본적으로 다르다. 상아를 수집하는 것은 곧 코끼리를 죽이는 것이다.

1989년부터는 국제적으로 상아의 거래가 전면 금지되었다. 그런데도 1998년부터

2013년 기간에만 밀렵이 3배가 늘었다. 2010년부터 2012년까지 약 10만 마리의 아프리카코끼리가 밀렵으로 죽었다. 상아 불법 거래상들은 대규모 조직으로 국제적인 범죄 네트워크를 가지고 있다.

2013년 기준 상아 매매 시장의 크기는 ①중국, ②미국, ③태국, ④이집트, ⑤독일, ⑥나이지리아, ⑦짐바브웨, ⑧수단, ⑨에티오피아, ⑩일본 순이다.

"코끼리가 사라지고 있어요"

1900년도에 아프리카에는 약 1천만 마리의 코끼리가 살았었다. 그러다가 1970년에는 60만 마리, 2014년에는 겨우 43만 마리만 남았다. 96%가 감소한 것이다. 아시아코끼리는 1900년도에 20만 마리였다가 1970년대 5만 마리로, 2014년에는 4만 마리로 80%가 줄어들었다.

"당신의 선택이 차이를 만듭니다."

국회의원 선거 구호가 아니다. 스미스소니언 코끼리 전시의 마지막 호소 문구다. 여기에 당신이 할 수 있는 일들이 구체적으로 적혀 있다.

"상아 수요를 끝장내야 합니다. 상아를 사지 마세요. 말을 퍼뜨리세요. '상아로 만든 물건들은 죽은 코끼리들'이라고. 이 놀라운 동물 코끼리에 대해 더 많이 알아보고, 당신이 코끼리에 대해 알게 된 것들을 주변 사람들과 공유하세요. 그리고 코끼리를 돕는 기관들을 후원하세요."

살육당하는 코끼리들의 수난사를 생각하면 착잡한 생각이 든다. 작은 실천이 필요하다.

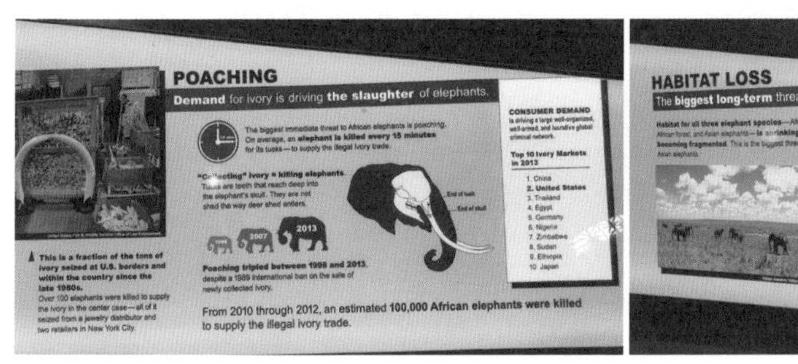

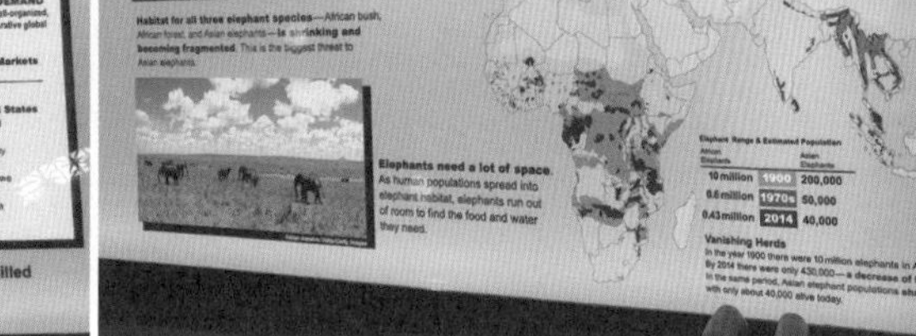

코끼리의 밀렵 실태를 알려주는 스미스소니언 자연사박물관의 전시 해설

스미스소니언 포유동물관 전시의 차별화 전략

스미스소니언 자연사박물관의 포유동물관은 2004년에 문을 열었다. 1998년부터 준비를 시작해 전시 개념을 정하는 데에만 2년이 걸렸고, 동물 표본 제작과 전시관 공사에 4년이 걸렸다. 전시관을 만드는 데만 모두 200억 원이 넘게 들어갔다. 274마리의 동물 박제 표본과 12개의 화석이 전시되었고, 각종 미디어 제작은 물론 8분짜리 영화도 제작했다.

다른 박물관과의 차별화를 위해 전시의 방향을 다음 세 가지로 정했다.

스미스소니언 자연사박물관의 포유동물관

1. 계통발생 체계보다는 생물지리학을 사용한다.

2. 디오라마가 아니라 전시표본 하나하나를 예술작품처럼 정교하고 실감이 나게 만든다(디오라마는 포유동물의 자연 서식지 환경을 표본과 함께 묘사하지만, 실감이 덜하다).

3. 관람객들을 '12살 미만의 어린이가 있는 가족'으로 설정한다. 그리고 그 연령대에 눈높이를 맞춰서 재미와 적절한 수준의 정보를 제공한다.

포유동물관 입구 모습

목표는 전시관을 잠시만 들러도 몇 가지 핵심 정보와 메시지는 알고 갈 수 있게 만드는 것이다. 이 개념을 구현하기 위해 전시관을 크게 3가지 영역으로 구성했다. 첫째는 오리엔테이션 존, 둘째는 3개의 생물지리학적 갤러리, 셋째는 계통발생을 고려해 동물들을 분류해 모아 놓은 대형 유리로 된 전시 공간이다.

포유동물관의 전시 구성

오리엔테이션 갤러리

첫 번째는 오리엔테이션 존이다. 전시실 입구 정면 높은 벽 전체에 여러 포유동물 사진들과 실제 모델들이 다양하게 모여 있다. 벽에 써진 '환영합니다. 우리는 모두 친척입니다. 함께 만나요.'라는 큰 글씨가 눈에 확 들어온다.

스미스소니언 자연사박물관의 포유동물 전시실에 들어서는 순간, 60여 마리의 동물들이 우리를 둘러싼다. 먹이를 잡으려고 껑충 뛰어오르는 호랑이도 있다. 오리엔테이션 존 양쪽에는 두꺼운 파이버 글라스로 된 커다란 전시 공간이 있다. 이 유리로 된 전시실

전시실 입구에 들어서면 "환영합니다. 우리는 모두 친척입니다."라는 글귀가 관람객들의 눈에 들어온다.

에는 수십 마리의 포유동물 표본들이 높은 곳까지 올려져 있다. 나뭇가지에 거꾸로 매달려 있는 나무늘보와 대나무를 아삭아삭 먹고 있는 판다가 보이고, 위에서는 박쥐가 날고 더 위쪽에는 엄마와 새끼 매너티가 거꾸로 헤엄을 친다. 새끼 매너티는 젖을 먹기 위해서 어미의 겨드랑이 쪽에 붙어 있다. 매너티의 젖이 겨드랑이 쪽에 있기 때문이다(이것을 보고 옛날 뱃사람들이 인어로 착각했다는 얘기를 들으면 잘 믿어지지 않는다). 코뿔소처럼 큰 동물들도 있고, 반대로 아주 작은 유럽 두더지도 있다. 여기 전시된 코뿔소는 시어도어 루스벨트 대통령이 아프리카에서 직접 사냥해 기증한 표본이다.

그런데 이 모든 포유동물은 세 가지 공통점이 있다. 그게 무엇일까?

전시실 맨 앞에 세 개의 커다란 투명 패널이 있다. 첫 번째 패널에는 머리카락, 두 번째에는 엄마 젖을 먹는 아기 그리고 마지막 패널에는 사람의 귀가 그려져 있다. 눈치 빠른 사람들은 포유동물의 공통점 세 가지를 알아챘을 것이다. 바로 이 세 가지가 모든 포유동물의 공통점이다.

첫째는 '털'이다. 포유류는 모두 털이 있다. 털은 양털처럼 부드러운 것도 있고, 고슴도치의 가시처럼 날카로운 것도 있다. 또 아르마딜로처럼 털이 갑옷비늘로 바뀐 것도 있다. 바다코끼리처럼 거의 털이 없거나, 사람처럼 퇴화해서 많이 짧아진 동물들도 있다. 어찌 됐건 모두 몸에 털이 있다.

둘째는 '젖'이다. 포유류는 어미가 새끼에게 젖을 먹인다. 모유는 영양소가 풍부하고 소화하기 쉽다. 게다가 모유는 휴대가 간편하다. 어미가 이동하며 새끼를 돌볼 수 있도록 해준다. 포유동물의 포유(哺乳)는 한자로 먹일 '포(哺)'와 젖 '유(乳)'다. 우리도 모두 젖을 먹고 자랐다.

포유동물의 95%는 어미가 새끼의 양육을 책임진다. 그 이유는 젖을 먹이기 때문이다. 사람을 포함해 많은 동물들은 출산이 가까워지면 자궁 내에서 옥시토신(Oxytocin)이라는 자궁수축 호르몬이 분비된다. 옥시토신이 분만을 유도해 출산을 쉽게 해주는 역할도 한다. 포유동물은 뇌하수체 후엽 가운데에서도 옥시토신이 나온다. 뇌에서 분비되는 옥시토신은 엄마의 뇌가 아기에게 반응하도록 해, 엄마가 아기에게 이타적인 행동을 하게 만들어준다. 또 젖의 분비를 촉진하는 데도 사용된다. 젖이 나오게 하는 역할은 주로 프로락틴(Prolactin)이라는 호르몬이 한다. 엄마가 아기에게 젖을 먹이고 신경을 쓰게 되면, 그 보상으로 도파민이 분비된다. 도파민은 즐거움과 행복감을 느끼게 해주는 호르몬이다. 중독성도 있어서 아기에게 잘해주는 만큼 더 만족을 느낀다. 프로락틴은 유즙 분비 외에도 세포막의 삼투압을 조절하는 작용, 성장 촉진 작용, 대사 작용 등 100여 가지 생물학적 작용을 일으킨다.

모든 포유동물의 공통점 3가지를 설명한 LED

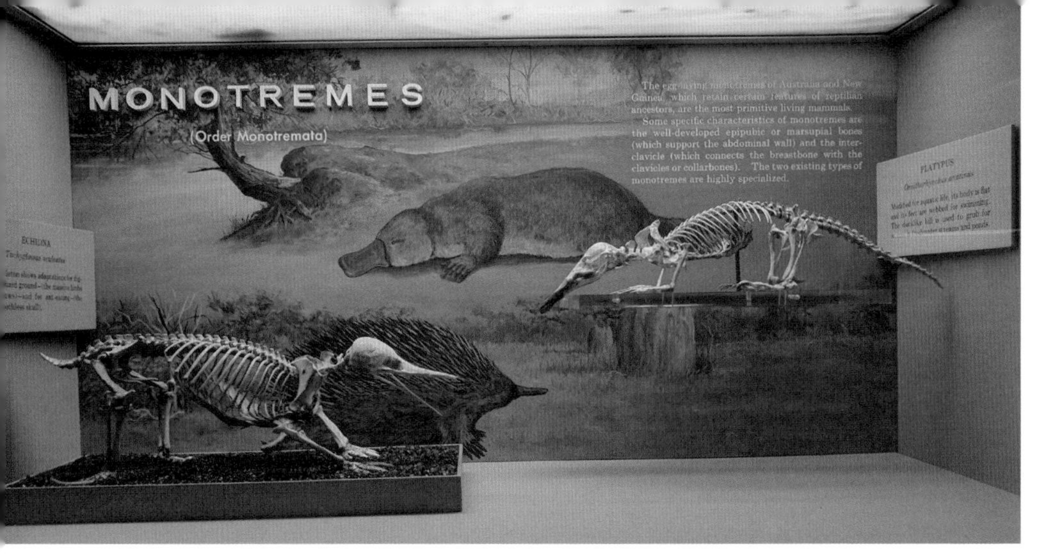

알을 낳는 포유동물, 바늘두더지와 오리너구리

그렇다면 세 번째 모든 포유동물의 공통점은? 땅 위에 산다는 것? 아니다. 고래나 물개처럼 물속에 사는 포유류도 있다. 새끼를 낳는다는 것? 아니다. 포유동물 중 가시두더지와 오리너구리는 알을 낳는다. 세 번째 공통점은 바로 '특별한 귓속뼈'다. 귓속뼈는 옛날이나 지금이나 잘 보이지 않아서 알아채기가 무척 어렵다. 아주 옛날, 포유류는 파충류같이 생긴 조상 디메트로돈에서 진화했다. 그래서 포유류 조상의 턱은 파충류같이 생겼다. 수백만 년 이상 진화하면서 우리 조상의 턱에 있는 뼈 2개가 귀 쪽으로 이동했다. 위의 턱뼈는 바깥쪽으로, 아래의 턱뼈는 귓바퀴 안쪽으로. 그래서 포유동물에서만 귓속뼈의 진동으로 소리를 증폭시키는 시스템을 볼 수 있다.

우리의 귀는 외이, 중이, 내이로 나뉜다. 외이와 중이의 경계는 고막이다. 소리는 공기의 진동이다. 소리가 고막을 치면, 그 진동이 귓속뼈(이소골)로 전달된다. 귓속뼈는 망치뼈, 모루뼈, 등자뼈의 3개로 되어있다. 이 3개의 귓속뼈를 거치면서 진동이 8배로 증폭된다. 이 증폭된 소리의 세기는 달팽이관으로 전달된다. 그러면 달팽이관 속 유모세포(청각세포)가 그 진동을 전기 신호로 바꾼다. 그 전기 신호가 청각신경을 통해 대뇌로 전달된다. 이것이 우리가 소리를 듣게 되는 과정이다.

한편 태어나면서부터 소리를 듣지 못하는 아기들은 달팽이관에 문제가 생긴 경우가 많다. 달팽이관(와우) 안에 수술로 전극을 삽입해서 유모세포 대신 전기 신호로 바꿔주어 청각신경을 통해 대뇌에 전기 신호를 전달하면 소리를 들을 수 있다. 이 수술을 '인공와

우수술'이라고 한다. 영어로는 '귀 임플란트(Ear Implant)'라고 한다. 우리나라에서만 매년 약 3천 명의 아기가 이 수술을 통해 소리를 들을 수 있게 된다.

우리는 흔히 녹음한 본인의 목소리를 들으면 자기 목소리 같지 않다고 느낀다. 그러나 다른 사람들은 "그게 네 목소리 맞아!"라고 말해준다. 다른 사람들은 그 사람의 목소리가 밖에서 귀를 통해 고막을 울리는 소리만 듣는다. 하지만, 본인은 그 소리에다 자기가 말할 때 머리뼈에 울리는 진동까지 귓속뼈에서 함께 느낀다. 그래서 내가 듣는 내 목소리와 남이 듣는 내 목소리는 다르다.

한편 고막을 통하지 않고 귓속뼈의 진동을 바로 달팽이관에 전달해서 소리를 들을 수도 있다. 이 원리를 이용해 개발한 전화기가 '골전도 전화기'다. 운동하면서 쓰는 골전도 헤드셋도 있다.

3개의 생물지리학적 갤러리

두 번째 존은 3개의 생물지리학적 갤러리다. 중앙에는 아프리카 지역, 그 오른쪽으로 돌아서 가면 온대기후인 북아메리카 대평원과 추운 툰드라 지역이다. 그리고 아프리카 존에서 왼쪽으로 가면 남아메리카 지역과 오스트레일리아 지역에 사는 동물들이 나온다. 이렇게 3개의 생물지리학적 갤러리로 꾸몄다. 특히 자연의 소리, 시뮬레이션 된 뇌우,

포유동물 전시실의 생물지리학적 갤러리

숲, 벽 크기의 비디오, 가끔 식생 또는 먹이를 암시하는 배경은 포유류의 서식지를 암시하고 이야기를 떠올리게 한다.

이런 사실주의적 표현들이 야생의 삶과 죽음을 묘사한다.

각 지역 섹션에는 자체 하위 테마가 있다. 북미 지역의 최북단은 예를 들어 북극곰과 그 지역에 사는 다른 포유류가 추위에 적응하는 법에 중점을 두었다. 마지막으로, 전시는 스미스소니언 자연사박물관에서 진행되는 과학의 일부를 강조하기 위한 것이다.

계통발생학적 갤러리

세 번째 존은 전시실의 소극장 바깥에 커다란 파이로 글라스로 만든 독립된 전시다. 여기에는 우선 육식동물들과 유제류, 영장류 동물들을 그룹으로 묶어서 전시했다. 그다음에는 포유류 중 가장 숫자가 많은 설치류와 두 번째로 수가 많은 박쥐를 별도로 전시했다. 그리고 포유류의 진화를 보여주는 8분짜리 영화 상영을 위한 소극장과 모든 포유류의 공통 조상인 '모르가누코돈 캐스트'를 만들었다.

이 전시들은 계통학적 프레임워크를 사용해 분류했다. 즉, 매우 다른 것처럼 보이는 포유류 그룹들이 실제로는 어떤 공통점들이 있는지, 또 유전적으로는 어떻게 관련되어

계통발생학적 전시 존

있는지를 보여준다. 예를 들어, 육식동물 섹션에는 표범, 물개, 자이언트 판다 그리고 스컹크가 포함되어 있다. 이들의 공통점은 모두 '찌르고 깎는 이빨' 또는 '할퀴고 움켜쥐는 발톱'이 있다는 것이다.

최초의 포유류 모르가누코돈의 등장

지금으로부터 2억 1천만 년 전, 우리 지구상의 대륙은 지금처럼 6개의 대륙으로 나누어져 있지 않고 하나의 거대한 대륙이었다. 이걸 '판게아'라고 한다. 지질시대로 구분하면 중생대 초기인 트라이아스기다.

중생대 하면 바로 떠오르는 것이 공룡이다. 초기 공룡들이 살고 있던 바로 그 무렵 아주 작고 보잘것없는 동물이 하나 나타났다. 이 동물의 이름은 '모르가누코돈(Morganucodon)'. 모르가누코돈은 길이가 10센티미터 정도로 쥐와 비슷하게 생겼다. 이들은 잡아먹히지 않으려고 땅속에 숨어 야행성으로 살았다.

하지만 모르가누코돈의 출현은 지구 생명의 역사에 아주 중요한 이정표가 되었다. 이 동물이 바로 포유류의 조상이 되었기 때문이다. 그동안 나타났다가 사라진 포유류를 모

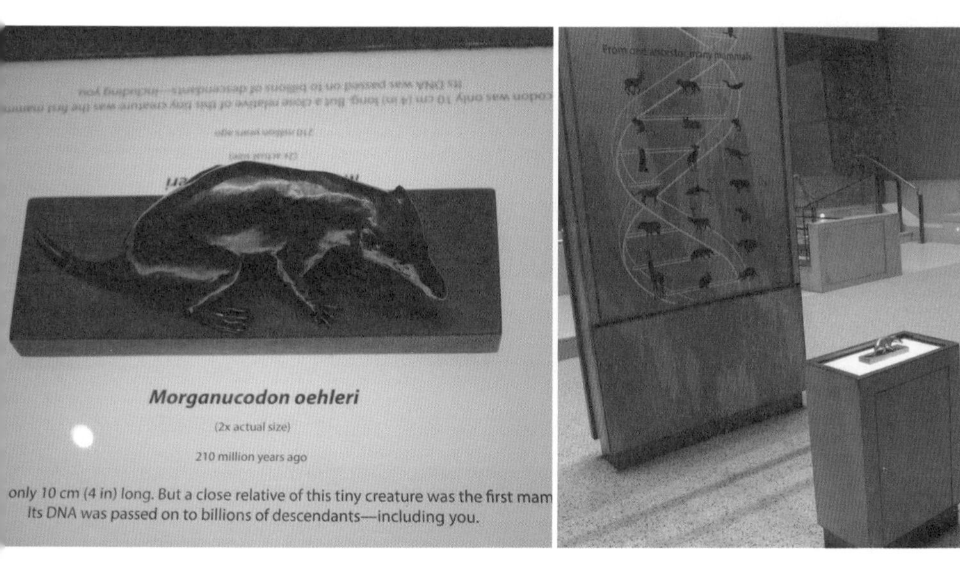

2억 1천만 년 전 처음 등장한 모든 포유류의 조상 모르가누코돈

두 합치면 수만 종은 될 것이다. 현재 지구상에 살고 있는 포유동물들만 해도 모두 5,400종이 넘는다. 결국 인간이나 다른 동물이나 모든 포유동물은 이 작은 동물의 후손이다. 말하자면 서로 친척인 셈이다.

기후가 변하고 서식지의 환경이 바뀌면서 포유동물들은 둘 중 하나를 선택해야 했다. 적응해 살아남거나, 아니면 멸종하거나. 그래서 스미스소니언 자연사박물관 포유동물 전시실의 제목은 '포유동물의 진화'이다.

'12세 미만 어린이' 눈높이에 맞춘 포유동물 전시실

바닥에 설치된 모니터

포유동물 전시실은 주요 관람객을 12세 미만의 어린이가 있는 가족으로 정했다. 이 전시실의 기획을 담당했던 큐레이터는 이렇게 얘기한다.

"아이는 질문을 하고 부모는 자녀와 대화를 나눌 수 있는 전시 공간을 꾸미려고 생각했다. '어떻게 아이들을 이 전시에 참여시킬 수 있을 것인가' 이것이 우리의 관심사였다."

그래서 이 전시실은 실감 나는 포유류 전시 말고도 어린이들을 대상으로 하는 여러 기능을 곳곳에 배치했다. 한마디로 '학습의 기회'와 '재미'를 동시에 제공하도록 만들었다.

예를 들어, ① 아프리카 전시실에는 바닥 유리패널 아래에 비디오가 재생되는 모니터 2대를 설치했다. 이 두 대의 모니터는 전적으로 어린이들을 염두에 두고 만든 것이다. 왜냐하면 아이들은 눈으로만 보는 것보다는 밟고, 뒹굴고, 점프하면서 함께 뛰어노는 것을 더 좋아하기 때문이다. 마찬가지로 또 다른 층에는 150만 년 전 초기 인류의 조상들이 만든 발자국 세트도 있다.

② 큰 고슴도치가 들어 있는 유리전시실은 어린이의 눈높이에 맞추어 낮은 곳에 설치했다. 다른 곳에는 어린이들이 들어가거나 기어 다닐 수 있는 공간도 만들었다. 전시실 곳곳에 간단한 상호작용을 하는 장치가 있고, 오디오 트랙도 있다. 어린이 방문객들이 쉽게 이용할 수 있도록 설계되었다.

③ 소화과정이나 배설물(똥)처럼 어린이들이 재미있어하는 주제도 많이 전시해 두었다. 패널의 설명 글은 어린아이들이 이해할 수 있는 수준으로 작성하되, 어른들이 아이들과 대화할 수 있는 이야깃거리들을 제공한다.

④ 난간에는 어린이와 어른 모두에게 보이도록 '만져보세요(Please touch!)'라는 팻말이 설치되어 있다.

⑤ 아프리카 섹션에는 포유류 디스플레이 뒤에 벽 크기의 비디오가 두 개 놓여 있다.

⑥ 포유류 진화에 관한 영화는 어린아이들을 대상으로 애니메이션으로 꾸몄다.

⑦ 극장의 좌석 중 하나에 청동으로 만든 침팬지가 있다. 아이들은 이 영화를 보면서 자기 팔을 침팬지의 어깨에 올리고 즐거워한다.

유리전시실의 포유동물들. 위에서부터 식육목, 유제류(발굽이 있는 동물), 영장목.

지구의 주인공 포유동물 1

아프리카의 포유동물들

아프리카는 크게 3개의 지역으로 나뉜다. 사바나와 사막, 그리고 열대 숲이다. 건조한 기후에서는 숲이 생기지 않는다. 사바나는 우림과 초원의 중간이다. 우기가 뚜렷하고 건기가 7개월 정도 된다. 건기에는 동물들이 물을 찾아 수백 킬로미터나 이동한다.

사바나에는 키 작은 나무들과 길게 뻗은 풀들이 많다. 사막은 뜨거운 태양과 모래바람으로 유명하다. 우리가 보통 밀림이라고 부르는 열대 숲은 비가 많이 와서, 비 '우(雨)' 자에 수풀 '림(林)' 자를 써서 '우림 지역'이라고 부른다. 기후가 건조해지면 우림 지역은 사바나로 바뀌고, 사바나는 점차 사막으로 바뀌어간다.

아프리카 전시실

지금 지구상에는 5천4백여 종의 포유동물들이 살고 있다. 그런데 동물들의 생김새와 크기, 행동들이 어쩌면 그렇게 다 다를 수가 있을까? 스미스소니언 자연사박물관의 포유동물 전시실은 생물다양성에 관한 재미있는 이야기들을 스토리텔링 전시로 꾸며 놓았다. 2억 1천만 년 동안 진화해온 포유동물들의 이야기다. 그럼 신비로운 동물의 왕국, 아프리카로 먼저 여행을 떠나보자!

동물의 왕 사자들과 나무 위에 사는 표범 이야기

아프리카 전시실의 간판 위에 사자 한 마리가 보초를 서고 있다. 멋진 갈기가 동물의 왕답게 위엄이 넘친다. 그 아래에는 두 마리 사자가 동시에 달려들어 자기보다 훨씬 큰 물소를 쓰러뜨리고 있다. 그런데 이상하다. 물소를 사냥하는 사자들의 갈기가 없다. 왜일까? 사자의 갈기는 수컷들에게만 있는데, 사냥은 암컷들이 하기 때문이다. 수컷은 사냥하지 않고 기다렸다가 암컷들이 사냥을 끝내면 맨 먼저 달려와서 먹는다. 그다음에 암컷들과 새끼들이 먹는다. 대신 수컷은 자신들의 영역을 철저히 지킨다. 수컷 한 마리가 암컷 여러 마리와 새끼들을 거느리고 무리를 지어 살아간다. 만약 다른 수컷이 자신의 영역을 침범하면, 수컷 사자는 목숨을 걸고 대혈투를 벌인다.

특이하게도 싸우는 동안에 암사자들은 가만히 보고만 있다. 싸움의 승자를 기다리는 것이다. 결국 싸움에서 이긴 수컷이 무리를 이끌고 살아간다. 이때 원래 무리를 이끌던 사자가 이기면 별문제가 없다. 하지만 만약 다른 수컷 사자가 대장이 되면, 그 무리의 새끼 사자들을 다 물어 죽인다. 그리고 자신의 강한 유전자를 후손으로 남긴다. 그래서 이 전시는 평범해 보이지만 사자들의 집단생활방식을 잘 보여주고 있는 장면으로 평가받는다.

사자가 물소를 사냥하는 장면은 마치 눈앞에서 목격하는 것처럼 생생하다. 그 바로 아래에는 사자 이빨 모형을 만져볼 수 있게 만들어 놓았다. 그런데 패널의 해설이 좀 이상하다. 엄청나게 큰 곰과 그 곰의 이빨 모형이 사자와 함께 비교되도록 만들어져 있다. 아프리카 전시실에 웬 곰이냐고? 이 곰의 이름은 아그리오테륨(Agrio-therium)이다.

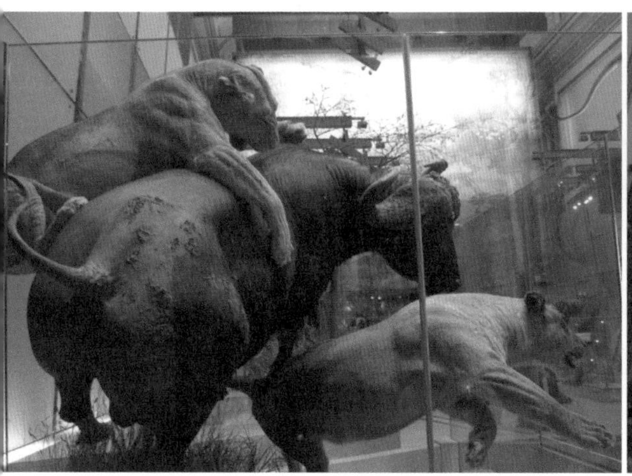

물소를 사냥하는 암사자들(왼쪽)과 사냥한 가젤을 나뭇가지 위에 걸쳐 놓은 표범(오른쪽)

500만 년 전 아프리카에 살았던 엄청나게 큰 곰이다. 길고 날카로운 발톱과 거대한 송곳니로 목이 짧았던 옛날 기린의 조상 시바테륨(Siva-therium)과 물소들을 잡아먹었다. 사자보다 덩치도 훨씬 컸다. 만약 이 곰들이 멸종되지 않았다면 아마 사자도 '동물의 왕'이라는 자리가 위태로웠을 것이다.

또 하나 멋진 전시물은 높은 나뭇가지 위에 엎드려 있는 표범이다. 표범은 가젤을 잡아 나무 위에 올려놓았다. 표범은 왜 사냥한 먹잇감을 나무 위에 걸어 놓았을까? 사자와 달리 표범은 혼자서 생활한다. 그런데 표범에게는 하이에나가 문제다. 하이에나들은 심지어 사자들이 사냥한 고기마저도 빼앗아 먹으려고 달려든다. 물론 사자들은 무리를 지어 사니까 괜찮다. 하지만 혼자 살아가는 표범이 하이에나들을 만나면 애써 잡은 먹이를 빼앗길 수도 있다. 그래서 먹이를 잡자마자 일단 나무 위로 물고 올라가 걸쳐 놓는다. 표범은 자기보다 두 배나 무거운 동물도 나무 위로 물고 올라갈 수 있다.

사실 표범과 재규어 그리고 치타는 겉모습이 비슷해 보인다. 하지만 잘 보면 다르다. 표범은 몸에 매화꽃처럼 가운데 구멍이 뚫린 검고 둥근 무늬가 있다. 매화 무늬 가운데에는 점이 없다. 재규어는 몸에 박힌 무늬들이 비슷하지만 둥근 무늬 가운데에 검은 점들이 있다. 치타는 가운데 구멍이 없이 검고 둥근 점무늬만 있고, 얼굴에 검은 줄무늬가 있다. 한편 퓨마는 갓난 새끼 때는 몸에 얼룩무늬가 있다가 3개월 정도 지나면 얼룩무늬가 없어진다.

사바나 지역에서 변화에 적응해온 초원의 신사, 기린

포유동물관 한쪽에서는 기린이 높은 나무 위의 나뭇잎을 먹고 있다. 기린의 키는 5.8미터, 목 길이가 자기 키의 절반가량이나 된다. 그런데 옛날에는 목이 짧은 기린도 살았다. 약 1천5백만 년 전, 아프리카 대륙 대부분은 우림 지대의 무성한 숲이었다. 1천4백만 년 전 살았던 기린 사모테리움(Samotherium)은 키가 그다지 크지 않았다. 지금 기린 키의 반 정도? 그래도 먹이를 구하는 데에는 전혀 어려움이 없었다. 키 작은 나뭇잎들을 아삭아삭 씹어 먹으며 수백만 년을 살았다. 하지만 점점 기후가 건조해지면서 우림 지대의 무성한 숲들이 사바나로 바뀌었다. 기린들은 살아남기 위해 키 큰 나무 꼭대기의 잎들까지 먹어야만 했다. 기린의 특징은 키가 큰 것도 있지만, 혀도 엄청나게 길다는 것이다. 길이가 50센티미터나 된다. 긴 혀로 더 높은 나무의 잎들을 훑어 먹는다. 결국 키 작은 기린들은 멸종되고 키가 큰 기린들만 살아남게 되었다.

그런데 기린의 목뼈는 모두 몇 개일까? 신기하게도 목이 긴 기린이나 목이 짧은 사모테리움이나 목뼈의 수는 모두 7개다. 목이 긴 것은 목뼈의 길이가 그만큼 길어졌기 때문이지, 목뼈의 수가 많아진 것은 아니다. 사람, 기린, 코끼리, 심지어 고래까지도 대부분 포유동물의 목뼈는 7개다.

기린의 진화를 보여주는 전시

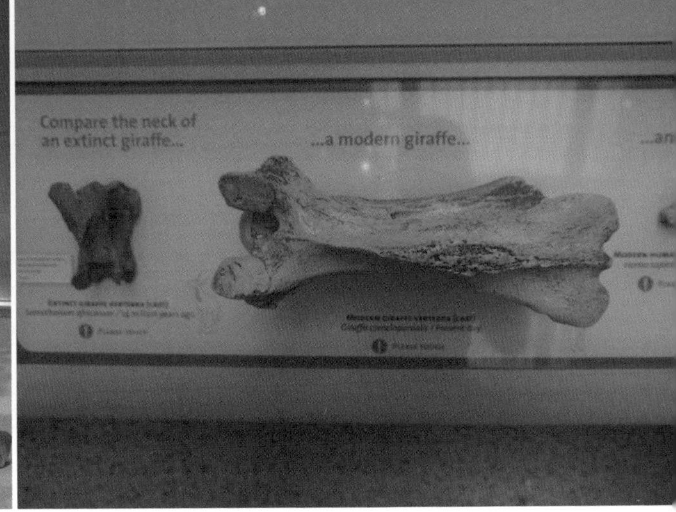

물 먹는 기린(왼쪽). 오른쪽 전시물은 목이 짧은 기린 조상의 목뼈, 현재 기린의 목뼈, 사람의 목뼈를 비교한 것이다.

기린에게는 또 하나 신기한 것이 있다. 바로 혈압이다. 목이 워낙 길어서 심장과 머리가 3미터나 떨어져 있다. 심장이 아주 튼튼해야 머리까지 피를 보내줄 수 있다. 그래서 기린의 심장 무게는 11킬로그램에 혈압은 240~160mmHg이나 된다. 보통 성인 혈압(120~80mmHg)의 약 두 배다. 그래야 기린이 목을 들고 서 있을 때에도 충분히 머리에 피를 공급해줄 수 있다.

문제는 기린이 물웅덩이의 물을 먹기 위해 고개를 숙일 때다. 우리도 머리를 아래로 숙이다가 피가 머리로 몰려서 어찔해진 경험이 있다. 기린도 5.8미터 아래로 고개를 숙여서 물을 마시려면 피가 머리로 몰려 어지럽지 않을까? 놀랍게도 기린은 목 혈관에 특별한 밸브가 있다. 이 밸브는 고개를 들었을 때는 열려 있다가, 고개를 숙이면 자동으로 닫혀서 피가 거꾸로 흘러 머리로 몰리는 것을 막아준다. 정말 신기한 장치다.

그런데 물 먹는 기린의 다리를 보면 자세가 이상하다. 다른 동물들처럼 무릎을 구부리지 않고, 한자로 여덟 '팔(八)'자처럼 바깥으로 벌리고 자세를 낮춘다. 그 이유는 뜻밖이다. 언뜻 보면 무릎으로 보이는 관절이 사실은 무릎이 아니라 발목뼈다. 무릎뼈는 그보다 한 단계 위에 있다. 마치 어깨뼈로 착각하기 쉬운 위치에 있는 것이 무릎뼈다. 기린의 이런 신체 구조를 모방해 만든 발명품이 있다. 세계 최고의 로봇회사 '보스턴 다이나믹스'의 네발 로봇 '스폿(Spot)'이다. 스폿의 다리는 기린처럼 무릎 위치가 발목뼈에 해당한다.

흰개미를 잡아먹는 땅돼지

물을 먹고 있는 기린의 맞은편에는 주둥이가 길고 등이 활모양으로 굽어서 조금 이상하게 생긴 땅돼지가 흰개미 집이 있는 흙더미 앞에 있는 게 보인다. 땅돼지(Aardvark)는 남아프리카 공용의 네덜란드어에서 유래한 이름이다. 이름에 돼지가 들어가 있지만 돼지와는 상관이 없다. 주둥이가 긴 데다 귀가 작고 길어 겉모양으로 보면 돼지와 약간 닮은 구석이 있다. 하지만 땅돼지를 분류하자면, 전에는 빈치류로 분류했으나 지금은 관치목으로 분류한다. 관치목은 '관 모양의 이빨'을 가진 집단이라는 뜻이다. 빈치류에는 나무늘보나 개미핥기, 그리고 아르마딜로 등이 속한다. 빈치류는 아예 이가 없는데 땅돼지는 어금니가 몇 개 있다. 그 이빨로 땅돼지는 땅속 열매인 땅돼지 오이도 먹는다. 땅속 열매를 먹기 위해 땅을 파고, 씨를 퍼뜨리고, 거름을 주는 역할을 땅돼지가 직접 담당한다.

땅돼지는 낮에는 땅속 구멍에 숨어 있다가 밤이 되면 나와서 길고 뭉툭한 삽 모양의 발톱으로 흰개미 집을 파헤친다. 혀 길이는 45센티미터나 되고 끈적끈적해서 개미핥기처럼 흰개미를 잡아먹는다. 땅돼지는 6천만 년 전에 나타나 아직도 살아 있는 아주 적응력이 뛰어난 포유동물이다. 땅돼지는 관치목에서 유일하게 살아남은 종이다. 아프리카에서만 사는데, 사하라 사막 이남의 거의 모든 지역에서 살고 있다.

그리고 흰개미집을 노리는 또 하나의 사냥꾼이 있다. 바로 천산갑이다. 천산갑은 털이 갑옷처럼 변했다. 혀는 70센티미터나 된다. 이 긴 혀로 흰개미집이나 땅속 곤충을 훑어 잡아먹는다. 이도 없고 씹을 근육도 없어 그냥 삼켜버린다.

천산갑(위)과 땅돼지(아래)

사막에서 살아남은 흰 오릭스(왼쪽)와 사막여우(오른쪽)

사막에서 살아남은 포유동물, 흰 오릭스와 사막의 여우

아프리카의 사하라 사막은 세계에서 가장 큰 모래사막이다. 일 년 동안 내리는 비가 250밀리미터 이하다. 마실 물도 귀하고, 먹을 식량도 부족하다. 게다가 낮에는 기온이 55℃까지 올라간다. 그래서 동물들이 살아가기가 어렵다. 하지만 이 사막에서도 90여 종의 포유동물들이 살고 있다. 대체 이 동물들은 어떻게 사막에서 살아갈 수가 있을까?

예로 들 수 있는 것이 유리전시실 안의 흰 오릭스다. 흰 오릭스는 특히 재미있는 특징들을 가지고 있다.

첫째, 체온 관리 시스템이다. 다리가 가늘고 길어, 뜨거운 사막의 모래로부터 몸이 높이 떨어져 있다. 배의 색깔도 흰색이어서 모랫바닥에서 올라오는 열기를 반사한다. 물론 몸 색깔도 흰색이어서 한낮에 뜨거운 태양의 열기를 잘 반사한다. 그래서 55℃의 뜨거운 사막 기온보다 몸 주위의 온도가 23℃나 더 낮다. 게다가 머리 위의 뿔도 몸의 열을 발산하는 데 한몫한다. 또 코 부위에는 넓은 혈관이 있다. 이것은 몸으로부터 열을 식히고 뇌를 시원하게 하는 역할을 한다.

둘째, 늘씬한 다리로 사막에서 일주일에 50킬로미터나 이동할 수 있다. 뜯어먹을 풀을 찾아서 이동하는 것이다.

셋째, 물을 마시지 않고도 오래 견딜 수 있다. 사람이 사하라 사막에서 살아가려면 매일 6리터의 물을 마셔야 한다. 그런데 흰 오릭스는 물을 한 모금도 마시지 않고 살아갈 수 있다. 오릭스는 밤에 이슬이 맺힌 풀을 먹기 때문이다. 게다가 콩팥이 아주 특별해서 그렇게 섭취한 수분을 몸 밖으로 배출하지 않고 거의 그대로 유지한다.

흰 오릭스 전시실 옆에는 사막여우가 있다. 이 사막여우는 모래 밑에 굴을 파고 산다.

아프리카 사막에서는 뜨거운 대낮에 대기 온도가 55℃, 모랫바닥 온도는 75℃나 된다. 굴속 온도는 사막의 표면보다 45℃나 낮아서 30℃다. 그래서 사막여우는 낮에 굴속에서 더위를 피했다가 밤이 되면 사냥하러 돌아다닌다. 사막여우는 또 몸집에 비해 귀가 매우 크고 깔때기처럼 생겨서 먹잇감의 아주 작은 소리도 다 들을 수 있다. 덕분에 어두운 밤에도 사냥을 잘할 수 있다.

우림에서 살아남은 포유동물, 오카피와 봉고, 부시베이비

아프리카 우림 지역은 숲이 우거져 있어 오카피나 봉고처럼 몸집이 큰 초식동물들은 이동하기가 어렵다. 그래서 이들은 위장술을 가졌다. 어두운 몸 색깔과 줄무늬로 숲 그늘과 섞여서 눈에 잘 안 띄게 만든다. 오카피는 다리에 있는 얼룩무늬 때문에 얼룩말의 일종으로 오해받기도 하지만, 기린과의 동물이다. 기린만큼은 아니지만 목이 발달했고, 기린과 같은 뿔이 있다. 걸음걸이도 기린과 같다. 걸을 때 앞발과 뒷발이 오른쪽이면 오른쪽, 왼쪽이면 왼쪽이 같이 나간다. 혀도 기린처럼 길어서 35~45센티미터나 된다. 자기 혀로 귓속의 벌레를 후벼낼 수도 있다.

유리전시실 중에는 영장류 동물들을 따로 모아 놓은 곳도 있다. 그중에 가장 눈에 띄는 것은 부시베이비라는 갈라고원숭이다. 남아프리카 숲에 사는, 세계에서 가장 작은 영장류 중 하나다. 이들은 아기 울음소리 같은 소리를 내면서 서로 연락한다.

콜로부스원숭이는 또 다르다. 검은색 털과 검은 얼굴에 길고 흰 머리털이 특이하다. 몸집이 작고 꼬리가 긴데, 나뭇잎을 먹고 산다. 엄지손가락이 뭉툭해서 '짧게 깎는다'라는 뜻의 콜로부스라는 이름이 생겼다. 콜로부스원숭이는 소리로 대화하지 않고, 몸짓으로 한다.

이 밖에도 아프리카에는 정말 재미있는 동물들이 많다. 그래서 아프리카는 동물의 왕국이다.

우림에서 살아남은 오카피

지구의 주인공 포유동물 2

북아메리카의 포유동물들

아프리카를 우림, 사바나, 사막의 세 지역으로 분류했다면 북아메리카는 툰드라, 대평원, 온대 숲으로 나뉜다. 북아메리카에는 따뜻한 봄부터 추운 겨울까지 각 계절이 다 있다. 스미스소니언 자연사박물관의 포유동물관은 북아메리카의 다양한 포유동물들로 따로 전시실을 만들었다.

툰드라의 얼음 땅에 사는 북극여우와 순록, 북극곰

아메리카 전시실의 툰드라 디스커버리 존은 휘몰아치는 바람 소리와 얼음이 깨지는 소리에 몸이 부르르 떨리는 것 같다. 실제로 툰드라 지역은 정말 춥다. 겨울에는 기온이 영하 20~30℃까지 내려가고, 여름에는 기온이 0~10℃ 정도인데 땅 위는 얼음이 녹아 있지만 땅속은 얼어 있다. 식물이 자랄 수 있는 기간도 60일이 채 안 된다. 그래서 여기 사는 동물들은 몸을 따뜻하게 하는 게 중요하다.

툰드라 존에 들어가면 먼저 북극여우가 보인다. 북극여우는 털이 풍성해서 영하 40℃에서도 살 수 있다. 꼬리가 몸길이에 비해 매우 길어서, 낮잠을 잘 때는 이 꼬리로 코를 살짝 덮어서 추위를 견뎌낸다. 북극여우의 털은 색깔이 참 특이하다. 겨울에는 흰색이라 눈 속에서 위장하기가 좋다. 그러나 여름에는 털갈이를 해서 머리, 등, 꼬리는 갈색이고 옆구리와 배는 베이지색으로 바뀐다. 계절에 맞게 보호색으로 위장하는 것이다.

북아메리카 툰드라 지역에서 사는 포유동물, 북극여우와 카리부

툰드라에서는 순록이 유명하다. 북아메리카의 순록을 카리부(Caribou)라고 부른다. 순록은 추위에 잘 견디도록 털이 이중으로 되어 있다. 겉의 털은 뻣뻣하고 속의 털은 잔털이 촘촘하다. 털 사이에 공기가 있어서 몸을 따뜻하게 유지해준다. 또 겨울에는 얼굴털이 입술까지 길게 자라서 눈 속의 풀을 뜯을 때 코와 주둥이를 다치지 않도록 잘 보호해준다.

카리부는 발굽 모양도 계절에 따라 바뀐다. 여름에는 땅이 부드러우니까 걷기 편하도록 발바닥이 스펀지처럼 생겼다가, 겨울에는 발굽 테가 두드러져 삽 모양이 된다. 그 발굽으로 눈을 파헤쳐서 먹이를 찾아낸다. 카리부라는 이름도 '눈을 파는 동물'이라는 뜻에서 나왔다. 카리부는 달리기 선수이기도 하다. 태어난 지 하루밖에 안 된 새끼도 올림픽 100미터 육상선수보다 더 빨리 달린다. 그래서 순록의 젖은 다른 동물의 것보다 유지방이 훨씬 많고 영양이 풍부하다.

그러나 누가 뭐래도 이 지역의 대표는 북극곰이다. 땅에 사는 동물 중 가장 큰 육식동물이다. 몸길이가 2.8미터에 체중이 500~800킬로그램이나 된다. 몸집이 커서 몸놀림이 느릴 것 같지만 사냥할 때는 놀라울 정도로 빠르다. 얼음 위에서도 시속 40킬로미터까지 달린다. 발바닥이 넓고, 발톱이 굵고 길어서 얼음 위에서도 안 미끄러진다. 북극곰은 헤

툰드라 지역의 대표적인 육식동물, 북극곰

엄도 잘 친다. 노 역할을 하는 큰 발로 물속에서 몇 시간씩 지낸다. 수영 속도도 시속 6킬로미터나 된다.

북극곰은 몸 구조가 추위에 잘 견딜 수 있게 되어 있다. 피부 아래 두꺼운 지방이 10센티미터나 되고, 피부는 검은색이라 햇빛을 잘 흡수한다. 피부 바로 위에 길이 5센티미터의 짧은 털이 촘촘하며, 짧은 털 바깥쪽에 길이 12센티미터의 뻣뻣한 털이 나 있다. 털 속에는 공간이 비어 있는데, 이것은 체온 유지와 헤엄칠 때 부력을 좋게 하기 위해서다. 털 색깔은 하얘 보이지만, 실은 투명에 가깝다.

북극곰은 주로 숨을 쉬러 수면 위로 올라오는 바다표범 새끼를 잡아먹는다. 얼음 위에서 기다렸다가 앞발로 내리쳐서 먹이를 잡는다. 그때 내리치는 세기가 엄청나서 1톤 가까이 된다.

요즘은 기후변화 때문에 빙산이 녹아내리고 먹잇감이 줄어들어서 북극곰 수가 계속 줄고 있다. 지금 남아 있는 북극곰은 2만 5,000마리도 채 안 된다.

북아메리카의 넓은 대평원에 사는 포유동물들

북아메리카의 대평원을 프레리(Prairie)라고 한다. 프레리는 정말 넓어서 이곳에 사는 들소(바이슨)나 가지뿔영양은 숨을 곳이 없다. 오로지 달리는 것만이 살아남는 최선의 방법이다. 가지뿔영양은 대평원에서 가장 빠른 동물이다. 시속 105킬로미터로 달린다.

가지뿔영양과 들소

약 250만 년 전에는 북아메리카에도 치타가 살았었다. 지상에서 가장 빠른 동물인 치타의 최고 속도는 시속 132킬로미터다. 당시에는 치타가 대평원에서 가지뿔영양을 사냥하며 살았다. 그러나 북아메리카의 치타는 약 1만 년 전 마지막 빙하기 때 멸종되었다. 현재 치타는 아프리카에만 살고 있다. 하지만 그들도 역시 멸종위기에 처해 있어 보호 대상이다. 치타는 순간 속력은 빠르지만 오래 달리지는 못 한다. 300미터 이상의 거리를 최고 속도로 계속 달리면 체온 이 갑자기 올라서 생명에 지장이 있기 때문이다.

들소도 상당히 빠르다. 1톤이 넘는 거대한 몸집으로 시속 89킬로미터까지 달릴 수 있다. 보통 말들이 평균 시속 60킬로미터로 달리는 것과 비교하면 얼마나 빠른지 알 수 있

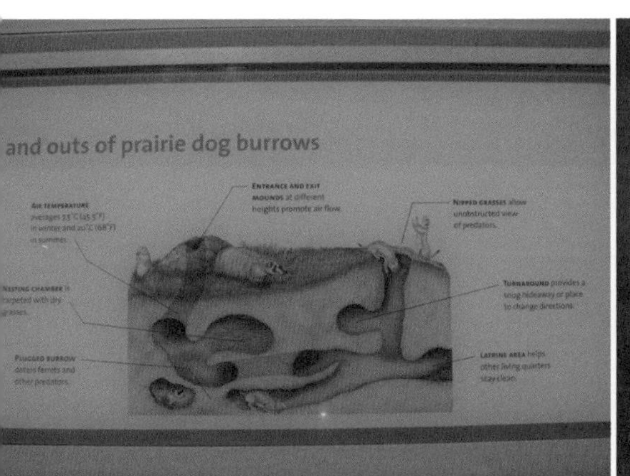

대평원에 땅굴을 파고 사는 프레리도그와 평원의 또 다른 동물인 가지뿔영양(오른쪽 위)

다. 한때는 들소들이 로키산맥에까지 분포해 북아메리카에 약 6,000만 마리가 살았던 적도 있었다. 영화 〈늑대와 춤을〉에서 들소들이 떼로 달리는 모습은 정말 장관이었다. 하지만 사람들이 철도를 놓고, 마구잡이로 사냥해서 19세기 말에는 겨우 1천 마리만 남았다. 지금은 3만 마리 정도가 보호받으며 살고 있다.

또 다른 대평원의 살아남기 대표 선수가 있는데, 프레리도그(Prairie Dog)다. 프레리도그는 날카로운 발톱으로 땅굴을 파고 산다. 몸은 비좁은 터널을 빠져나갈 수 있도록 기다랗게 진화했다. 몸 크기는 35~50센티미터 정도다. 이들의 땅굴은 길이가 5~10미터 정도 되는데 복층으로 방이 여러 개 있다. 새끼들을 키우려고 풀을 물어다 깔아놓은 둥지도 있고, 배설물을 모아 두는 화장실도 있다. 또 흰 담비들이 더 이상 쫓아오지 못하게 하려고 굴속을 막아 놓은 곳도 있고, 방향을 바꾼 샛길도 있다. 프레리도그는 사회성이 좋아서 500마리 이상이 마을을 이루며 산다. 마을 하나에 굴이 약 50~100개가 있다. 먹이를 찾을 때만 굴 밖으로 나오는데 보초가 망을 보다가 천적이 나타나면 소리를 내서 위험을 알린다. 이들은 자기들만의 언어가 발달해 있어서 천적의 종류에 따라 짖는 소리도 다 다르다.

흰꼬리사슴과 온대지역의 봄 풍경

북아메리카의 온대 숲에는 어떤 포유동물이 사나?

북아메리카 대륙의 온대 숲은 가을이면 낙엽이 지고, 봄이 되면 새잎이 돋는다. 온대 숲 디스커버리 존 전시실 안은 가을이다. 동물들이 먹을 것이 부족한 겨울에 대비해 식량을 모으고 저장하느라 바쁘다. 비버는 코를 킁킁거리며 찾아다니는 코요테를 피해 집 안에서 편안하게 앉아 있다. 비버들은 버드나무와 미루나무 그리고 참나무 등에서 겨울 식량을 얻는다.

숲속의 봄 풍경을 보여주는 전시도 있다. 숲속의 동물들은 대개 봄에 새끼를 낳는다. 먹을 것이 많아서 새끼들을 키우기가 좋기 때문이다. 봄 풍경을 보여주는 전시에는 새끼 동물들이 많이 보인다. 검은색의 새끼곰도 있고, 새끼여우와 흰꼬리 새끼사슴도 있다. 솜꼬리토끼는 천적에게 들킬까 봐 하루에 딱 두 번만 5분 정도 짧게 새끼에게 젖을 먹인다. 그래서 별명이 '5분 맘'이다.

이곳에는 갈색곰을 비롯한 늑대나 코요테, 사슴, 토끼처럼 아주 많은 포유동물이 산다. 우리나라도 온대지방이라 이곳과 비슷한 점이 많다.

북아메리카 온대 숲에 사는 갈색곰

북아메리카 숲에 사는 주머니쥐(Opossum)는 아주 특이하다. 캥거루처럼 배에 새끼를 키우는 주머니가 있다. 하지만 퇴화해서 새끼가 어미에게 매달려 있는 것처럼 보인다. 주머니쥐는 죽은 척을 잘한다. 그것도 아주 썩은 냄새까지 풍기면서.

솜꼬리토끼와 주머니쥐의 생존법을 설명해주는 패널

지구의 주인공 포유동물 3

남아메리카와 오스트레일리아의 포유동물들

스미스소니언 자연사박물관의 포유동물 전시실 왼쪽에는 남아메리카와 오스트레일리아의 동물들을 전시해 놓았다. 이곳에는 다른 지역에서 볼 수 없는 특별한 동물들이 많다.

브라질 아마존 숲에 사는 개미핥기와 아르마딜로

개미를 먹고 사는 개미핥기와 아르마딜로

남아메리카 전시 공간으로 들어서면 가장 먼저 높은 나무들이 빽빽하게 우거진 숲이 보인다. 브라질 아마존 숲은 세계 최대의 열대우림 지역이다. 이곳에는 200종이 넘는 포유동물들이 살고 있다. 숲 아래쪽은 언제나 숨이 막힐 정도로 빽빽하고 짙은 나무 그늘이다. 그곳에는 어떤 특별한 동물들이 살고 있을까? 또 그들은 무엇을 먹고 살까?

가장 먼저 개미핥기가 눈에 띈다. 1미터가 넘는 큰 개미핥기 한 마리가 새끼를 등에 업고 있다. 자세히 보니 발톱이 앞다리에 4개, 뒷다리에 5개다. 두툼한 낫같이 생긴 앞발 발톱은 길이가 10센티미터나 된다. 그 앞발로 개미굴을 헤치고 60센티미터나 되는 긴 혀를 개미굴에 들이밀고 있다. 개미핥기는 1분에 혀를 무려 160번이나 날름거린다. 끈끈한 침 때문에 혀에 들러붙은 개미들을 훑어 먹는다. 개미핥기는 주둥이가 길어서 개미 수백 마리를 입속에 머금을 수 있다. 하지만 이가 없어서 개미들을 씹지도 않고 그냥 삼킨다. 대신에 모래와 자갈을 삼키는데, 그것들이 위 속에서 섞여 개미들을 잘게 부순다. 초식공룡들이 위석을 삼키는 것과 같은 이유이다.

남아메리카의 열대 숲에는 특이하게 생긴 또 다른 포유동물이 있다. 바로 거북의 등딱지처럼 띠 모양의 등딱지가 몸 위쪽을 다 덮고 있는 아르마딜로다. 아르마딜로는 마치 갑옷을 입은 커다란 쥐같이 생겼다. 땅굴 속에서 지내다 밤이 되면 먹이를 잡으러 밖으로 나온다. 주로 흰개미나 작은 곤충들을 잡아먹고, 개미핥기처럼 점액이 묻은 지렁이 모양의 혀로 곤충들을 핥아먹는다. 부드러운 식물들과 작은 동물, 죽은 고기들을 먹기도 한다. 아르마딜로는 사나운 맹수들이 공격하면 몸을 공처럼 만다. 그러면 갑옷이 두꺼워서 웬만한 맹수들의 이빨에도 끄떡없이 견딜 수가 있다.

남아메리카의 밀림 나무 위에서 사는 포유동물들

남아메리카의 전시실 간판 위에는 원숭이 두 마리가 나무 위에서 놀고 있다. 세상에서 가장 작은 원숭이 피그미 마모셋(Pygmy Marmoset)도 보인다. 피그미 마모셋은 몸길이가 15센티미터, 몸무게는 120~140그램 정도다. 사람 손가락에 매달려서 놀 수 있을 정도로 작다. 주로 당분이 많은 나무의 수액과 수지를 빨아먹고 산다. 전시실에는 피그미 마모셋의 조그만 두개골을 관찰할 수 있도록 돋보기를 대 놓았다. 돋보기를 들여다보면 그 작은 이빨로 어떻게 나무껍질에 구멍을 내는지 알 수 있다.

세상에서 가장 작은 원숭이, 피그미원숭이

아마존 숲에 사는 올빼미원숭이도 특별하다. 이 원숭이는 눈이 크고 올빼미 소리를 낸다고 해서 올빼미원숭이라고 이름 붙여졌다. 물론 올빼미처럼 야행성이다.

아마존 숲에서는 나무늘보를 빼놓을 수 없다. 나무늘보는 세상에서 가장 느린 게으름뱅이다. 한 시간에 500미터 정도 이동하고 하루에 18~20시간 동안 잠을 잔다. 갈고리 같은 발톱으로 나뭇가지에 거꾸로 매달려 잠을 잔다. 얼마나 느리게 움직이는지 털 속에서

세발가락나무늘보

이끼가 자랄 정도다. 이끼가 많이 자라면 회색 털이 녹색으로 보일 때도 있다. 이 느림보는 영양가가 적은 나뭇잎을 먹는다. 그래서 위가 여러 개고, 먹은 것을 위 속 박테리아로 발효시킨다. 먹은 것을 다 소화하려면 거의 한 달이 걸리기도 한다.

세발가락나무늘보는 다른 포유동물들보다 목뼈가 두 개가 더 많다. 거의 모든 포유동물은 목뼈가 7개인데, 이것만 목뼈가 9개다. 덕분에 몸을 움직이지 않고도 머리를 270도나 돌릴 수 있다. 그러니 점점 더 게을러질 수밖에. 반면에 두발가락나무늘보는 목뼈가 6개밖에 없다. 그렇다고 더 부지런한 것은 아니다. 게다가 늘 거꾸로 매달려 있으니까 털도 거꾸로 자란다. 보통 동물은 털이 머리 쪽에서 다리 쪽으로 자란다. 그런데 나무늘보는 다리 쪽에서 머리 쪽으로 자란다. 참 특이한 동물이다.

오스트레일리아의 특별한 포유동물, 캥거루와 코알라

오스트레일리아는 커다란 대륙이면서 섬이다. 오랫동안 다른 대륙들과 따로 떨어져 있다 보니 이 지역에만 사는 특별한 동물들이 많다. 특히 캥거루처럼 어미의 배에 있는 주머니 속에서 새끼를 키우는 동물들 대부분이 이곳에서 살고 있다. 이런 동물들을 유대류라고 한다.

오스트레일리아 존 입구 표지판

오스트레일리아에 사는 캥거루는 모두 3,400만 마리가 넘는다. 말 그대로 캥거루의 땅이다. 캥거루와 왈라비(캥거루와 비슷한데, 크기가 조금 더 작다) 새끼가 어미 배에 있는 주머니에서 머리만 쏙 내밀고 있다. 이들 새끼는 9개월을 어미 주머니 속에서 자란다. 다 자라서 어미의 주머니가 잘 맞지 않아도 계속 그 안에 있으려고 한다. 그렇게 몇 달을 더 지내기도 한다.

전시실에는 두 마리의 캥거루가 있다. '붉은 캥거루'와 '나무타기 캥거루'다. 그런데 모습이 완전히 다르다. 아주 오래전에는 하나였던 그들의 조상이 전혀 다른 서식지에서 적

캥거루의 땅 오스트레일리아. 오른쪽은 캥거루의 사촌, 왈라비

응하며 살아왔기 때문이다. 붉은 캥거루는 넓은 초원에서 껑충껑충 뛰어다닌다. 긴 뒷발로 땅을 동시에 박차면서 강력한 뒷다리 힘으로 앞으로 나아간다. 그렇게 껑충 뛰는 속도가 시속 25킬로미터, 위험에 처하면 두 배의 속도로 뛰어오르기도 한다. 달리는 속도는 시속 65킬로미터 정도다.

또 다른 하나, 나무타기 캥거루는 나무 위에 있다. 최초의 나무타기 캥거루들은 새로운 먹이를 찾아서 우림 지대로 들어갔다. 우림 지역에서 후손들은 나무타기에 알맞게 발과 다리가 진화했다. 전시물 앞에 있는 2,400만 년 전의 캥거루 화석을 보면, 발과 다리가 오늘날 나무타기 캥거루의 것과 많이 닮았다. 그것이 아마 초기 캥거루가 나무를 탔었다는 증거가 될 것이다.

나무타기캥거루

오스트레일리아의 건조한 삼림 지대에는 유칼립투스 나무들이 점점 늘어났다. 현재는 유칼립투스 나무만 600여 종이 있다. 90미터까지 자라는 유칼립투스도 있다. 포유동물들은 이곳에서 살아남는 법을 알게 되었다. 주머니날다람쥐는 이 나무에서 저 나무로 활공한다. 날다람쥐는 공기를 잡아두기 위해 앞다리와 뒷다리 사이에 털로 덮인 막을 가졌으며 그것을 펼쳐서 활공한다. 날다람쥐는 유칼립투스 나뭇잎만 먹고 산다.

유칼립투스 나뭇잎만 먹고 사는 또 다른 포유동물이 있다. 바로 코알라다.

전시실 간판 바로 위의 나무에서 코알라가 관람객들을 반갑게 맞고 있다. 동글동글 털북숭이 코알라는 성질이 온순하다. 코알라는 유칼립투스 나뭇잎만 먹으며 나무에서 산다. 나뭇잎을 잘 소화해서 필요한 영양분을 다 섭취한다. 물도 거의 마시지 않는다. 유칼립투스 나뭇잎은 독성이 있다. 그래서 코알라의 위는 특수하고, 맹장의 길이가 1~2미터나 된다. 사람의 맹장이 10~15센티미터인 것과 비교하면 엄청 길다. 다른 동물들은 독성 때문에 유칼립투스 잎을 먹을 수가 없다. 몸놀림은 빠르지만, 코알라는 엄청난 잠꾸러기다. 하루 20시간을 잔다. 아마존 숲에 사는 나무늘보보다 더 많이 잔다. 바로 유칼립투스의 독성 때문이다.

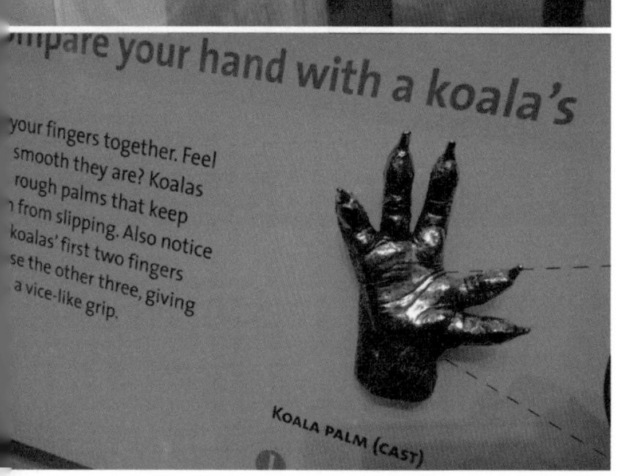

유칼립투스 잎만 먹고 사는 코알라

코알라도 캥거루처럼 주머니 속에서 새끼에게 젖을 먹여 키운다. 젖을 뗄 때는 아주 특별한 이유식을 먹인다. 바로 어미의 항문에서 나오는 반쯤 소화된 유칼립투스 나뭇잎이다. 새끼가 어미의 항문에 입을 대고 그것을 빨아먹는다. 지저분하게 생각되지만 이 과정이 매우 중요하다. 왜냐하면 새끼 코알라는 장 속에 섬유질을 소화하는 미생물이 없기 때문이다. 이렇게 함으로써 새끼도 소화를 위한 장내 미생물을 몸 안에 갖게 되는 것이다.

이곳 오스트레일리아 전시실에는 또 다른 매우 특별한 포유동물들이 있다. 바로 오리너구리와 가시두더지다. 이들이 특별한 것은 알을 낳는 포유동물이기 때문이다. 포유동물의 공통점을 이야기할 때, '포유동물은 새끼를 낳는다'라고 할 수 없었던 것은 이 두 동물 때문이다. 알을 낳는 포유동물들을 '단공류'라고 부른다. 다른 동물들은 변을 보는 항문과 생식기가 따로 되어 있는데, 오리너구리와 가시두더지는 항문과 생식기가 하나로 되어 있다.

오리너구리는 오리의 부리와 수달의 몸, 비버의 꼬리, 그리고 발에는 물갈퀴가 달려 있다. 알을 낳지만, 알에서 부화한 새끼에게 젖을 먹여 키운다. 하지만 젖꼭지가 없어서 어미의 가슴에 있는 털 사이로 스며 나오는 젖을 새끼가 빨아먹는다. 다 자란 오리너구리는 이빨이 없다. 어릴 때는 작은 이빨들이 있다가 곧 다 빠져버린다.

가시두더지

이빨이 없기는 가시두더지도 마찬가지다. 가시두더지는 땅속에서 생활하면서 긴 혀로 개미나 흰개미, 지렁이 등을 잡아먹는다. 그래서 '가시개미핥기'라는 별명도 있다. 적을 만나면 몸을 공처럼 말아서 방어한다.

이렇게 오스트레일리아에는 아주 특별한 포유동물들이 많이 살고 있다. 이런 것들을 간단히 '생물의 다양성'이라고 말한다. 기후와 환경의 변화에 적응해온 결과다.

오리너구리 골격(왼쪽)과 실제 모습(오른쪽)

3장
해양 전시실

참고래
피닉스 이야기

지구에 사는 모든 생명에게 바다만큼 크게 영향을 미치는 것은 없다. 바다는 지구에 있는 물의 97%를 차지하고 있다. 산소의 절반 이상을 만들어내며, 탄소를 가장 많이 흡수한다.

스미스소니언 자연사박물관 1층에는 해양 전시실이 있다. 이 전시실의 정식 명칭은 '산트 오션 홀(Sant Ocean Hall)'이다. 전시실을 만드는 데 기업가 로저 산트와 그의 부인 빅토리아가 1,500만 달러를 기증했기 때문이다. 그 후 이들 부부는 추가로 연구비 1,000만 달러를 또 기증했다. 그밖에도 미국 의회와 국립해양대기청(NOAA), 그리고 3M과 소니, 내셔널지오그래픽 등 20여 재단과 기업 및 기관, 개인이 후원해 이 전시실이 만들어졌다.

해양 전시실의 전시는 크게 세 부분으로 되어 있다. 전시실의 맨 오른쪽은 해안과 수심 200미터 이내의 얕은 바다에 관한 전시다. 이곳에 있

스미스소니언 자연사박물관 1층에 위치한 해양 전시실 전경. 정식 명칭은 '산트 오션 홀(Sant Ocean Hall)'이다.

해양 전시실 뒤쪽에서 바라본 모습(왼쪽)과 해양전시실 배치도(오른쪽)

는 수족관의 산호와 산호초는 인도양과 태평양에서 가져온 것이다. 거기서부터 전시실 왼쪽으로 갈수록 점점 깊은 바닷속으로 내려간다. 가운데 부분은 수심 200~3,000미터에서 사는 생물들, 가장 왼쪽은 3,000미터에서 바다 밑바닥까지 서식하는 생명체들을 전시했다. 이 전시실을 둘러보면 38억 년 전 바다의 기원에서부터 오늘날의 바다까지 바다의 시간여행을 할 수 있다.

전시실의 면적은 약 650평이며, 스미스소니언이 소장한 해양 표본은 약 8,000만 점이다. 그중 귀한 해양 표본 670여 점이 전시되어 있다. 전시 준비 기간은 약 5년, 작업에 참여한 인원만 수백 명이다.

대표적인 전시물은 참고래를 비롯해 고래의 조상 바실로사우루스와 도루돈, 로도케투스 화석, 작은 돌고래, 산호와 산호초, 장수거북, 사자갈기해파리, 메갈로돈, 환도상어, 실러캔스 등이며 길이 7.7미터의 대왕오징어도 있다. 심해 부분에는 작은 해양 탐험극장이 있다. 이곳에서는 해양연구가 앨빈이 심해용 잠수 카메라로 약 3.2킬로미터나 잠수해 촬영한 영상을 보여준다. 이 동영상을 통해 수많은 심해의 생명체를 볼 수 있다.

길이 13.8미터 실제 모델과 똑같은 참고래 피닉스 모형. 전시물 중 가장 먼저 눈에 띈다.

해양 전시실의 공식 대사, 참고래 피닉스

전시물 중 가장 먼저 눈에 띄는 건, 3층 높이에서 우아하게 내려오는 것 같은 모습의 푸른빛이 감도는 멋진 참고래다. 길이 13.8미터에 실제 모델과 똑같은 참고래 모형이다. 멸종 위기의 북대서양참고래인데, 멸종되지 않고 번성하기를 바라서 이름을 피닉스라고 지었다. 피닉스는 영원불멸을 상징하는 전설의 새, 불사조다. 아라비아 사막에 살며 500년마다 스스로 몸을 불태워 죽고 그 재 속에서 다시 살아난다고 한다.

스미스소니언 자연사박물관은 참고래 피닉스에게 아주 중요한 직책을 맡겼다. 바로 '스미스소니언 자연사박물관 해양 전시실 공식 대사'다. 과학자들은 피닉스가 태어난 1987년에 새끼 고래 피닉스의 등에 무선송수신기(전자태그)를 달아주고, 그의 삶을 계속 추적해왔다. 피닉스가 이동할 때마다 송신기로부터 수심, 수온, 수중 음향과 같은 데이터들을 연구실의 컴퓨터로 전송받아서 참고래가 어떻게 살아가는지를 연구해왔다.

참고래는 사는 지역에 따라 북대서양참고래, 북태평양참고래, 남방참고래의 세 종류가 있다. 피닉스와 같은 종인 북대서양참고래는 이제 300~400마리 정도밖에 남지 않았다. 북태평양참고래도 200여 마리밖에 없다. 둘 다 멸종 위기종이다. 다행히도 남방참고래는 약 7,500마리 정도가 살아 있어 멸종 위기는 벗어났다. 참고래들은 어쩌다 멸종 위기종이 되었을까? 기름과 고래수염을 얻으려고 인간들이 지난 수 세기 동안 참고래를 너무 많이 잡았기 때문이다.

참고래는 몸무게의 40%가 지방이어서 죽으면 물 위로 떠오른다. 게다가 연안의 수면 위로 올라와 휴식을 즐긴다. 헤엄 속도도 시속 10킬로미터밖에 안 된다. 그래서 사냥꾼들이 참고래만 보면, "바로 그거야(That's Right!)"라고 외치면서 잡았기 때문에 영어 이름이 'Right Whale(바로 그 고래)'이 되었다.

고래사냥이 금지된 오늘날, 참고래 멸종 위기 원인의 약 58%는 컨테이너 화물선에 부딪히거나 낚시 장비에 걸려서다. 대서양 지역을 지나는 컨테이너 화물선들의 항로는 고래들이 좋아하는 먹이들이 많이 사는 곳이다. 그곳에서 먹이를 먹다가 숨을 쉬러 올라오는 순간 배와 부딪히면 바로 죽는다. 또 75% 이상의 참고래는 일생에 한 번 이상 낚싯줄에 걸린다. 일단 낚싯줄에 걸리면, 고래가 벗어나려고 몸부림칠수록 나일론 이음줄이 더 꼬인다. 결국 고래는 지느러미에 상처가 나 헤엄을 못 치게 된다. 그렇게 물에 빠져 질식해 죽고, 상처가 균에 감염되어 죽기도 한다. 1980년에는 52살이던 고래의 기대수명이 1995년에는 14살로 38년이 줄어들었다.

아래에서 올려다본 참고래 피닉스 모습

그래서 요즘 미국에서는 고래를 보호하기 위해 인공위성을 동원하기도 한다. 고래가 뱃길에 있는 것을 인공위성이 감지하면, 그 정보를 캘리포니아 산 위에 있는 관측소로 보내준다. 관측소는 그 주변을 지나는 선박에게 그 근처에 고래가 있다는 정보를 보내준다. 그러면 선박은 배의 속도를 늦춘다. 그렇게 해상 충돌사고를 줄이는 것이다.

과학자들은 이대로 가다가는 참고래가 20년 안에 멸종될 수도 있다고 한다. 이런 사태를 막기 위해 과학자들은 참고래를 보호할 수 있는 다양한 혁신 기술을 연구하고 있다. 한 가지 사례는 바닷가재 통발 이음줄의 무게를 약간 무겁게 하는 것이다. 그래서 통발 이음줄이 바닥에 가라앉게 만들어 고래가 줄에 걸리는 확률을 최소로 줄이는 것이다.

그런데 피닉스에 관한 너무나 안타까운 소식이 있다. 2013년부터 피닉스를 찾아볼 수가 없었다. 과학자들은 언젠가는 피닉스가 어디에선가 나타날 것을 기대했다. 그러나 6년이 지나도 피닉스의 자취는 찾을 수가 없었다. 결국 2019년 과학자들은 피닉스가 죽은 것으로 판정을 내렸다.

'북대서양참고래'는 대부분 겨울철에는 남쪽, 미국 남동부의 얕은 연안 해역으로 이동한다. 암컷은 그곳에서 새끼를 낳는데 3~5년마다 한 마리를 낳는다. 봄이 되면 고래는 북쪽으로 이동해서, 그곳에서 새끼들에게 젖을 먹인다. 참고래는 어디서 새끼를 낳을까? 과학자들이 찾아내려고 애를 쓰는데, 아직 어디에서 새끼를 낳는지는 잘 알지 못한다. 아

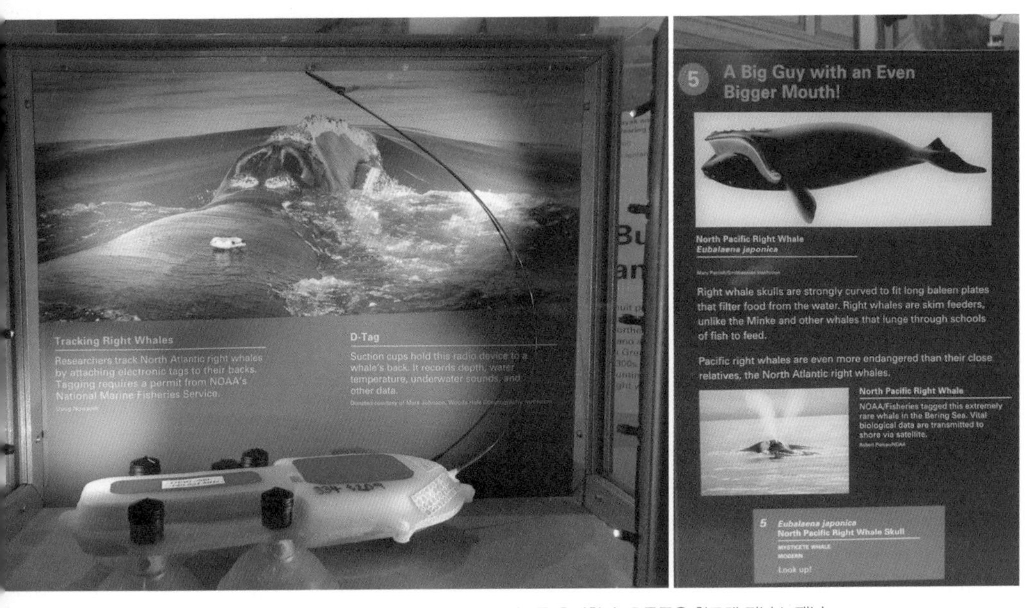

고래 추적 장치를 부착하고 바다 한가운데서 참고래 피닉스를 추적한다. 오른쪽은 참고래 피닉스 패널

무리 전자태그로 추적을 해도 몇몇 고래들은 매년 알려지지 않은 곳으로 사라졌다가 몇 년 후 다시 나타나곤 한다. 이것은 대왕고래도 마찬가지다.

소설 〈모비 딕〉에 등장하는 향유고래와 참고래

〈모비 딕(Moby Dick)〉은 1851년 발표된 허먼 멜빌의 장편 소설이다. 소설 속의 모비 딕은 거대한 향유고래다. 포경선의 선장 에이허브는 모비 딕을 잡으려다가 한쪽 다리를 잃었다. 그는 복수를 위해 악착같이 그 고래를 쫓는다. 마침내 모비 딕을 찾았고, 에이허브와 모비 딕의 치열한 사투가 벌어진다. 3일 동안의 싸움 끝에 에이허브는 마지막 보트를 타고 모비 딕에게 작살을 명중시키지만, 작살 줄이 목에 감겨 고래와 함께 바닷속으로 사라진다. 성난 모비 딕은 배를 들이받아 포경선 피쿼드호는 침몰되고, 선원들은 다 바다에 빠졌다. 결국 이스마엘만 혼자 다른 포경선에 구출되어 살아남는다.

이 소설에서 향유고래 말고 비슷하게 잡히는 또 하나의 고래가 참고래다. 이들에 대한 소설 속의 묘사를 보자.

"각각의 고래는 저마다 특징이 있지만, 우리가 사냥하는 고래는 향유고래와 참고래 두 종류이다. 향유고래는 지구상에서 가장 크고 무시무시하며 그만큼 상품 가치도 높다. 각 고래의 상품 가치는 고기가 아니라 경뇌유, 즉 고래의 머리에서 짜내는 기름의 양으로 평가된다. 향유고래는 가장 질 좋고, 양도 많은 경뇌유를 짜낼 수 있다. 참고래 역시 경뇌유를 짜낼 수 있는 고래지만, 기름의 질은 향유고래에 비해 많이 떨어진다. 몸집이 거대한 이 참고래는 고래잡이들이 가장 많이 잡는 고래다."

소설에서 주인공이 탄 배는 모비 딕을 찾기 전에 먼저 다른 향유고래 한 마리를 잡는다. 그리고 그것의 머리를 오른쪽 뱃전에 매달고 고래를 잘라 올려서 기름을 짜낸다. 한 마리에서 기름 10톤을 얻는 경우도 있다. 그런데 고래가 너무 커서 배가 기우는 것을 막기 위해 이번에는 참고래를 잡는다. 그리고 그것을 왼쪽 뱃전에 묶어 배의 균형을 유지한다. 향유고래와 마찬가지로 참고래에서도 기름을 퍼내는 작업을 한다. 고래의 기름이 들어 있는 쪽을 '술통'이라고 부르는데, 깊이가 6미터가 넘는다. 여기에 사람이 떨어지면

고래잡이 보트. 향유고래를 잡으려는 대형 포경선 선장의 사투를 그린 소설이 〈모비 딕〉이다.

죽는다. 양동이로 100번쯤 퍼 올리다가 작업을 하던 선원 태시테고가 술통에 떨어져 죽을 번했던 사고도 있었다.

고래의 종류 90여 종, 이빨고래와 수염고래로 구분

해양 전시실에는 각 고래의 크기를 비교한 그림 패널이 있다. 그림에 따르면 압도적으로 큰 것은 대왕고래다. 대왕고래는 가장 큰 것이 길이가 33미터에 무게가 180톤이나 된다. 보통 암컷은 길이 27미터에 108톤, 임신한 암컷은 130톤 정도 된다고 한다. 두 번째로 길이가 긴 것은 긴수염고래인데 25미터 정도 된다. 그다음이 참고래다. 길이 18미터에 몸무게 65톤 정도. 북대서양참고래의 성체는 길이가 16.8미터, 무게는 62~70톤이다. 묘하게도 이빨고래 중 가장 큰 향유고래와 길이나 몸무게가 거의 비슷하다.

고래는 약 90종이 있는데, 크게 이빨고래와 수염고래로 나눈다. 이빨고래는 범고래, 향고래, 돌고래가 있다. 물고기, 대왕오징어, 바닷새, 물범, 몸집이 작은 고래를 잡아먹는다. 이빨고래 중에서 크기가 4미터 이하인 이빨고래들을 돌고래라고 부른다. 이빨고래들은 날카로운 이빨로 먹이를 잡지만 보통 먹이를 씹지 않고 통째 삼킨다. 고래의 이빨들은 사람이나 다른 포유류처럼 앞니, 송곳니, 어금니의 구분이 없기 때문이다. 향유고래는 이빨이 아래턱에만 있다.

반면, 수염고래는 위턱으로 연결된 케라틴 같은 수염판이 있다. 물을 입안으로 많이 마신 후 이 수염판으로 체처럼 걸러서 바닷물을 내보낸다. 그리고 입속에 남은 물고기나 크릴새우들을 삼켜서 먹는다. 참고래 피닉스도 수염고래다. 피닉스는 하루에 크릴새우를 약 1톤 가까이 먹는다.

이빨고래 중에서 가장 큰 것은 향유고래다. 암컷은 길이가 10~12미터, 몸무게 14~17톤 정도지만, 수컷은 길이가 15~18미터, 몸무게 45~50톤 정도다. 수컷의 체중이 암컷의 3배가량 된다. 지금까지 최대 기록은 미국 낸터킷 포경박물관에 있는 것인데, 길이 20.5미터에 체중 57톤짜리다. 낸터킷은 포경으로 유명했던 항구도시다. 소설 〈모비 딕〉의 포경선 피쿼드호가 이곳에서 출발한다.

고래 중에서 잠수를 가장 잘하는 것도 향유고래다. 보통 수심 400~3,000미터까지 1시간 30분을 잠수해서 대왕오징어, 상어 등을 잡아먹는다. 수심 2,000미터 이상으로 내려가 200기압 이상의 압력에서 헤엄치는 것은 대단한 능력이다.

고래가 이렇게 깊은 바다까지 오래 잠수할 수 있는 이유는 근육조직에 산소를 저장할 수 있는 미오글로빈을 갖고 있기 때문이다. 미오글로빈은 헤모글로빈보다 3~10배 정도 산소와 더 잘 결합한다. 19세기 초, 향유고래는 약 150만 마리가 있었던 것으로 추정된다. 그러나 1946~1980년 사이에만 약 77만 마리가 포획되었다. 한국에서는 2004년, 약 70년 만에 발견된 적이 있다. 향유고래의 수명은 약 70년 정도다. 어미 향유고래는 13살 때까지 새끼에게 젖을 먹인다.

향유고래는 몸 전체 길이의 약 3분의 1이 머리다. 거대한 사각형 머릿속에는 기름으로 가득한 경랍기관이 있다. 그래서 충돌로 생기는 충격을 흡수할 수 있다.

고래들이 숨을 쉴 때 내뿜는 물줄기를 보면 멀리서도 어떤 고래인지 알 수가 있다. 향유고래는 뿜어내는 물의 높이는 2미터 정도인데, 수직으로 위로 뿜어내지 않고 왼쪽으로 비스듬히 뿜어낸다. 향유고래의 머리뼈와 비강이 비대칭이기 때문이다. 참고래나 쇠고래, 북극고래 같은 수염고래들은 물줄기를 두 줄기로 뿜는다. 북극고래는 물줄기 높이가

7미터, 참고래는 5미터, 쇠고래는 3~4.6미터 정도다. 대왕고래는 물줄기 높이가 9미터가 넘는다.

가장 사나운 건 범고래, 몸집이 가장 큰 건 대왕고래

고래 중에서 가장 사나운 것은 범고래다. 보통 5.5~10미터 정도 크기인 이 고래는 물고기와 물범, 상어도 잡아먹고 심지어 다른 고래들도 잡아먹는다. 특히 자기보다 훨씬 큰 대왕고래도 어미와 새끼가 같이 있는 것을 보면, 무리가 협공해서 어미와 새끼를 떨어뜨려 놓고 새끼를 위에서 눌러 익사시킨 후 잡아먹는다. 그래서 별명이 '킬러 고래'다. 대개 6~7마리가 함께 뭉쳐서 협동작전으로 사냥한다. 캘리포니아의 몬터레이 앞바다를 고래 연구가들은 '매복계곡'이라고 부른다. 이곳이 어미 범고래가 새끼들에게 새끼 쇠고래 잡는 법을 가르치는 장소이기 때문이다.

한 가지 재미있는 건, 이 무시무시한 범고래 중 수컷들은 지독한 마마보이라는 사실이다. 범고래는 평균 수명이 암컷은 50살(70~80살까지 사는 경우도 있다), 수컷은 30살(50~60살까지 사는 경우도 있다)인데, 수컷 범고래들은 평생을 어미 곁에 머문다. 암컷들은 15살이 넘으면 새끼를 낳기 위해 어미 곁을 떠나지만, 수컷들은 짝짓기를 위해 떠

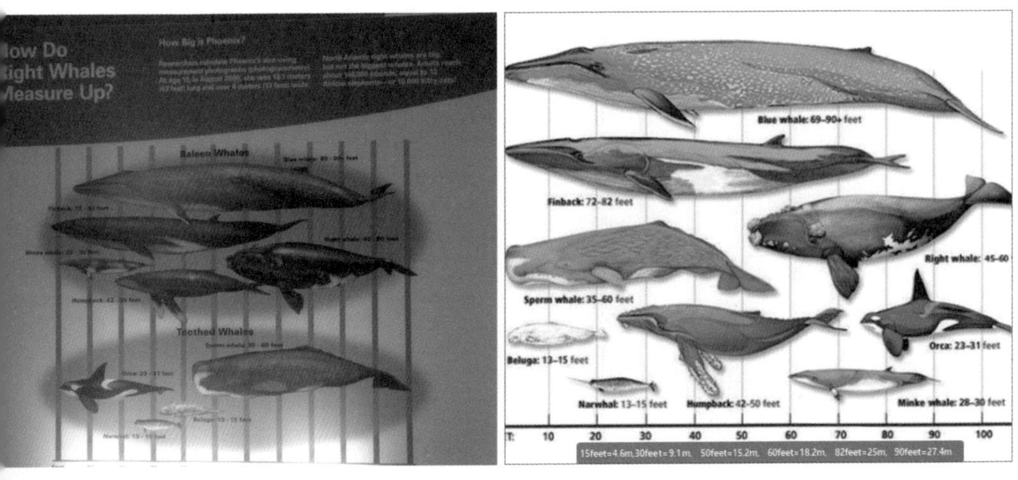

대왕고래와 참고래, 향유고래 등 고래의 크기를 비교한 패널

났다가도 다시 어미 곁으로 돌아온다. 암컷들은 보통 5년마다 한 마리의 새끼를 낳는다. 젖을 먹이는 기간은 보통 2년 정도다.

고래 중에서 가장 큰 것은 대왕고래(흰긴수염고래)다. 몸이 청회색을 바탕으로 되어 있어서 영어로는 'Blue Whale'이라고 부른다. 고래전문가 엘린 켈지의 책 〈거인을 바라보다〉에 따르면, 대왕고래는 정말 크다. 보통은 길이가 24~27미터에 몸무게는 110톤까지 자란다. 갓 태어난 새끼도 몸길이가 7미터에 몸무게가 2.7톤이나 된다. 긴수염고랫과 고래들의 젖은 지방함량이 30~53%이며 농도도 가장 진하다. 대왕고래는 이런 젖을 매일 200킬로그램씩 생산한다.

고래 수염

새끼 한 마리당 6개월 동안 먹이는 젖은 40톤이 넘는다. 새끼는 젖만 먹으면서 체중이 매일 90킬로그램씩 늘어난다. 그래서 6개월 동안 몸무게가 17톤까지 늘어난다. 이 기간을 위해 어미는 여름 한 철에 44톤의 지방을 저장하고, 새끼를 키우는 동안 25~33% 정도의 체중이 줄어든다. 가끔 척추뼈가 앙상하게 드러난 대왕고래를 볼 수가 있는데, 이것들이 대부분 새끼에게 젖을 한창 먹이고 있는 대왕고래라고 한다. 새끼들은 보통 10년 동안은 어미를 따라다닌다. 대왕고래의 수명은 최대 100년 정도다. 그러나 이 대왕고래도 지난 100년 동안에 무려 35만 마리나 잡히는 바람에 멸종 위기에 처해 있다.

미국 NBC방송이 2015년 2월 13일 방영한 보고서 〈텅 빈 바다, 20세기 포경산업 요약〉에 따르면, 1900년부터 1999년까지 100년간 상업적인 목적으로 포획된 고래는 290만 마리다. 1986년부터 국제포경위원회는 상업적 포경을 금지해오고 있다.

고래보다 멀리 이동하는 장수거북과 위기의 바다거북

스미스소니언 자연사박물관의 해양 전시실에는 딱 한 마리의 바다거북이 전시되어 있다. '바다에 관한 전시니까 바다거북도 하나 있는 거겠지', 이렇게 생각하고 지나칠 수도 있다. 그런데 스미스소니언의 전시는 대충 놓인 것이 없다. 해양 전시실의 전시 준비 기간만 6년, 들어간 돈은 약 300억 원이다. 건축비가 아니라 전시에 들어간 돈이다.

장수거북과 참고래 피닉스. 참고래 앞에 장수거북을 배치해 장수거북이 고래보다 훨씬 더 먼 길을 이동하는 동물이라는 사실을 알려준다.

바다거북 7종 크기 비교(스미스소니언 자연사박물관 홈페이지)와 해양 전시실 입구의 장수거북 모형

그런데 다시 잘 보면, 바다거북의 전시 위치가 절묘하다. 참고래 피닉스 바로 앞이다. 참고래 앞에 전시된 이 거북은 '장수거북'이다. 바다거북은 모두 7종이다. 이들은 바다거북과와 장수거북과 2개 과로 나뉜다. 그러나 장수거북과에는 장수거북 1종뿐이다. 그러면 왜 하필 저 바다거북 하나만, 그것도 참고래 바로 앞에 배치했을까? 이게 궁금해지면 전시의 키포인트를 바로 잡은 것이다.

장수거북과 1종과 바다거북과 6종 중 1종의 바다거북만 전시

누가 뭐래도 거북의 가장 큰 특징은 등딱지다. 땅에 사는 거북들은 등딱지가 높은 돔형이다. 그러나 바다거북들은 몸체와 등딱지가 납작하다. 물속에서 빨리 움직이기 위해서다. 앞다리는 헤엄치기 좋게 커다란 노처럼 되었다. 그래서 머리와 다리들을 등딱지 속으로 집어넣을 수는 없다. 장수거북을 제외한 나머지 6종은 모두 바다거북과에 속한다. 푸른바다거북, 붉은바다거북, 납작등바다거북, 매부리바다거북, 올리브각시바다거북, 켐프각시바다거북이다. 이들은 등껍질이 모두 딱딱하다. 등의 맨 바깥은 케라틴 성분으로 구성된 각질판이 있고, 각질판 아래로 등뼈와 갈비뼈, 배 부분을 감싸는 뼈들이 합쳐져 있다.

이 중 푸른바다거북의 영어 이름은 'Green sea Turtle'이다. 등딱지는 짙은 갈색이지만, 해조류를 많이 먹어서 체지방이 모두 녹색이다. 그래서 등 쪽 살에 붙은 녹색 지방 때

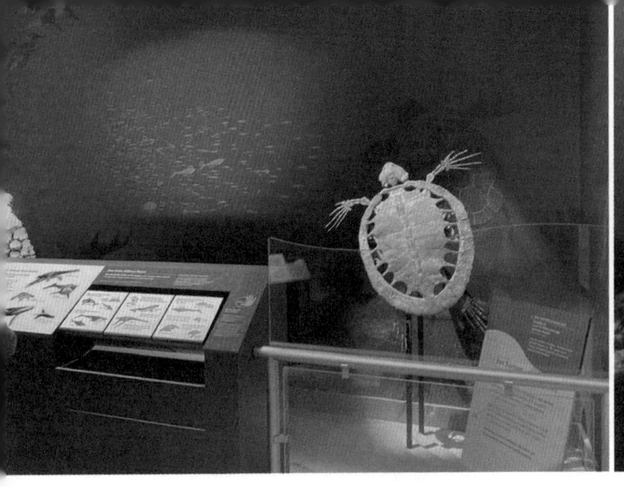

7,200만 년 전 바다거북 모형과 이를 설명하는 패널(왼쪽). 오른쪽은 송신기가 부착된 매부리거북

문에 '녹색바다거북'이 되었다. 우리말로는 녹색을 푸르다고도 해서 '푸른바다거북'이 되었다. 붉은바다거북은 등딱지의 색이 적갈색이며, 살은 갈황색이다. 크게 자란 것은 체중이 360킬로그램 정도다.

바다거북 6종의 크기는 푸른바다거북(1.37미터), 붉은바다거북(1.1미터), 납작등바다거북(0.98미터), 매부리바다거북(0.91미터), 올리브각시바다거북(0.76미터), 켐프각시바다거북(0.6미터) 순이다. 그러나 장수거북은 다르다.

장수거북과 바다거북은 뭐가 다를까?

바다거북 7종 중 다른 6종은 바다거북과이고, 장수거북만 유일하게 장수거북과로 분류한다고 했다. 그 이유는 뭘까? 장수거북이 다른 바다거북들과 확실하게 다르기 때문이다. 그 이유를 살펴보자.

우선 장수거북은 등딱지가 다른 바다거북들과 다르다. 다른 바다거북들은 등딱지가 케라틴으로 되어 있다. 딱딱한 각질이다. 그러나 장수거북의 등딱지는 딱딱한 각질이 아니다. 가죽 같은 등딱지 피부에 동전 크기의 용골(골판) 수천 개가 흰점처럼 박혀 있다. 그리고 일곱 개의 등줄기가 거북의 뒷부분에서 앞부분까지 뻗어 있다.

이 가죽 같은 피부밑은 두꺼운 지방층인데, 두께가 약 7.6센티미터나 된다. 지방층 두께가 2.4센티미터인 다른 바다거북들의 약 3배다. 그래서 등딱지가 가죽처럼 탄력성이 있다. 영어 이름이 'Leatherback Turtle'인 이유다. 우리말 이름은 장수거북이다. 커다란 등딱지를 이고 있는 다부진 모습이 가죽 갑옷을 입은 장수(將帥)처럼 보인다고 해서 생긴 이름이다.

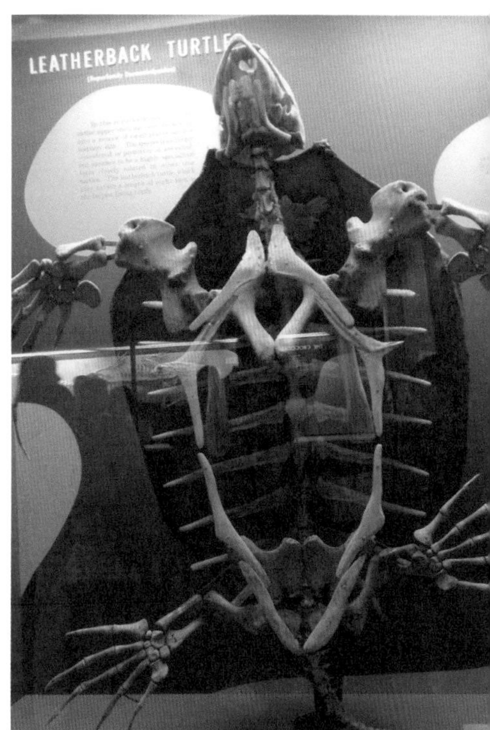

뼈전시실의 바다거북들. 장수거북(위)과 바다거북(아래)

심해 수압 견딜 수 있는 등딱지, 빠른 수영에 도움 되는 7줄의 돌기

장수거북은 1천2백 미터 깊이의 심해까지 잠수할 수 있다. 바닷속은 수압이 매우 높다. 수심 1천 미터를 내려가면, 100기압이 된다. 이 높은 압력 때문에 알루미늄 야구 배트도 찌그러진다. 그런데 장수거북은 그보다 더 깊은 바닷속에서도 견딜 수 있다. 그 비결이 무엇일까? 그 비밀의 열쇠도 바로 장수거북의 등딱지다. 장수거북은 등딱지가 가죽처럼 되어 있고 지방층이 두꺼워서 탄력이 좋아 높은 수압을 견딜 수 있다.

〈내셔널 지오그래픽〉 한국어판 2019년 10월호에 장수거북과 그 밖의 바다거북들의 잠수 깊이가 나와 있다. 장수거북 1,220미터, 올리브각시바다거북 255미터, 붉은바다거북 180미터, 푸른바다거북 152미터, 매부리바다거북 91미터, 납작등바다거북 60미터, 켐프각시바다거북 50미터다.

장수거북은 모든 거북 중 몸집이 가장 크다. 몸길이 약 2~3미터, 몸무게는 900킬로그램까지 자란다. 앞발은 발톱이 없는 완전한 지느러미다. 이 지느러미발의 크기는 혹등고래의 지느러미처럼 거대하다. 양쪽 앞발을 합치면 2.7미터나 된다. 뒷지느러미는 방향타 역할만 한다.

몸체는 다른 바다거북보다 더 유선형을 이루고 있다. 다른 바다거북들은 등딱지가 둥그스름한데, 장수거북은 눈물방울이나 아몬드 모양으로 생겼다. 게다가 등 위로 머리부터 발끝까지 돌출된 7줄의 돌기가 있어 이것도 빠른 수영 솜씨에 도움이 된다. 장수거북의 수영 속도는 시속 약 35킬로미터나 된다.

파충류 중 특이하게 체온을 18℃로 유지하는 장수거북

거북은 파충류다. 파충류에는 악어, 뱀, 도마뱀, 거북 등이 포함된다. 파충류는 변온동물이다. 그러나 특이하게도 장수거북은 체온을 18℃ 정도로 일정하게 유지할 수가 있다.

어떻게 그럴 수 있을까? 유난히 큰 앞지느러미 발에 따뜻한 동맥피가 흐르기 때문이다. 이 따뜻한 피가 차가운 정맥피를 따뜻하게 덥혀준다. 그리고 다른 바다거북보다 3배나 두꺼운, 가죽 같은 등딱지 밑에 있는 7.6센티미터의 지방층이 보온 기능을 한다. 그래서 장수거북은 깊은 바다의 차가운 물 속에서도 살아갈 수 있다. 다른 바다거북들이 살 수 없는 추운 바다까지도 이동할 수 있다. 북쪽으로는 아이슬란드, 남쪽으로는 남극과 가장 가까운 칠레의 최남단 케이프 혼까지 이동한다. 스미스소니언 박물관에서 장수거북을 해양 전시실의 참고래 바로 앞에 전시한 이유도 바로 이것이다. 대서양 북쪽에서 플로리다 남쪽까지 수천 킬로미터를 이동하여 고래보다 훨씬 더 먼 길을 이동하는 동물이기 때문이다. 지금까지 기록된 최장 이동 거리는 미국 오리건주에서 뉴기니섬까지 20,558킬로미터나 된다.

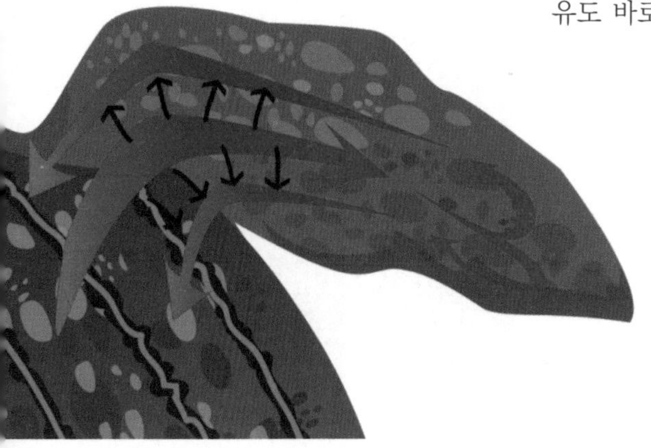
장수거북은 파충류 중 특이하게 체온을 18℃로 유지한다.

장수거북이 이렇게 멀리 이동할 수 있는 또 하나의 이유는 그들만의 특별한 해부학적 구조와 관련이 있다. 모든 장수거북은 각각 바다거북 특유의 분홍색 점이 있다. 분홍색 점들은 바다거북의 순환 리듬을 조절하는 송과선 바로 위에 있다. 초박막의 피부는 햇빛을 통해 직사광선을 통과하도록 한다. 과학자들은 장수거북이 분홍색 반점을 이용해 햇빛을 측정하고 계절적으로 해가 길어지고 짧아지는 일수를 감지한다는 것을 알아냈다. 이것이 그들이 언제 이주해야 하는지를 아는 데 도움이 된다고 과학자들은 생각한다.

한 번에 낳는 알의 개수는 50~160개

장수거북은 생애의 99% 이상을 바다에서 산다. 암컷 장수거북은 알을 낳기 위해서만 해변의 모래밭으로 잠깐 올라온다. 모래밭에 올라오면 중력 때문에 몸이 짓눌려 움직임이 굼떠진다. 보통은 열대 해역에서 산란한다. 하지만 장수거북은 어디든지 갈 수 있다. 이들은 뒷지느러미 발로 약 1미터 크기의 구멍을 파고, 그 속에 하얀 탁구공 같은 알을 50~160개 정도 낳는다. 그리고 모래를 덮는다. 알이 부화하기 좋은 온도를 만들어주는 것이다. 마지막으로 주변의 모래들로 넓게 다듬어서 산란장소를 감춘다. 천적들이 알을 찾지 못하게 하기 위해서다.

장수거북은 알을 낳은 후 눈에서 굵은 눈물을 흘린다. 이것은 다른 바다거북도 마찬가지다. 이것을 본 사람들은 가끔 먼 길을 달려와 알을 낳은 모정의 눈물로 생각해 감동한다. 그러나 사실 이것은 모정과는 아무 관계가 없다. 그저 먹이와 함께 섭취한 염분을 배출하는 것일 뿐이다. 눈물의 염분 농도는 바닷물의 약 2배라고 한다.

태평양 건너 30년 전 태어났던 곳에서 알을 낳는 바다거북

바다거북들은 태어난 곳에서 아주 멀리 떨어진 곳으로 이동해 살아간다. 태평양도 건너간다. 그곳에서 25~30년을 살아간다. 그러다가 번식기가 되면 다시 자기가 태어난 육지로 와서 알을 낳는다. 새끼 바다거북이 번식기가 되려면 적어도 25~30년이 걸린다.

붉은바다거북 중에는 쿠로시오 난류를 타고 일본의 섬으로 와서 알을 낳기도 한다. 약

두 달 정도 되면 알에서 새끼들이 부화한다. 새끼들은 알에서 나오자마자 바로 모래밭을 기어서 바다로 간다. 그러고는 태평양을 건너 북미 지역까지 가서, 그곳에서 생활한다. 약 30살쯤 성체가 되어 번식할 때가 되면 다시 자기가 태어났던 섬으로 돌아와 그곳 모래밭에 알을 낳는다. 수천수만 킬로미터 이상을 헤엄쳐서 돌아온다.

어떻게 30년 후에 딱 한 번 태어났던 곳을 정확히 찾아서 되돌아올 수 있을까? 정말 신비한 자연의 수수께끼다. 과학자들은 대략 2~3가지 방법이 있을 것으로 추론한다. 하나는 태어났던 바다 근처까지는 지구자기장과 자성에 의한 내비게이션이 있다는 것이다. 또 하나는 그 근처에 도달하면 냄새나 화학적인 방법을 쓴다는 것이다. 또 하나는 수온이다. 번식기가 아닐 때는 주로 수온이 13.3~28°C인 지역에 분포하고 번식기가 되면 암컷들이 주로 수온이 27~28°C인 곳에서 관찰된다. 이렇게 2~3가지 장치로 30년 전 기억을 더듬어 돌아온다? 알면 알수록 놀라운 것이 자연의 신비인 것 같다.

그런데 신기한 일이 또 하나 있다. 바다거북의 알 중에서 어떤 것이 암컷이 되고 어떤 것이 수컷이 되는가이다. 바다거북들은 알을 낳은 둥지 모래의 온도에 따라 암수

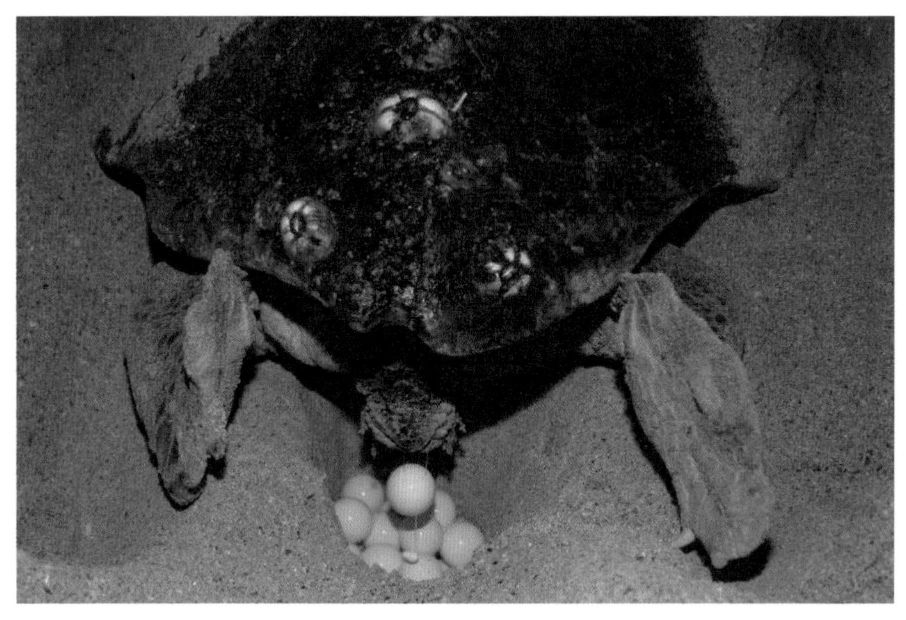

알을 낳는 붉은바다거북

가 결정된다. 장수거북의 알은 대략 25~33℃에서 부화가 된다. 이때 알이 파묻혀 있는 모래 온도가 29.7℃보다 높은 온도에서 부화한 알은 암컷이 되고, 그보다 낮은 온도에서 부화한 알은 수컷이 된다. 요즘은 지구온난화 때문에 29.7℃ 이상에서 부화하는 알이 많다. 그래서 암수의 성비가 잘 맞지 않는다. 호주 연안 그레이트 배리어 리프에서는 푸른바다거북 중 99%가 암컷으로 태어난 적도 있다.

장수거북 새끼

바다거북이 멸종 위기종이 된 이유는?

세계자연보전연맹(IUCN)은 바다거북 7종 중 켐프각시바다거북을 제외한 6종을 모두 멸종 위기종으로 분류했다. 바다거북이 세계적인 멸종 위기종이 된 이유는 크게 세 가지다. 첫째 산란지 파괴와 남획, 둘째 기후변화, 셋째 해양오염이다.

바다거북의 산란지가 오염과 개발로 인해 훼손되면 산란을 할 수가 없다. 또 알에서 깨어난 새끼들은 새벽에 바다의 빛을 보고 바다로 향해 가는데, 해변에 불빛이 있으면 그쪽이 바다인 줄 알고 그리로 가서 죽는다. 그다음은 남획. 사람들이 알이나 바다거북을 무분별하게 잡아먹은 결과가 멸종 위기를 만들었다. 특히 알을 훔쳐다 파는 것도 심각한 위협이다.

둘째, 지구온난화로 인해 암컷만 태어나 암수 성비가 맞지 않는 것도 번식이 잘 안 되는 문제를 일으킨다.

또 하나는 해양오염이다. 특히 바다에 떠다니는 플라스틱과 비닐봉지가 문제다. 버려진 플라스틱 표면에 미생물, 조류, 식물, 갑각류 등이 들러붙으면 먹이 냄새가 난다. 바다거북이 이걸 먹이로 알고 삼킨다. 이것들은 소화도 안 되고 장에 쌓인다. 장을 뚫고 나온 사례도 있었다. 비닐봉지도 마찬가지다. 바다거북의 목 구조는 한번 입에 들어온 걸 토하거나 뱉지 못한다. 그 밖에 그물이나 어업 장비에 걸려 죽는 일도 허다하다.

자연사박물관 2층에 비교 전시된 육지거북과 바다거북

땅에 사는 거북들은 등딱지가 높은 돔형이다. 등딱지는 배를 둘러싼 배딱지와 연결되어 있다. 그래서 머리와 네 다리를 모두 등딱지 속으로 집어넣을 수 있다. 다만 머리를 껍질 속으로 똑바로 집어넣느냐, 목이 길어서 옆으로 구부려서 넣느냐에 따라 잠경목과 곡경목으로 나눈다. 잠경목의 거북들은 뒤집히면 스스로 다시 뒤집을 수 없어서 죽는 경우도 있다. 모든 거북의 목뼈 수는 8개다. 포유류인 기린, 사람, 고래의 목뼈 수가 모두 7개인 것과 마찬가지다.

스미스소니언 자연사박물관의 2층에는 척추동물의 뼈들만 모아서 전시해놓은 뼈 전시실이 있다. 그중에서 아래 사진은 육지거북과 바다거북을 비교하면서 전시한 것이다. 이곳에서 각종 거북의 골격을 자세히 관찰할 수 있다.

거북은 동물 중에서는 유일하게 갈비뼈와 등뼈가 붙어 있다. 즉 등딱지 밑에 등뼈가 있고, 등뼈에 갈비뼈가 붙어 있다. 하지만 더 정확히 얘기하면 등뼈의 연골에서 등딱지가 생겨났다고 볼 수 있다. 거북의 등딱지는 본래 갈비뼈와 등뼈가 진화되어 형성된 것이다. 등 쪽을 배갑(Carapace), 배 쪽을 복갑(Plastron)이라고 한다. 그리고 배갑과 복갑이 맞

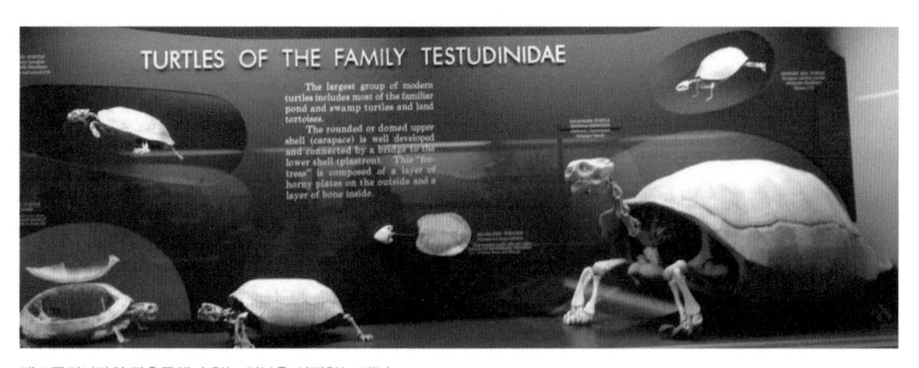

테스투디니과의 파충류에 속하는 거북을 설명하는 패널

2층 뼈 전시실의 바다거북과 육지거북 전시

닿는 부분은 골교(Bridge)라고 한다. 이 등딱지의 모양은 땅 위에 사는 거북과 바다거북이 서로 다르다. 맨 바깥에는 케라틴 성분으로 구성된 각질판이 있고, 각질판 아래로 등뼈와 갈비뼈, 복늑골(파충류의 배 부분을 감싸는 뼈)이 합쳐져 있다.

지구상에는 14개의 과에 약 300여 종의 거북들이 살고 있다. 그중 약 70종의 거북이 멸종 위기종이다. 12개 과 290여 종은 대부분 땅에 살거나 연못과 늪지, 땅을 오가며 산다. 바다에만 사는 것은 2개 과 7종이다. 동물분류학에서는 이 거북들을 통틀어서 '켈로니언(Chelonian)'이라고 한다. 거북이 된 요정 '켈로네(Chelone)'에서 따온 이름이다.

이야기 속의 이야기

제우스와 거북

제우스신의 결혼식 축하연에 모든 동물이 참석했다. 그런데 오직 거북이만 오지 않았다. 제우스신이 찾아가 오지 않은 이유를 묻자, 거북이 대답했다. "집이 좋아서요. 집만큼 좋은 곳이 어디 있나요?" 그 말에 제우스신이 더 화가 났다. "그렇게 집이 좋으면 언제나 집을 등에 지고 살아라." 그래서 거북은 평생 등에 집을 지고 다니게 되었다. 이솝 우화 '제우스와 거북'의 이야기다.

그리스 신화에도 거의 같은 이야기가 있다. 제우스신과 헤라 여신의 결혼식에 모든 요정과 인간, 동물들이 참석해 축하했다. 그런데 아름다운 요정 켈로네만 불참했다. 제우스신이 찾아가 물었다. "왜 내 결혼식에 오지 않았지?" 켈로네가 대답했다. "집이 좋아서요. 집만큼 좋은 곳이 어디 있나요?" 화가 난 제우스신은 켈로네를 거북으로 만들어버렸다.

두 이야기가 거의 비슷하다. BC 6세기 후반 고대 그리스의 노예였던 이솝이 〈이솝 우화〉를 만들면서 그리스 신화를 약간 바꾼 것으로 생각된다.

바다의 괴물,
대왕오징어

대왕오징어 표본, 전 세계 12개 중 2개가 스미스소니언에

스미스소니언 자연사박물관 해양 전시실의 또 하나 희귀 전시물은 대왕오징어다. 대왕오징어 표본은 전 세계에 12개뿐이다. 그중 2개가 이곳에 있다. 하나는 암컷, 다른 하나는 수컷이다. 둘 중 큰 것이 암컷이다. 대왕오징어는 보통 암컷이 수컷보다 크다. 이 암컷은 2005년 스페인 해안에서 어부의 그물에 걸린 것을 옮겨온 것이다. 살았을 땐 전체 길이가 11미터에 촉수의 길이가 6.7미터였는데, 죽은 후에 크기가 줄어들어서 7.6미터다. 나이는 2~3살이다.

이렇게 큰 생물의 희귀표본을 전시하는 건 꽤나 어려운 작업이다. 우선 이 대왕오징어를 담을 특수 탱크가 필요하다. 탱크의 용량은 물 5,500~7,000리터를 담을 수 있으면서

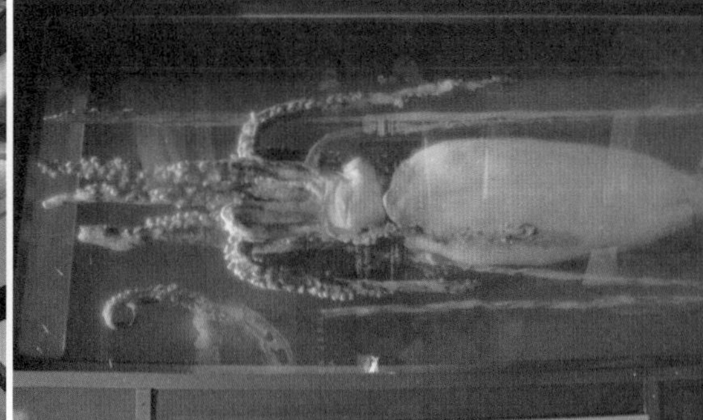

특수 탱크에 보관된 채로 전시 중인 대왕오징어

완전히 밀폐돼야 한다. 필요 시 보존액 보충과 조직 샘플 채취도 해야 해서 여닫는 밸브와 개구부도 필요하다. 또 장거리 운송 시 많이 흔들려도 손상되지 않도록 각 부위와 촉수를 고정하고 부유 방지 장치까지 설치했다.

탱크 제작이 끝난 뒤, 대왕오징어 표본을 치즈 천으로 조심스럽게 감싸고 단단히 포장했다. 다음은 비행기. 국제 운송 규정은 비행기 내 유해 물질의 운송을 금지한다. 결국 미국 해군과 공군이 나서 수송 작전을 펼쳤다. 이름하여 '칼라마리' 작전. 만일의 경우를 대비해 몇 명의 오징어 전문가들도 비행에 동행했다. 그리고 워싱턴 도착 즉시 스미스소니언 해양 전시실로 옮겨 설치했다. 이 암컷과 함께 전시 중인 수컷 표본은 스페인으로부터 임대 형식으로 빌려왔다.

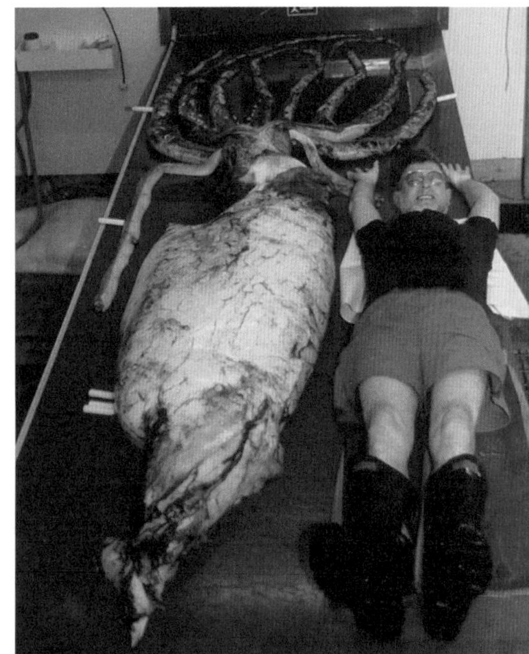

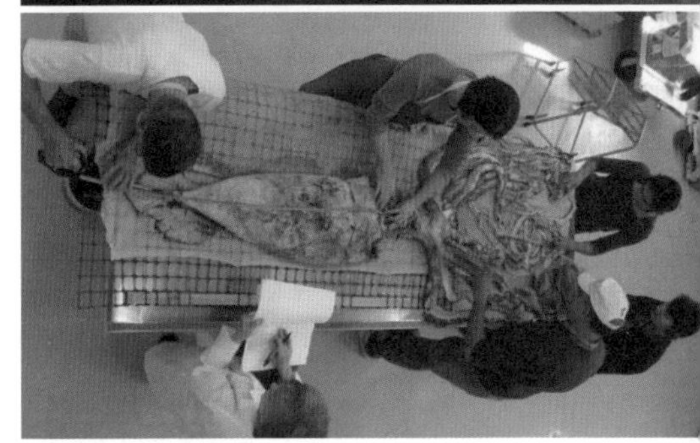

대왕오징어 연구가인 스미스소니언 자연사박물관의 클라이드 로퍼 박사가 대왕오징어의 크기를 재기 위해 대왕오징어와 나란히 누워 있다. 아래는 대왕오징어 측정 및 검사 모습(스미스소니언 홈페이지)

소설에 묘사된 상상 속의 괴물, 대왕오징어

허먼 멜빌의 소설 〈모비 딕〉에는 대왕오징어가 상상 속의 괴물로 등장한다. 책에서 주인공 이스마엘은 대왕오징어를 '중앙에서 물을 뿜어내고, 아나콘다의 둥지처럼 말리고 비틀린 수많은 긴 팔을 가진 굉장히 넓은 물체'로, 또 '길이와 폭이 2백 미터가량 되는 어마어마하게 큰 우윳빛 물체', '하얀 괴물'로 묘사했다. 실제 허먼 멜빌이 소설을 발표한 1851년까지 대왕오징어에 대해서는 알려진 바가 별로 없었다. 그래서 그저 어마어마하게 큰 바다의 괴물로만 생각했었다.

하지만 소설 속의 일등항해사 스타벅은 그 괴물이 오징어라고 말했다. 또 이스마엘은 이렇게 얘기한다. “선원 중에는 향유고래의 먹이가 이 대왕오징어라고 믿는 자들도 있었다. 왜냐하면 다른 고래들은 대개 수면 위에서 먹이를 잡아먹지만, 향유고래는 수면 아래에서 먹이를 구하기 때문이다. 이따금 향유고래들은 추격받으면 대왕오징어의 다리처럼 보이는 것을 토해내기도 하는데, 길이가 7~9미터가 넘는 것도 있다. 그래서 사람들은 대왕오징어가 향유고래의 먹이라고 믿는다.” 이렇게 소설 속에서 대왕오징어가 향유고래의 먹이라고 말하는 것도 상당한 지식이다. 아마 이 소설을 쓰는 동안 작가가 고래전문가가 되었기 때문일 것이다.

한편 1869년 발표된 쥘 베른의 〈해저 2만리〉에도 대왕오징어가 등장한다. 여기에는 〈모비 딕〉에 비해 묘사가 구체적이다. 참고로 쥘 베른은 두족류에 대해 해박한 지식을 가지고 있었다. 게다가 잠수함이 없던 시기에 잠수함을 타고 해저 여행을 한다는 것 자체가 천재적 발상이다. 특히 잠수함의 이름을 ‘노틸러스(Nautilus)’로 정한 것은 대단한 통찰력이다. 노틸러스는 라틴어에서 온 말로 ‘앵무조개’를 뜻한다. 태평양 심해에 사는 앵무조개는 껍데기 속 빈 곳에 물을 채워 부력을 조절한다. 쥘 베른이 잠수함의 아이디어를 앵무조개에서 얻은 것임을 보여주는 근거다.

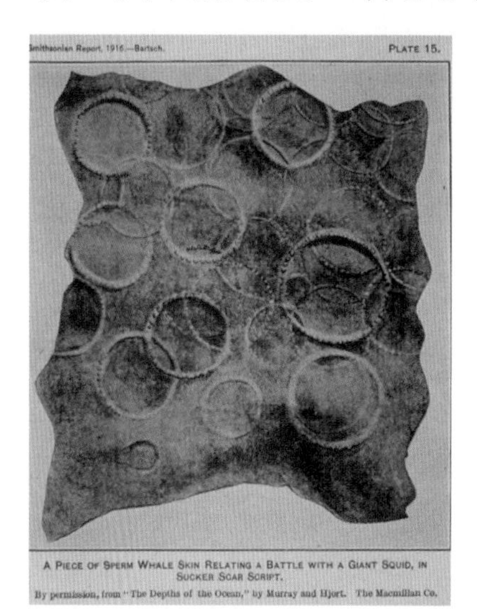

향유고래에 남은 대왕오징어의 빨판자국

〈해저 2만리〉에서 괴물(대왕오징어)과 노틸러스호(잠수함) 선원들은 사투를 벌인다. 그 싸움에서 선원 한 사람이 괴물 대왕오징어에게 희생된다. 그를 구하려고 도끼로 괴물의 다리 7개를 찍어버렸지만, 결국 소용없었다. 쥘 베른은 그 괴물을 ‘그와 같은 생물에 관한 모든 전설에 걸맞은 끔찍한 괴물’이라고 표현했다. 그러나 이 싸움 장면 바로 앞에는 잠수함 유리창으로 본 괴물(대왕오징어)의 특징을 자세히 묘사하는 부분이 나온다.

“몸길이가 8미터나 되고, 머리에는 여덟 개

의 다리가 달려 있다. 몸보다 두 배나 긴 다리들. 다리 안쪽에 달린 250개의 빨판은 반구형의 캡슐 모양이다. 앵무새 부리처럼 단단한 각질로 된 괴물의 주둥이는 수직으로 여닫힌다. 그 안에 여러 줄의 날카로운 이빨이 있다. 연체동물이 새의 부리를 갖고 있다니, 자연은 얼마나 변덕스러운가! 몸무게는 20~25톤은 되어 보였다. 색깔은 괴물이 흥분할수록 시시각각 변하여, 연회색에서 차츰 적갈색으로 바뀌었다. 화가 난 것이 분명했다…. 하지만 이것은 얼마나 놀라운 괴물인가! 그들은 심장이 3개나 되기 때문에 힘차게 움직일 수 있었다….”

해저2만리 원본에 그려진 사람을 공격하는 대왕오징어

쥘 베른은 이 괴물에 대해 거대 문어의 이미지를 생각했던 것 같다. 그러면서도 과학자답게 두족류가 몸 색깔의 변화로 감정을 나타내는 것과 심장이 세 개인 것도 이미 알고 있었다.

스미스소니언의 두족류 컬렉션 20만 점

오징어는 약 490~500종이 있다. 오징어처럼 머리가 다리와 바로 붙어 있는 것을 머리 ‘두(頭)’, 발 ‘족(足)’, ‘두족류’라고 한다. 두족류는 무척추동물 중 지능이 가장 높다. 껍질이 있거나 없거나 모든 두족류가 다 머리가 좋다. 또 매우 활동적이고, 물속에서 제트 분사 방식으로 움직인다. 대부분 잉크 주머니가 있다. 게다가 대부분 변신의 귀재다. 색소가 들어 있는 피부 속 색소체를 이용해 감정을 전달한다. 눈 깜짝할 새에 피부색과 질감조차 바꿀 수 있다.

그렇다면 오징어의 조상은 무엇일까? 오징어의 일부 조상들은 암모나이트처럼 껍질을 갖고 있었다. 암모나이트는 달팽이 모양의 나선형 껍질이 있지만, 형태는 머리에 촉수

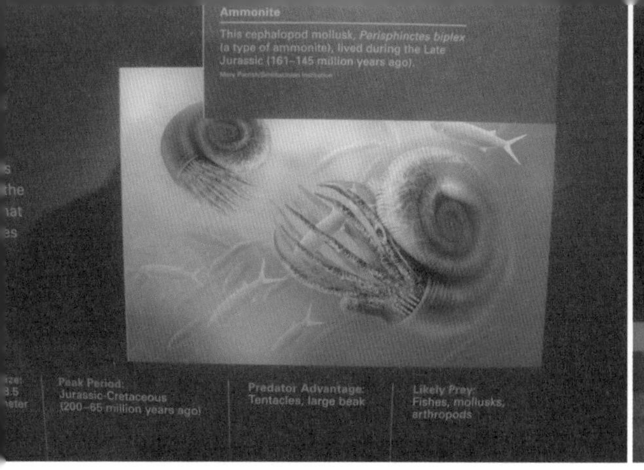

오징어의 친척인 암모나이트의 화석. 오른쪽은 영국에서 발견된 중생대 암모나이트 화석

가 있어서 두족류로 분류한다. 결국 앵무조개, 암모나이트, 오징어는 모두 두족류로 먼 친척들이다. 암모나이트는 고생대 데본기 초기 약 4억 년 전에 나타나, 중생대에 번성했다. 하지만 중생대 백악기인 6천6백만 년 전 대멸종 때 멸종했다. 앵무조개와 암모나이트는 같은 조상에서 갈라져 나왔다. 오징어나 현생 두족류는 껍질을 포기하는 대신, 지능이 발달해 환경에 적응하며 살아남은 것으로 생각된다.

혈장 안에 철 아닌 구리가 들어가 핏빛이 푸른색

두족류에는 또 하나 특별한 것이 있다. 바로 피의 색깔이다. 사람이나 조류나 일반 어류들은 모두 피의 색깔이 붉은색이다. 이유는 적혈구 속의 헤모글로빈이라는 단백질에 철 성분이 들어가 있기 때문이다. 이것이 산소와 결합해서 혈장에 의해 몸 곳곳에 산소를 공급한다. 그러나 오징어나 문어 같은 두족류의 피는 모두 푸른색이다. 두족류의 혈장에 들어 있는 단백질이 헤모글로빈이 아닌 헤모시아닌이기 때문이다. 헤모시아닌에는 철 대신 구리가 들어가 있다. 이것이 산소와 결합해 몸 전체에 산소를 운반한다. 그래서 피의 색깔이 푸른색이다. 아마 옛날 사람들이 대왕오징어를 괴물로 상상했던 이유가 피의 색깔이 다른 것도 한몫했을 것이다.

일반적으로 헤모글로빈의 산소운반 효율은 헤모시아닌의 4배 정도다. 그래서 활동량이 많은 척추동물은 산소소모량이 많아 구리보다 산소운반을 잘하는 철로 된 헤모글로빈이 피에 들어 있다. 그러나 온도가 낮아지면 헤모글로빈은 산소운반력이 확 떨어진다. 하지만 헤모시아닌은 온도가 낮아져도 산소운반력이 별로 떨어지지 않는다. 그래서 저온의 바다에 사는 두족류나 갑각류는 헤모시아닌을 갖고 산소를 운반한다.

스미스소니언 자연사박물관의 과학자들은 계속 '미국 국립 두족류 컬렉션'을 구축 중이다. 스미스소니언에는 세계에서 수집된 가장 다양한 오징어 컬렉션을 포함해 전 세계에서 수집된 약 20만 점의 보존 표본들이 있다. 이 컬렉션의 자랑거리 중 하나는 66종의 오징어 종을 포함해 164개의 두족류 종 정기준 표본(Holotypes)이 있다는 점이다. 정기준 표본이란, 과학자들이 새로운 종을 공식적으로 설명하고 이름을 붙이기 위해 사용하는 표본들이다.

농구공만 한 눈과 앵무새 부리 같은 입

살아 있는 대왕오징어를 직접 보기는 어렵다. 300~1,000미터의 깊은 바다에 살기 때문이다. 그래서 대왕오징어는 상상 속의 괴물로 공포의 대상이었다. 우리가 본 대왕오징어의 사진들은 죽은 후 물 위에 떠다니다가 어부들에게 발견된 것들이다.

대왕오징어 실물이 처음으로 전시된 것은 1873년이다. 캐나다 뉴펀들랜드섬에 사는 아마추어 자연사 연구자가 선원이 그물로 잡은 대왕오징어를 10달러에 샀다. 그는 그것을 자기 집 욕실에서 다듬어 거실에 전시했다. 이게 대왕오징어에 대한 개념을 바꾸는 일대 전환점이 되었다. 대왕오징어를 과학적으로 이해하기 시작한 것이다. 예일대의 A. E. 베릴 교수는 이 아마추어 연구자의 자료를 사용해 처음으로 대왕오징어에 대하여 정확한 해설을 곁들여 과학적으로 설명했다.

대왕오징어도 몸 구조는 일반 오징어와 비슷하다. 눈 2개와 부리 1개, 다리 8개에 먹이를 잡는 촉수 2개가 있다. 촉수까지 치면 다리는 결국 10개인 것이다. 그리고 몸통과 깔때기가 있다. 그러나 대왕오징어는 크기가 다르다. 무척추동물 중 가장 크다. 지금까지 기록된 가장 큰 대왕오징어는 길이가 약 13미터, 무게가 약 1톤이다.

대왕오징어의 눈은 지름이 30~40센티미터로 거의 농구공만 하다. 모든 동물 중 가장 크다. 이 큰 눈으로 더 많은 빛을 흡수해 생물발광 먹이를 보고, 어둠 속에 숨어 있는 동물을 볼 수 있다. 오징어는 안구에 젤리 같은 물질이 없는 대신, 물로 채워져 있다가 죽으

지름 30센티미터나 되는 대왕오징어의 눈(스미스소니언 홈페이지)

면 밖으로 새어 나온다.

대왕오징어의 입은 앵무새 부리같이 생겼다. 부리로 먹이를 작게 자른다. 입 안에는 혀 대신 이빨로 덮인 혀 모양의 치설이 있다. 부리로 자른 먹이를 치설로 더 잘게 부순다. 이게 중요하다. 대왕오징어의 뇌는 도넛처럼 생겼다. 정말 신기한 것은 식도가 뇌의 가운데 구멍을 통과하는 것이다. 그래서 먹이를 삼키기 전에 잘게 갈지 않으면, 먹이가 식도를 지나면서 뇌에 압력을 가해 뇌가 손상될 수 있다.

알을 낳을 때도 먹물을 분출할 때도 깔때기로

대왕오징어의 몸통에는 모든 기본 장기가 들어 있다. 몸통 아래에 깔때기가 있다. 깔때기는 여러 기능을 담당한다. 오징어는 산소공급을 위해 외투막 측면으로 물을 흡수한다. 흡수된 물은 아가미를 지나 깔때기를 통해 배출된다. 이때 물이 배출되는 반동으로 로켓처럼 앞으로 이동한다. 알을 낳을 때도 깔때기를 통해 밖으로 내뿜는다.

대왕오징어의 수명은 약 5년 정도다. 그동안에 딱 한 번만 번식한다. 암컷은 수백만 개의 작고 투명한 수정란을 '알 덩어리'라는 젤리 형태로 물에 방출한다. 이 알들은 대부분 다른 동물들에게 먹혀버린다. 그러나 몇몇은 살아남아 몇 년 만에 거대한 해양 포식자가 된다.

보통 오징어는 위기에서 먹물을 분출할 때도 깔때기를 사용한다. 먹물은 물에 잘 풀리지 않는다. 오징어는 먹물을 내뿜는 동시에 몸 빛깔이 엷어진다. 그러면 오징어의 천적이 오징어보다 훨씬 눈에 잘 띄는 검은색 먹물을 먼저 공격한다. 그 사이에 오징어는 위기를 벗어난다. 어떤 오징어의 먹물은 잠시 포식자의 후각기관을 마비시키기도 한다. 옛날에 서양에서는 오징어 먹물을 필기용 잉크로 사용하기도 했다.

대왕오징어의 심장은 다른 오징어와 마찬가지로 3개다. 3개의 심장 중에서 가운데 심장은 몸 전체에 산소가 섞인 혈액을 펌프질해서 공급한다. 2개의 작은 심장은 아가미를 통해 혈액을 펌프질해서 가운데의 큰 심장으로 보낸다.

8개의 다리에는 지름 2인치가량의 빨판이 수백 개 달려 있다. 그 빨판 안에는 키틴질의 이빨이 있다. 사냥용 빨판이 끝부분에 달린 두 개의 먹이 촉수는 유난히 길다. 촉수의 길이가 전체의 길이의 두 배나 된다. 이걸로 최대 10미터 떨어진 곳의 먹이도 잡을 수 있다.

대왕오징어의 천적은 향유고래다. 향유고래의 몸에는 커다란 원형의 상처 자국이 많이 나 있다. 대왕오징어가 향유고래의 공격을 받으면서 톱니 모양의 고리가 있는 빨판으로 싸우며 만든 자국들이다.

대왕오징어와 비슷한 오징어들

대왕오징어보다 더 큰 오징어도 있을까? 우리가 보통 식용으로 파는 페루나 칠레산 대왕오징어는 훔볼트오징어다. 이것은 길이가 대략 2미터 정도에, 무게는 45킬로그램 정도다. 순간 속력은 시속 72킬로미터나 된다. 그러나 우리가 얘기하는 대왕오징어는 아니다.

거대 오징어로 잘 알려진 남극하트지느러미오징어는 남극하트지느러미오징어속의 유일종이다. 대왕오징어는 최대 길이가 13미터인데, 남극하트지느러미오징어는 길이가 9~10미터다. 하지만 남극하트지느러미오징어가 무게는 더 무겁고 눈도 더 크다. 스미스소니언 컬렉션에는 남극하트지느러미오징어 다리 2개만 있고 온전한 표본은 없다. 아직 대왕오징어는 더 연구할 것이 많은 동물이다.

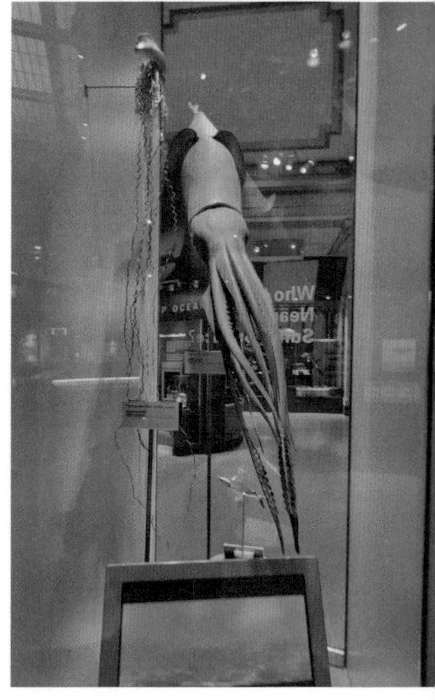

훔볼트오징어

바다의 꽃 산호, 바다의 도시 산호초

스미스소니언 해양 전시실의 산호와 산호초

스미스소니언 자연사박물관의 해양 전시실은 크게 세 부분으로 되어 있다. 오른쪽은 해변과 깊이 200미터 이하의 얕은 바다, 중앙은 깊이 200에서 3,000미터까지의 바다, 그리고 왼쪽은 3,000미터에서 바다 밑 심해까지의 바다 생태계다. 해변의 모습은 바위와 모래사장, 개펄과 얼음이다. 그다음에 얕은 바다가 등장한다. 얕은 바다의 가장 큰 특징은 산호와 산호초다. 그 안에 무수히 많은 바다 생물이 살고 있다.

깊은 바다(왼쪽)와 얕은바다(오른쪽)를 설명하는 패널. 얕은 바다의 가장 큰 특징은 산호와 산호초다.

스미스소니언 자연사박물관의 산호 컬렉션은 엄청나다. 수장고에 산호와 산호초 표본 약 4,820종이 있다. 세계 최대다. 놀랍게도 그중 약 65%가 심해에 사는 종들이다. 이것들은 대부분 1838~1842년 미국 남해 탐험에서 수집한 산호들이다. 기록도 잘 되어 있다. 과학자들이 거의 모든 태평양 산호와 산호초들의 이름을 짓고 설명하는 데는 그 표본들에 관한 연구들이 바탕이 되었다.

다양한 산호의 종류를 설명하는 패널과 형형색색의 산호초로 가득한 바닷속 모습을 보여주는 수족관

스미스소니언 자연사박물관의 전시는 핵심을 비껴가는 법이 없다. 방대한 오리지널 컬렉션으로 학술적 연구를 하되, 관람객의 눈높이에 맞춰 핵심 주제를 가장 알기 쉽게 보여준다. 전시 기법도 대담하다. 인도양과 태평양지역의 산호와 산호초를 직접 보여주기 위해 5,700리터 부피의 수족관을 설치했다. 이것을 통해 수십 마리의 바다 생물들이 살고 있는 산호의 생태계를 직접 관찰할 수 있다.

산호는 식물일까 동물일까?

'산호는 식물일까, 동물일까?' 흔히 하는 질문이다. 답은 동물이다. 이것을 처음 밝혀낸 사람은 뜻밖에도 천문학자 윌리엄 허셜이다. 원래 음악가였던 허셜은 수학과 렌즈에 관심이 많았다. 그는 현미경으로 산호의 세포들을 관찰했는데, 산호의 세포에는 세포벽이 없었다. 알다시피 식물세포에는 세포벽이 있고, 동물세포에는 세포벽이 없다. 산호는 세포벽이 없는 동물이었던 것이다.

그럼 산호는 무슨 동물인가? 자포동물이다. 자포동물의 특징은 첫째, 자세포(쏘기세포)라는 기관이 있다. 이것으로 독을 쏘아 먹이를 잡는다. 둘째, 몸속이 비어 있다. 비어 있는 이 부분을 강장(위강)이라고 부른다. 그래서 자포동물을 강장동물이라고도 부른다. 자포동물문에는 산호, 해파리, 히드라, 상자해파리가 있다.

산호에는 크기가 연필 끝에 달린 지우개만 하고 간단한 구조로 된 폴립이 있다. 산호초 내에 있는 개별 산호의 폴립은 보통 지름이 1.5센티미터 미만이다. 폴립은 한쪽 끝이 열린 통조림 깡통처럼 생겼고, 열린 쪽에는 촉수 고리로 둘러싸인 입이 있다. 촉수에는 가시세포라고 하는 쏘는 세포가 있다. 이것으로 산호는 폴립 가까이에서 헤엄치는 작은 먹이들을 잡아먹을 수 있다. 폴립의 몸 안에는 소화 및 생식 조직이 있다. 그러나 항문은 없다. 그래서 입으로 먹고, 입으로 배출한다.

산호의 공생 = 산호와 주산텔라

각각의 산호 안에는 수백만 개의 단세포 조류(Algae)들이 산다. 이 조류의 이름은 '주산텔라(Zooxanthellae)'다. 주산텔라와 산호는 서로 도움을 주고받는다. 주산텔라들은 광합성을 해서 만든 포도당과 산소를 산호에게 공급해준다. 그 대신 산호는 조류에게 안전한 집과 영양염류, 이산화탄소를 제공해준다. 이 중요한 공생은 깨끗한 물과 18℃ 수온의 조건이 만족해야 가능하다. 수온의 변화가 심하면, 산호와 조류가 공생할 수 없다.

주산텔라는 또 산호가 녹색, 갈색 및 붉은색을 띠도록 해준다. 산호의 아름다운 색깔도 알고 보면 산호 자체의 색이 아니라 산호의 몸속에 공생하는 주산텔라의 색이다. 산호 자체가 만드는 자주색, 파랑 및 연보라색 색상은 얼마 안 된다.

산호가 하얗게 되는 백화현상은 산호가 아프다는 표시다. 바닷물의 수온이 올라가면 그 스트레스 때문에 공생조류인 주산텔라의 광합성 기관이 파괴된다. 그러면 자유전자가 발생한다. 이 자유전자가 산호에게 손상을 입히는데, 산호는 이를 피하기 위해 공생조류를 몸 밖으로 내보낸다. 그러면 색깔을 띠게 하는 조류가 없어져, 산호가 하얗게 된다. 이것이 백화현상이다. 백화현상이 심각하거나 확산되면 산호 군집을 죽일 수도 있고, 다른 위협요인들에도 취약해진다.

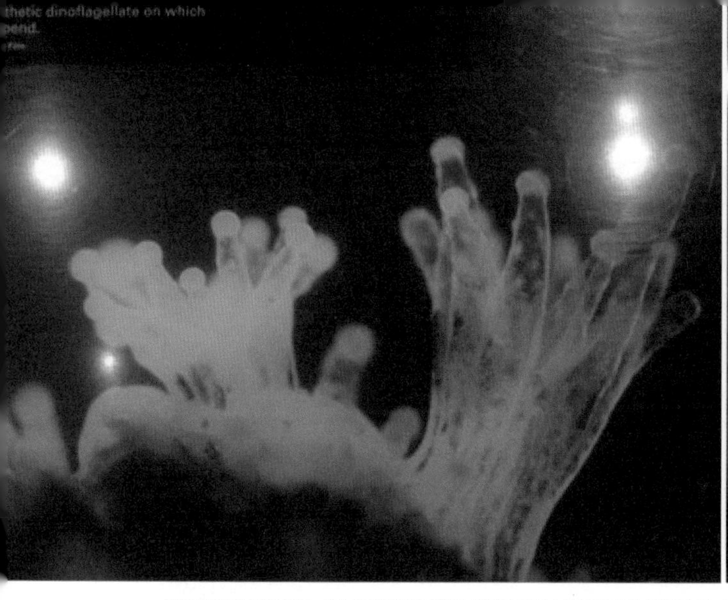

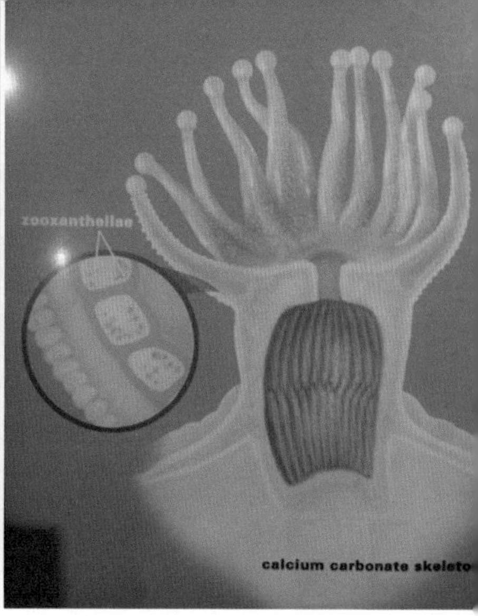

산호 폴립과 주산텔라. 산호 폴립의 종단면을 보면 광합성 주산텔라의 위치를 알 수 있다. 오른쪽은 산호 폴립을 클로즈업해서 본 주산텔라

산호의 종류는 밝혀진 것만 6,100여 종

지금까지 밝혀진 산호들은 약 6,100여 종이다. 산호는 폴립에 붙어 있는 촉수와 격막의 모양으로 분류한다. 폴립 하나에 촉수가 8개 달린 것은 팔방산호, 촉수가 6개 있거나 6의 배수로 달린 것은 육방산호라고 한다.

팔방산호는 다시 부채꼴산호류와 연산호류로 나뉜다. 부채꼴산호류는 부챗살 모양의 작은 가지가 뻗어 있어 나뭇가지처럼 생겼다. 이것들은 햇빛이 들어오지 못하는 깊은 바다에서도 살 수 있다. 부채꼴산호는 주산텔라가 필요 없다. 대신 먹이에서 탄산칼슘을 얻어 몸을 단단하게 만든다. 한편 연산호류는 탄산칼슘으로 뼈대를 만들지 않는다. 대신 몸이 굵고 가죽같이 말랑말랑해 잘 부러지지 않는다.

우리가 아는 대부분의 산호는 육방산호다. 이들이 산호초를 만드는 경골산호들이다. 이들은 바닷물에서 칼슘 등의 미네랄을 흡수한다. 산호는 그것으로 자기 몸의 아랫부분에서 석회석으로 된 뼈대를 만든다. 경골산호는 낮에는 물고기의 공격을 피해 폴립 속에 촉수를 넣고 있으면서 주산텔라의 광합성에서 영양분을 얻고, 밤에는 촉수를 뻗어 먹이를 잡는다. 산호는 여러 가지 면에서 말미잘과 비슷하지만, 미네랄로 뼈대를 생산한다는 점에서 말미잘과 다르다.

가시나무 산호(왼쪽)와 뇌 산호(오른쪽)

무성생식과 유성생식 모두 가능한 산호의 번식 전략

산호들은 어떻게 다른 방식으로 번식할까? 산호의 번식 방법은 아주 특별하다. 무성생식과 유성생식 모두가 가능하다.

무성생식은 서로 복제되는 폴립이나 군집을 이룬다. 방법은 싹트기와 파편화, 두 가지가 있다. 싹트기는 산호의 폴립이 일정한 크기가 되면 분열되는데, 이때 유전적으로 같은 새로운 폴립을 만드는 것이다. 산호는 일생 동안 이렇게 번식한다. 파편화는 때때로 군집의 일부가 부러져서 새로운 군집을 만드는 것이다. 이는 폭풍이나 어업 장비에 부딪혀서 흐트러지면서 생긴다. 단지 수를 늘리는 것은 무성생식만으로 충분하다.

그러나 산호는 유성생식도 한다. 산호들이 알과 정자들을 물속에 낳아서 번식한다. 암수의 유전자가 반씩 섞여서 개체마다 유전적으로 다른 자식이 생겨난다. 그래서 유성생식은 유전적 다양성을 증가시키고 부모들과 다른 새로운 군집을 만들어낼 수 있다.

산란은 밤에 이루어진다. 이때 산호가 아름다운 분홍색의 알과 정액을 내뿜으면 바다가 산호의 유충으로 가득해진다. 산호 알은 보통 다른 군집에서 나온 같은 종의 정자를 만나 수정이 된다. 수정된 세포는 어린 산호 또는 유충으로 바뀌고, 그러다가 정착하기 좋은 표면을 만나면 유충이 산호로 성장한다. 종과 수정의 유형에 따라 유충은 적절한 기질에 정착하고 며칠 또는 몇 주 후에 산호가 된다. 어떤 것들은 몇 시간 만에 정착하는 것도 있다. 산호가 출아함에 따라 새로운 산호 군집이 만들어진다.

산호와 산호초, 구분은?

산호는 전 세계 바다에서 얕은 물과 깊은 물에서 발견된다. 최대 6천 미터 깊이의 차갑고 어두운 물에 사는 심해 산호도 있다. 경골산호와 연산호 모두 심해에서 볼 수 있다. 심해 산호는 주산텔라 같은 조류가 없다. 햇빛이 들어가는 것은 수심 200미터까지다. 그 아래로 들어가면 햇빛이 완전히 흡수되어버린다. 그래서 심해 산호는 매우 느리게 자란다. 그들을 찾을 수 있는 곳은 해저산(심해저에서 1,000미터 이상 높이의 바닷속의 산)이라 불리는 수중 봉우리다.

간혹 산호와 산호초의 개념을 헷갈리는 사람들이 있는데, 분명한 차이가 있다. 산호는 살아 있는 생물이고, 산호초는 산호 분비물(석회석)과 그 위에 붙어사는 산호의 전체 조직이다. 생물인 산호가 죽어도 산호의 뼈대는 그대로 있다. 죽은 산호의 뼈대 위에는 살아 있는 새로운 산호들이 정착한다. 오랜 시간이 지나면 수백 수천 개의 산호가 서로의 꼭대기에서 자란다. 이것이 산호초다.

산호초를 만드는 산호는 22~29℃의 따뜻한 바닷물에서 산다. 산호와 공생하는 조류인 주산텔라도 광합성을 하려면 물이 깨끗하고 수심이 얕아야 한다. 지구상에서 이들이 살 수 있는 바다는 적도의 약 4,800킬로미터 밴드다. 북회귀선과 남회귀선 사이의 섬 주위와 대륙의 해안선 근처다.

산호초가 만들어지려면 보통 수백에서 수천 년이 걸린다. 산호 중 가장 빨리 자라는 게 연간 15센티미터 정도이고, 대개는 2.5센티미터 미만으로 자란다. 산호초가 커지는 속도는 그보다 훨씬 느리다. 산호가 죽으면 작은 조각으로 부서져 압축되기 때문이다. 하지만 산호의 개별 군집들은 수십에서 수백 년을 살 수 있고, 심해의 산호 군집들은 4천 년 이상 자란 것들이 대부분이다.

세계에서 가장 큰 산호초는 호주의 그레이트 배리어 리프

산호초는 크게 세 종류가 있다. 위치와 형성 과정에 따라 거초, 보초, 환초로 구분한다.

첫째, 산호초의 대부분은 거초(Fringe Reef)다. 거초는 섬이나 대륙에 가까운 얕은 바다에서 육지를 둘러싸듯 발달한다.

둘째, 수백만 년 동안 산호가 계속 자라면서 산호초가 화산섬 주변에서 만들어지고 화산은 점차 가라앉는다. 시간이 지나면서 산호와 가라앉는 섬 사이에는 석호가 생기고, 석호 주변에 산호초가 형성된다. 이것이 보초(Barrier Reef)다. 보초와 섬 사이에는 석호가 있다.

셋째, 그러다 결국 화산은 완전히 잠기고 산호의 고리만 남는다. 이것이 환초(Atoll)다. 산호섬에서 자라는 산호 위에 파도가 모래나 산호 파편을 쌓게 되면 땅이 만들어지고 섬이 된다. 이게 멋진 모래사장이 된다. 태평양의 섬들과 마셜 제도들도 이렇게 해서 생긴 환초다.

세계에서 가장 큰 산호초는 오스트레일리아 북동쪽 해안의 그레이트 배리어 리프

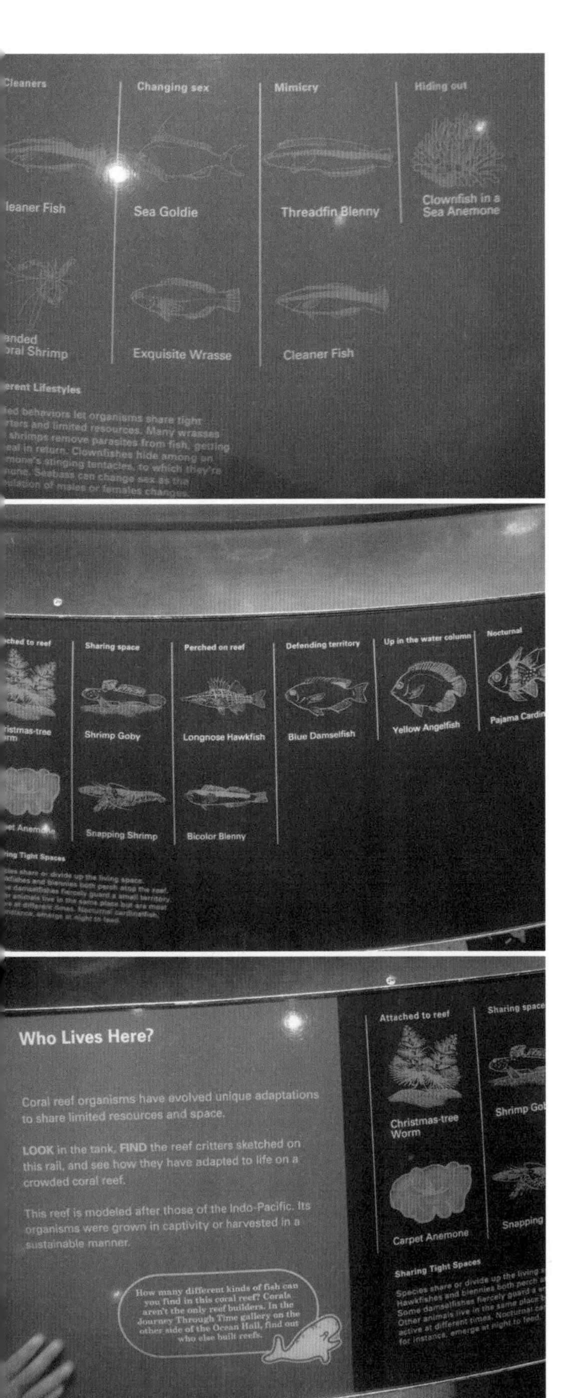

산호 속의 다양한 라이프 스타일

(Great Barrier Reef)다. 이것은 그야말로 큰 대보초다. 산호초의 길이가 2,600킬로미터나 되고, 총면적이 20만 7,000제곱킬로미터다. 한반도 면적과 비슷하다. 지구상에서 살아 있는 생물들이 만들어낸 구조물 중 가장 큰 구조물이다. 우주정거장에서도 보인다. 이게 만들어지는 데는 약 2만 년이 걸렸다. 어떻게 그걸 알 수 있을까? 산호는 나무처럼 나이테를 만든다. 그래서 나이테를 보면 알 수 있다.

세계에서 두 번째 큰 산호초는 중앙아메리카의 벨리즈라는 나라의 해안에 있는 산호초다. 스미스소니언은 이 산호초 위의 작은 섬 캐리 보 케이(Carrie Bow Cay)에 현지 연구소를 갖고 있다.

산호초는 바다의 도시

산호초는 바다의 도시다. 산호초의 면적은 지표면의 1% 이하이고, 해저의 2%가 채 안 되지만, 모든 바다 생명체의 4분의 1이 산호초를 근거로 살아간다.

많은 생명체는 왜 산호초로 몰려들까? 산호초가 많은 피신처와 먹이를 제공하기 때문이다. 산호초를 근거로 동식물들의 먹이사슬 순환시스템이 만들어져 있다. 예를 들어 하나의 동물은 다른 것을 먹음으로써 영양소를 얻는다. 그 동물은 먹었으니 배설한다. 그러면 그것이 영양소가 되어 바다 식물과 해초의 성장을 돕는다. 그러면 채식동물 입장에서는 그만큼 더 먹을 것이 풍부해진다. 그 채식동물을 또 육식동물이 잡아먹는다. 이런 식으로 먹이사슬의 순환생태계가 돌아간다.

도시의 낮과 밤처럼 산호초의 낮과 밤도 다르다

도시의 낮과 밤이 다르듯이, 산호초에도 낮과 밤에 돌아다니는 생물들이 다르다. 낮에 햇빛이 들면 나비고기는 산호 폴립을 갉아 먹고, 근처에서는 독이 있는 거북복이 벌레를 먹는다. 해마는 물속에 떠다니는 작은 새우 같은 생물들을 먹는다. 40여 종이나 되는 쥐치복과 무리는 바다달팽이를 잡아먹고, 커다란 쥐가오리가 플랑크톤을 먹으며 돌아다닌다.

산호초로 가득한 해양 전시실의 수족관

바다달팽이, 복족류들은 해면동물들을 찾아 산호초 밑바닥을 기어 다니고, 갑오징어는 새우를 먹는다. 갑오징어는 위협을 느끼면 주변의 색깔에 맞춰 카멜레온처럼 피부색을 바꿀 수 있다. 갯가재는 달팽이를 만나면 몽둥이 같은 발톱으로 껍질을 부순다. 조개는 바다 밑바닥에서 쉬고 있다. 이것이 산호초의 낮 풍경이다.

밤이 되면 얼게돔과 동갈돔, 도화돔 등 다른 생물들이 산호 위로 나온다. 이들은 모두 밤에 사물들을 잘 보기 위해 눈이 크다. 낮에는 절벽 밑이나 작은 동굴 속에서 쉬다가 해가 지면 먹이를 찾아 나온다. 얼게돔이 게와 새우를 찾아서 바다 밑바닥을 훑는 동안, 동갈돔은 진흙 바닥 위에서 쉬고 있는 작은 생물들을 잡는다. 또 뱀처럼 생긴 곰치는 얕은 구멍 속에 숨어 있다가 물고기들을 습격한다.

밤에 산호초에 사는 동물들은 물고기만이 아니다. 성게가 해초를, 삼천발이강은 플랑크톤들을 먹는다. 벌레들은 해저를 따라 굴을 파고, 모래에서 작은 먹이들을 모아 먹는다. 해삼은 부패한 먹이들을 빨아들인다. 붉은 새우가 산호밭을 지나다 대하에게 잡아먹힌다. 바닷가재는 조개를, 문어는 바닷가재를 먹어 치운다. 산호초는 낮이나 밤이나 조용할 새가 없다.

산호초에도 러시아워가 있다

도시에 러시아워가 있듯이 산호초에도 러시아워가 있다. 해 질 무렵과 새벽이다. 바다생물들은 산호초의 동굴과 틈새를 공유한다. 동물 하나가 피신처에서 나오면 바로 다른 동물이 그 자리로 들어간다. 늦은 오후가 되면 근처 바다에서 먹이를 잡던 물고기들이 쉬기 위해 산호초로 돌아온다. 동시에 밤에 활동하는 물고기들은 산호초를 떠난다. 이때 산호초가 북적인다. 새벽에 물고기들이 다시 교대할 때도 러시아워다. 상어는 산호초로 돌아오는 지친 물고기나 막 일어나서 갈피를 못 잡는 물고기들을 잡아먹는다. 커다란 포식자들에게는 러시아워 때가 사냥하기에 가장 좋다.

산호초에서 공생하는 생물들

쏠배감펭과 창꼬치 같은 난폭한 포식자들의 입속으로 스스로 헤엄쳐 들어가는 물고기와 새우들이 있다. 그들은 포식자들의 먹이가 될까 봐 두려워하지 않는다. 오히려 포식자들이 그들의 서비스를 받으려고 기다리기 때문이다.

청소생물들

놀래기류와 망둥이들, 그리고 몇 종류의 새우들은 모든 형태와 크기의 산호초와 물고기들이 깨끗하고 건강하게 지낼 수 있도록 도움을 준다. 그들은 그 물고기들의 몸속에 기생하는 기생충들을 먹거나, 그들의 이빨 사이에 붙어 있는 찌꺼기들을 먹는다.

대부분의 산호초 청소부들은 밝고 푸른 무늬들을 가지고, 지그재그식으로 헤엄을 친다. 그것을 보고 다른 물고기들은 그들이 청소생물들이라는 것을 알아본다. 그 물고기들은 청소생물들을 보면 줄지어서 살아 있는 이쑤시개 동물들이 들어올 때까지 순서를 기다린다.

흰동가리와 말미잘의 공생

흰동가리는 참 재미있는 동물이다. 말미잘(Sea anemone)의 촉수에는 독이 있다. 그래서 물고기들은 말미잘에서 멀리 떨어져 지낸다. 그러나 흰동가리는 다르다. 말미잘과 공생을 한다. 포식자가 위협하면 오히려 말미잘의 촉수들 사이로 피신한다. 심지어 말미잘의 촉수 속에 둥우리까지 친다. 두껍고 끈적끈적한 점액이 말미잘의 독침으로부터 흰동가리의

산호와 공생하는 흰동가리

몸을 보호해주기 때문이다. 그 대신 흰동가리는 말미잘을 뜯어먹는 나비고기들을 쫓아준다. 또 말미잘은 흰동가리가 떨어뜨린 분비물과 음식 조각들로부터 영양분도 얻는다.

그러나 흰동가리가 진짜 재미있는 건 공생 얘기가 아니다. 흰동가리에게는 모두가 깜짝 놀랄 비밀이 있다. 그 비밀을 확인하기 위해 책 〈물고기는 알고 있다〉의 저자 조너선 밸컴은 직접 스미스소니언 해양 전시실의 산호초 앞에서 흰동가리들을 관찰했다. 흰동가리 두 마리가 한 집단으로 말미잘의 촉수 속에 둥지를 틀고, 또 다른 집단 세 마리는 수면 근처에서 헤엄치며 지내고 있었다. 아주 평범한 장면 같지만, 알고 보면 그 속에 엄청난 흰동가리의 종족 유지 비밀이 숨어 있다.

덩치 큰 두 마리는 '번식 커플'이다. 프로야구의 1군에 해당한다. 두 마리 가운데 덩치가 더 큰 것이 '암컷', 작은 게 '수컷'이다. 세 마리 그룹의 흰동가리들은 모두 덩치가 약간 작은 수컷들이다. 이들은 모두 2군 후보 선수들이다. 이들의 서열은 몸집 순으로 매겨진다.

1977년 한스 & 시모네 프리케의 논문 '흰동가리의 엄격한 짝짓기 시스템'에 따르면 흰동가리는 몸집, 서열, 그리고 성전환으로 사회질서를 유지한다. 언제나 암컷이 가장 덩치가 크다. 번식 커플 두 마리 가운데 알을 낳는 암컷이 죽으면, 그 짝이던 수컷 서열 1위가 암컷으로 바뀐다. 그리고 수컷 서열 2위인 후보 그룹의 가장 큰 놈이 1군으로 올라가 새롭게 수컷 1위가 된다. 이 수컷이 새 암컷과 짝짓기를 한다. 이게 흰동가리들의 놀라운 종족 유지 비밀이다. 그러니 엄마가 죽고 아빠가 혼자 새끼들을 키운다는 애니메이션 영화 〈니모를 찾아서〉는 과학적으로 맞지 않는 얘기다.

산호와 산호초의 위기

산호초는 거대한 폭풍으로부터 섬과 해안선을 보호해준다. 산호초에 사는 물고기와 조개류, 갑각류들은 인간들에게 좋은 식량감이다. 카리브해와 인도양의 섬들은 산호 모래사장 덕분에 사람들이 모여든다. 산호초가 있는 나라들은 스노클링과 스쿠버 다이빙을 하는 사람들 때문에 경제가 돌아간다. 산호초는 좋은 약재로도 쓰인다. 산호초 생물들에서 얻는 화학성분들이 천식, 심장병, 궤양, 암 등의 치료 약 개발에 쓰인다. 에이즈 치료에 쓰이는 AZT(아지도티미딘)도 카리브해 산호에 사는 해면에서 얻는다.

그런데 이런 산호와 산호초가 위기에 처해 있다. 허리케인과 해일들은 산호초에 해를 줄 수 있다. 그러나 사람들이 주는 피해가 더 치명적이다. 관광객들은 산호를 채집하고 우연히 그것들을 밟아서 산호를 해친다. 배가 닻을 내릴 때 산호나 산호초들이 부러진다. 물고기 남획은 산호초의 먹이사슬을 파괴한다. 만약 해초를 먹는 물고기가 없으면, 해초가 너무 빨리 자라 산호들이 질식할 수 있다.

또 해변에 집이나 호텔을 지을 때, 비가 오면 빗물이 흙을 바닷물로 씻어 내려가 흙탕물을 만든다. 그러면 산호와 공생하는 조류들이 태양 에너지를 받을 수 없다. 도로의 기름과 가정에서 쓰는 세정제, 선크림 등의 화학물질들도 수질 오염으로 산호들이 병에 걸리게 만든다.

지구온난화로 바닷물 수온이 올라가면, 산호가 공생하는 주산텔라들을 내보내 백화현상이 발생한다. 그러면 결국 산호들이 죽고 만다.

바닷물의 수온이 올라가면 산호에 백화현상이 나타난다.

박물관에 나타난 거대 상어, 메갈로돈과 백상아리

"거대 상어가 나타났다!"

2019년 2월 스미스소니언 자연사박물관에 거대 상어가 나타났다. 몸길이 16미터. 현존하는 상어 중에 저렇게 큰 덩치와 이빨을 가진 놈은 없다. 가만히 보니 멸종했던 고대 상어 메갈로돈이다.

메갈로돈은 2008년 자연사박물관 해양 전시실이 문을 열었을 때부터 있었다. 몸체는 없고 커다란 턱에 날카로운 이빨들이 박힌 화석만 있었다. 그러나 그것만으로도 인기가 높았다. 쩍 벌린 턱 높이가 어른 키만 해, 그 앞에서 셀카를 찍으면 웬만한 사람은 한 입 거리였다. 살아 있었을 땐 몸통이 얼마나 컸을까? 생각만 해도 무시무시하다.

그런데 바로 그 거대 상어 메갈로돈이 살았을 때의 모습 그대로 박물관에 들어왔다. 해양 전시실이 오픈한 지 11년이나 지난 시점에. 그것도 전시실이 아닌 박물관 카페테리아 천장에서 사람들에게 겁을 주고 있다니. 그 이유가 궁금하다.

메갈로돈을 카페테리아 천장에 매단 이유

첫째, 할 얘기가 있어서다. “여러분! 내 얘기 좀 들어주세요! 급히 드릴 말씀이 있어요!” 상어에게 이렇게 말할 긴급발언권을 주기 위해서다. 대체 무슨 얘기를 하려는 걸까? 해양 전시실 홈페이지에 답이 있다.

“사실상 인간은 상어의 공격을 거의 받지 않는다. 그러나 매년 수백만(실제로는 1억 이상) 마리의 상어들이 인간에 의해 살해되고 있다.”

다음 장에 더 자세히 얘기하겠지만, 샥스핀(상어지느러미 수프) 재료로 쓰기 위해 살해되는 상어가 매년 1억 마리다. “인간들이여, 상어의 대량 학살을 즉각 중지하라!” 이 말을 하려는 거다.

둘째, 모형을 만들 수 있을 만큼 멸종된 고대 상어 메갈로돈에 관한 연구 성과를 알리려는 것이다.

스미스소니언 자연사박물관 카페테리아에 전시된 고대 상어 메갈로돈 모형

메갈로돈은 멸종된 고대 상어다. 원래 상어는 연골어류이기 때문에 이빨 화석만 있지 몸통 화석이 없다. 몸길이나 무게는 물론이고 모양새에 대해서도 명확한 증거가 없다. 그래서 모형을 만들 수가 없다. 어떤 자연사박물관을 가도 메갈로돈의 모형을 볼 수 없는 이유가 바로 이것이다. 그런데 이번에 모형을 만들었다는 건 그만큼 과학적 사실들을 밝혀냈다는 자신감의 표현이다.

셋째, 메갈로돈이 아주 먼 옛날 워싱턴 지역에도 돌아다녔다는 사실을 알리고 싶어서다. 박물관 카페테리아 앞의 공중에 매달린 메갈로돈은 관람객들과 얼굴을 마주 보고 있다. 우연히 그런 것이 아니다. 과학적 근거로 정교하게 연출된 것이다. 스미스소니언의 연구원 대니얼 홀에 따르면, 이 고대 상어는 약 2,300만~360만 년 전, 전 세계 거의 모든 바다에 살았다. 비록 멸종되었지만 화석 기록에 지속적인 흔적들이 남아 있다. 당시에는 워싱턴DC도 바다였었다. 그땐 이 메갈로돈이 실제로 지금의 박물관 자리에 돌아다녔을 것이다. 그러니 메갈로돈도 우리의 역사다. 이것이 세 번째 메시지다.

과학자들이 밝혀낸 메갈로돈의 비밀

지금까지 과학자들이 새로 밝혀낸 메갈로돈의 비밀은 무엇일까? 우선 몸 구조를 보자. 메갈로돈은 크기나 무게가 기차 객실 차량만 했다. 암컷이 13~17미터, 수컷이 10~14미터다. 백상아리의 3배가 넘는다. 가장 큰 것은 길이가 약 18미터에 무게가 최대 50톤 정도였다. 이번에 만든 모형의 크기는 16미터다. 암컷 메갈로돈의 평균 크기다.

분류학적으로 상어는 '판새아강(Elasmobranch)'에 속한다. '판새'라는 단어는 널조

메갈로돈의 평균 크기는 암컷이 13~17미터, 수컷이 10~14미터에 달한다.

'거대한 이빨을 가진 상어'라는 뜻의 메갈로돈. '메가(mega)'는 거대하다, '돈(don)'은 이빨이라는 뜻이다.

각 '판(板)'과 아가미 '새(鰓)'를 더해, 널빤지 같은 아가미를 가졌다는 말이다. 가오리나 홍어도 판새류다. 이들은 공통적으로 아가미 모양이 널빤지 같이 생겼고, 아가미뚜껑이 없다. 아가미 숫자는 5~6개 정도. 메갈로돈 모형도 아가미가 5개다. 이들은 머리 양쪽의 아가미구멍을 통해 숨을 쉰다. 물고기지만 부레가 없고 비늘은 방패비늘이다.

또 하나 판새류의 공통점은 몸이 연골로 되어 있다는 점이다. 연골은 물렁뼈다. 물렁뼈는 뼈가 아니다. 사람의 귀나 코를 생각하면 된다. 무게가 뼈의 절반 정도로 뼈보다 훨씬 가볍다. 덕분에 상어는 장거리 헤엄에도 에너지가 덜 들어간다. 대신 연골은 화석화가 어렵다. 메갈로돈의 화석은 이빨, 척추(칼슘 함유로 잘 보존됨), 화석화된 똥이 대부분이다. 그 때문에 메갈로돈의 크기는 추정할 수밖에 없다. 이빨 크기와 상어 몸길이 사이의 알려진 관계를 기반으로 추정한다. 이번에 만든 메갈로돈의 몸 형태는 살아 있는 현대 상어의 해부학을 근거로 만들었다.

메갈로돈도 다른 상어처럼 턱에 여러 줄의 이빨이 있다. 끊임없이 맨 앞줄의 이빨이 빠지고 다음 줄의 이빨이 앞으로 나와 새것으로 대체된다. 그렇게 버려지는 이빨이 일생 수천 개다. 그래서 해변이나 해안에 흩어져 있다. 이빨 모양은 모두 삼각형에 가장자리는 톱니같이 생겼다. 크기는 세로가 18센티미터 이상이다. 어른 손바닥만 하다.

메갈로돈의 정식 이름은 카르카로클레스 메갈로돈이다. '거대한 이빨을 가진 영광스러운 상어'라는 뜻이다. 하지만 간단히 메갈로돈이라고 부른다. '메가(mega)'는 거대하다는 의미고, '돈(don)'은 이빨이라는 뜻이다.

티라노사우루스보다 이빨 힘이 센 최고의 포식자, 메갈로돈

메갈로돈은 지금까지 살았던 상어 중 최고의 포식자였다. 물고기는 물론이고, 이빨고래(돌고래), 수염고래(혹등고래), 물개, 해우, 바다거북 등 다양한 먹이를 먹었다. 과학자들이 알아낸 먹이 습성을 보면 메갈로돈은 정말 무시무시한 무법자였다. 작은 고래를 보면 가슴을 부딪쳐 충격을 준 다음 18센티미터나 되는 튼튼한 이빨로 고래의 갈비뼈를 뚫었다. 고래화석이 그 사실을 말해준다. 많은 고래화석에 확연한 가스(기포) 자국이 있다. 그게 바로 메갈로돈의 이빨 자국이다. 메갈로돈의 온전한 이빨이 고래 뼈에 들어 있는 경우도 있다.

이빨로 고래 몸통을 찢는다는 건 엄청난 힘이다. 과학자들은 메갈로돈의 치악력을 최대 18톤으로 추정한다. 티라노사우루스의 치악력이 3.5~6톤이니, 메갈로돈이 훨씬 세다. 아마 역대 동물 중에서는 무는 힘이 최대였을 것으로 생각된다.

날카롭고 뾰족한 백상아리 이빨을 보면 무시무시한 건 사실이다. 백상아리는 7줄로 난 300개의 이빨이 있다. 상어 이빨은 참 특이하다. 사람처럼 잇몸까지 이의 뿌리가 박혀 있는 것이 아니다. 그래서 맨 앞줄의 이빨들이 빠지면 다음 줄의 이빨들이 앞줄로 이동한다. 이렇게 평생 계속 소모품처럼 이빨들을 교체한다. 백상아리 한 마리가 평생 약 3만 개 정도의 이빨을 만든다고 한다.

백상아리는 평균적으로 수컷이 4미터, 암컷이 4.9미터 정도다. 몸길이 6미터에, 몸무게가 2톤 되는 것도 있다. 한국에서 잡힌 가장 큰 백상아리는 1992년에 잡힌 것으로 길이 7.1미터에, 무게 3,500킬로그램이나 된다. 수명은 70년 이상이다. 번식은 매우 늦어서 수컷은 26년, 암컷은 33년이 되어야 새끼를 낳을 수 있다.

상어는 후각, 청각, 촉각, 미각, 시각 그리고 전자기 감각 등 6가지의 감각 능력을 갖추고 있다. 그중에서도 백상아리는 최고다. 체력도 엄청나다. 백상아리들은 장거리를 이주한다. 일부는 하와이 제도에서 캘리포니아로 여행을 떠난다. 물고기 중 최장 거리 이동 기록은 남아프리카에서 호주까지 헤엄치는 상어가 가지고 있다. 속력도 빠르다. 시속 50킬로미터까지 낼 수 있다. 한 마디로 감각과 두뇌, 체력까지 모두 가진 바다 최고의 사냥꾼이다.

과학자들은 영화 〈조스〉의 이미지는 사실 같지만, 많이 과장되었다고 말한다. “사람이 상어에게 물려 죽을 확률은 개에게 물려 죽거나 번개에 맞을 확률보다 작다.”라는 스미스소니언 주장은 과장 같지만, 통계를 보면 과장이 아니다. 상어의 입장에서 생각하면 억울하다는 얘기다.

2012년에 발견된 메갈로돈 상어 턱 화석. 부분적으로 6줄의 이빨이 나 있는 것을 포함, 모두 222개의 이빨이 있다.

2012년 새로 발견된 카르카로돈 후벨리의 화석

2012년 11월 새로운 상어 종인 카르카로돈 후벨리의 화석이 보고되었다. 여러 개의 척추와 치아가 있는 상어 턱 화석이다. 보존 상태가 거의 완벽했다. 턱에는 222개의 이빨이 있다. 일부는 최대 6줄의 이빨을 갖고 있다.

이것을 현존 상어들의 이빨과 비교해보았다. 청상아리의 이빨은 톱니 모양이지만 뾰족하지 않고 부드럽다. 그게 물고기를 먹기에 더 효율적이다. 백상아리의 이빨은 물개를 우적우적 씹어 먹을 정도로 날카롭고 삐죽삐죽하다. 새로운 종의 이빨 화석은 이 두 가지의 혼합 형태다. 청상아리의 조상인 카르카로돈 하스탈리스의 치아와 백상아리 치아의 중간 단계로 보인다. 게다가 이 새로운 화석 상어 카르카로돈 후벨리가 살았던 때가 650만 년 전으로 밝혀졌다. 이 시기는 청상아리 조상과 백상아리의 중간 종이 나오기에 딱 맞는 시기다.

종합해보면 백상아리는 메갈로돈의 축소판이 아니라 청상아리 조상에서 포유류를 잡

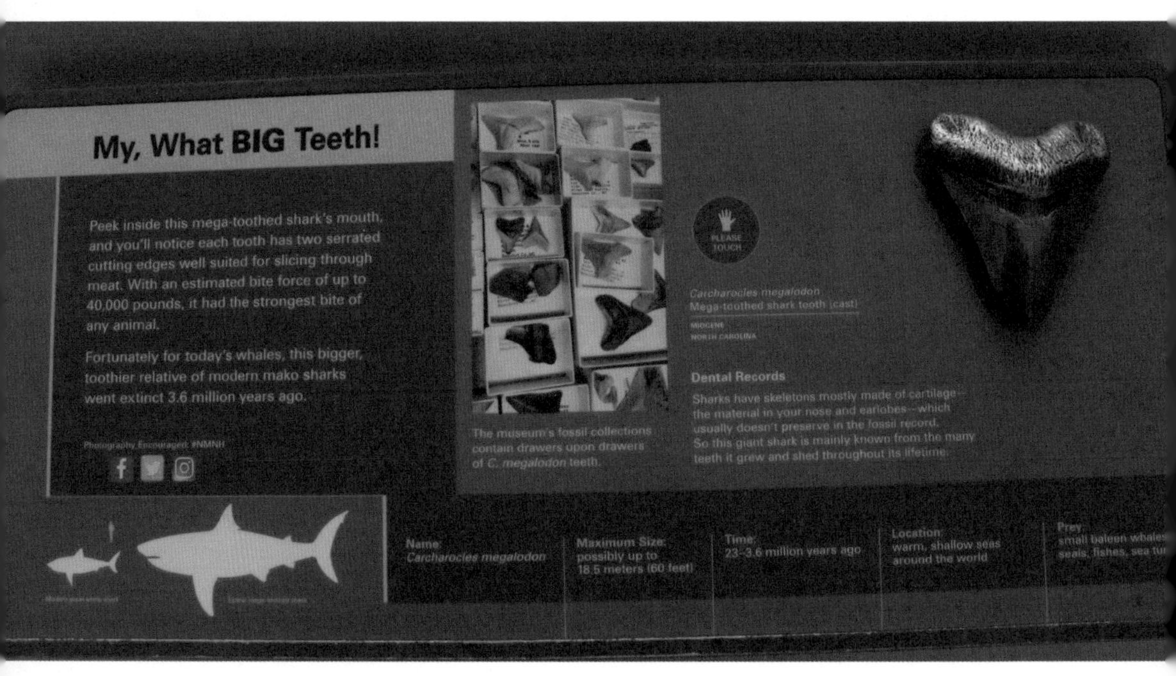

메갈로돈의 커다란 이빨을 설명하는 패널

아먹는 것으로 바뀐 변종이라는 얘기가 된다. 그 후로 메갈로돈은 백상아리의 직계 조상이 아닌 것으로 공감대가 형성되고 있다. 아마 백상아리의 조상과 메갈로돈은 서로 경쟁 관계에 있었을 것이다.

화석을 근거로 보면 상어의 최초 등장 시기는 약 4억 4천만 년 전이다. 물고기가 막 진화하기 시작했을 무렵이다. 당시 바다 풍경은 지금과 완전히 달랐다. 대부분 생물체에 골격이 없었다. 삼엽충이 바다 밑바닥을 종종걸음으로 돌아다녔고 오징어, 낙지 등 두족류가 포식자였다. 석탄기와 페름기에는 각종 상어가 전 세계 바다를 돌아다녔다.

영국 국립자연사박물관의 화석 어류 큐레이터인 엠마 버나드에 따르면, 메갈로돈의 직계 조상은 5천5백만 년 전에 나타난 '오토두스 오블리쿠스'다. 이것은 크기가 10미터 정도였다. 더 거슬러 올라가면 백악기 1억 5백만 년 전 '크레탈람나 아펜디쿨라타'까지 거슬러 올라간다.

메갈로돈이 직접 나타난 것은 약 2천만 년 전이다. 메갈로돈의 모습은 백상아리보다는 코가 짧고, 턱은 더 납작하게 들어가 있다. 특히 가슴에 긴 지느러미를 가져서 오히려 청상아리와 더 닮았다. 과학자들은 화석의 이빨을 바탕으로 이 상어가 스쿨버스만큼 커서 고래를 잡아먹을 정도였을 것으로 생각한다.

상어는 정말 인간에게 위험한 동물인가?

사람들은 '상어' 하면 1975년 스티븐 스필버그의 영화 〈조스〉를 떠올린다. 평화로운 피서지 해변에 갑자기 백상아리가 나타나 사람들을 공격한다. 영화 속 그놈은 집요하고 포악하다. 관객들은 그 충격적인 장면들을 잊지 못한다. 영화는 대박이 났고, 〈조스〉는 한여름 스릴러물의 대명사가 되었다. 얼마나 인기가 높았는지 1975년부터 2015년까지 40년 동안 〈조스〉라는 제목의 영화만 19편이 나왔다.

2016년 영화 〈언더 워터〉는 제목만 다를 뿐, 내용은 딱 〈조스〉다. 캐나다 해변에서 서핑하다 백상아리의 공격을 받은 여주인공이 백상아리와 싸우며 180미터 떨어진 해변까지 탈출하는 이야기다. 뻔한 얘기지만, 이것도 흥행에 성공했다. 이렇게 백상아리가 사람을 위협하는 영화는 여름이면 등장하는 하나의 패턴 또는 장르가 되어버렸다. 〈조스 게임〉도 나오고, 유니버설 스튜디오에는 조스 어트랙션까지 생겼다.

영화 〈조스〉를 보며 사람들은 공포감에 몰입된다. 그리고 목숨을 건 식인 상어와의 혈투에서 심정적으로 주인공과 하나가 되어 백상아리와 싸운다. 그런데 이게 문제다. 사람들이 쓸데없이 모든 상어를 미워하게 된 것이다. 특히 백상아리에 대해서는 두려움과 함께 극도의 적개심과 피해의식까지 갖게 되었다. 마치 상어에 대한 두려움이 우리 유전자에 새겨져 있는 것 같다.

상어의 조상이 지구에 처음 나타난 건 4억 5천만 년 전, 최초의 공룡 등장은 약 2억 3천1백만 년 전이다. 상어가 공룡보다 먼저다. 그동안 상어는 환경에 잘 적응해왔다. 공룡은 멸종했어도 현존하는 상어는 500여 종이나 된다. 그중에 사람을 공격하는 상어들은 10여 종에 불과하다.

진주현의 〈뼈가 들려준 이야기〉에 따르면, 실제 하와이에서는 1년에 2명 정도 상어에 물리는 사고가 발생한다. 하지만 사람이 죽는 경우는 거의 없다. 해변에서 상어가 사람을 공격하는 것은 서핑하는 사람을 물속에서 역광으로 볼 때 바다표범으로 오인해 공격하는 실수가 대부분이라고 한다.

이것을 뒷받침하는 사례가 있다. 2011년 고래, 고등어, 정어리, 문어, 사람의 혈액을 가지고 한 실험에서 상어들은 사람의 피 냄새에 일절 반응을 보이지 않았다고 한다.

해양 생물학자이자 '우리 바다 살리기' 캠페인의 매니저인 앨리슨 콕은 오랫동안 사실적 증거를 찾아 백상아리에 관한 잘못된 믿음을 깨려고 노력해온 과학자다. 그녀는 "바다에서 수천 시간 동안 백상아리를 연구했고, 다행히 실제 백상아리가 무지막지한 살인자가 아니라는 것을 알게 되었다. 상어들은 오해받고 있다."고 말한다.

조너선 밸컴도 〈물고기는 알고 있다〉에서 이렇게 말한다. "전 세계에서 상어의 공격을 받아 죽은 사람은 매년 5~15명인데 반해, 어부들이 죽이는 상어의 수는 매년 3,000만~4,000만 마리다(현재는 1억 마리 이상). 우리는 상어를 '공포의 킬러'라고 여기지만, '상어가 죽이는 인간'이 '인간이 죽이는 상어의 5백만 분의 1'에 불과하다는 건 얼마나 아이러니한 일인가! 진정한 킬러는 상어가 아니라 인간이다."

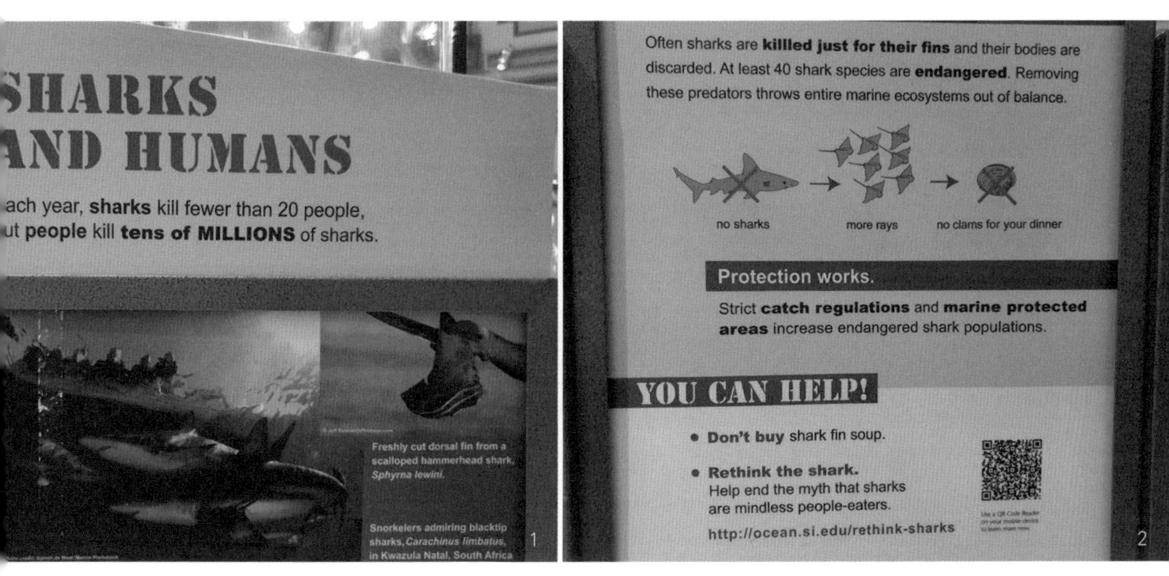

1 상어의 지느러미만 잘라내는 피닝(Finning)으로 1년에 1억 마리의 상어들이 희생되고 있다. **2** 상어가 없어지면 가오리들이 많아져서 조개를 먹을 수 없다. 상어 수프 샥스핀을 먹지 말자는 스미스소니언 해양 전시실의 포스터

상어요리 샥스핀과 상어 피닝

사람들이 상어를 무자비하게 죽이는 것이 〈조스〉 때문은 아니다. 그보다는 문화와 경제적인 이유가 주요인이다. 특히 상어지느러미 수프 '샥스핀'이 문제다.

뼈 박사 진주현은 〈뼈가 들려준 이야기〉에서 상어가 사람을 공격하는 것보다 훨씬 끔찍하고 놀라운 현실을 얘기한다. "사람들은 작정하고 자그마치 1억 마리의 상어를 매년 잡아들인다. 아시아의 여러 나라에서 귀하고 맛있는 음식으로 치는 상어지느러미 수프를 만들기 위해서다. 상어의 다른 부위는 돈도 별로 안 되고 수요도 적기 때문에 칼로 지느러미만 베어내고 상어를 다시 바다에 던진다. 이렇게 몸통만 남겨진 상어는 헤엄칠 수가 없게 된다."

이것을 상어 피닝(Shark Finning)이라고 한다. 조너선 밸컴 역시 책 〈물고기는 알고 있다〉에서 상어 피닝의 실태를 리얼하게 고발한다.

"상어 피닝은 수익성이 높은 만큼이나 극악무도한 방법이다. 미끄러운 갑판 위에서 날카로운 이빨을 가진 대형 근육질 동물을 다루는 것도 위험천만한 작업이지만, 죽인다

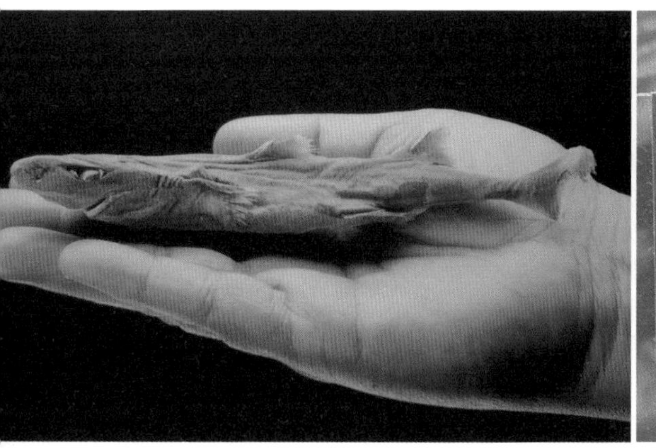

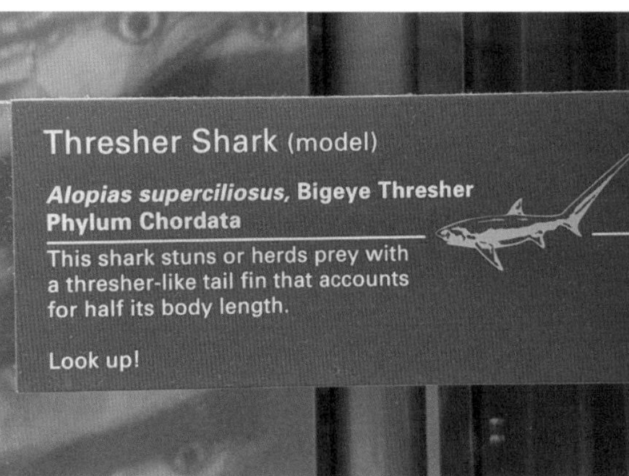

꼬리지느러미가 흰 칼날 같이 생겨서 환도상어라고 한다. 새끼는 15 센티미터 미만이고 성체는 1~5.5미터까지 자란다.

는 건 위험부담이 더 크다. 따라서 속도와 효율을 위해 어부들은 상어의 지느러미만 잽싸게 도려낸 후, 아직 살아 있는 상어를 바다에 내던진다. 지느러미와 꼬리가 없는 상어는 헤엄을 칠 수 없기 때문에 목숨만 붙어 있을 뿐 통나무나 마찬가지다. 이로 인해 상어들은 심해로 가라앉으며, 출혈과 질식 그리고 수압 등 온갖 고통을 겪으며 서서히 사망하게 된다."

이렇게 샥스핀 요리 때문에 너무 끔찍하고 잔인한 방법으로 연간 1억 마리 이상의 상어들이 학살당하고 있다.

이야기 속의 이야기

메갈로돈의 멸종 원인은?

메갈로돈은 북극 근처를 제외한 대양의 대부분 지역에서 살았다. 가장 북쪽의 화석은 덴마크 해안, 가장 남쪽은 뉴질랜드의 최남단에서 나왔다.

메갈로돈은 보호지 역할을 하는 만(Bay)과 강어귀가 포함된 특정 서식지에 새끼를 낳았다. 이 장소들은 새끼에게 넓은 바다와 근해 지역의 큰 포식자로부터 떨어져 있고, 성장에 필요한 먹이 물고기와 안전한 환경을 제공했다. 과학자들은 파나마, 메릴랜드, 카나리아 제도, 플로리다 등에서 메갈로돈이 출산해 새끼를 돌보는 서식지를 발견했다.

메갈로돈의 멸종 시기는 명확하지 않다. 메갈로돈이 260만 년 전 멸종했다고 주장하는 과학자들도 있지만, 가장 마지막의 화석 증거는 360만 년 전의 것이다. 멸종 원인도 뚜렷하지 않다. 과학자들은 수온 강하와 그에 따른 먹이 감소가 원인일 것으로 추측한다.

알면 알수록 신기한 해파리 이야기

스미스소니언 자연사박물관의 해양 전시실에서 가장 먼저 눈에 띄는 건 멋진 고래다. 그런데 그 고래 앞에 고래보다 더 화려하게 불그스름한 빛깔로 아름다운 자태를 뽐내는 게 있다. 아무래도 모양새가 해파리 같다. 키가 엄청나게 크고, 늘씬하다. 마치 바다의 모델을 보는 것 같다.

해양 전시실의 고래 앞에 전시된 사자갈기해파리 실물 모형. 해파리 중에서도 가장 큰 해파리다.

정말 저렇게 큰 해파리가 있을까? 디즈니랜드처럼 모형이라 일부러 크게 만든 것일까? 보자마자 그런 질문이 먼저 생긴다. 해파리 모형은 맞지만, 일부러 크게 만든 건 아니다. 해파리 중 가장 큰 해파리, '사자갈기해파리(Cyanea Capillata)'의 실물 모형이다.

세상에서 가장 큰 동물은 대왕고래다. 대왕고래 중 가장 큰 것의 기록은 길이 33미터, 몸무게 190톤이다. 그런데 1870년 미국 매사추세츠주 앞바다에서 잡힌 사자갈기해파리는 길이가 36.5미터였다. 기네스북에 세상에서 가장 길이가 긴 동물로 기록된 건 대왕고래가 아니라 바로 이 사자갈기해파리다. 36.5미터면 아파트 15층 높이와 같다. 그러니 고래보다 앞에 서서 뽐내는 것도 무리는 아니다.

고래보다 긴 사자갈기해파리

사자갈기해파리는 지구에서 가장 아름다운 생물 중 하나다. 색상도 다양하다. 작은 것들은 갓이 주로 오렌지색이나 황갈색, 때로 무색인 것도 있다. 하지만 큰 개체들은 진홍색에서 보라색까지 오색찬란하다. 이름도 다양해서 '북유령 해파리', '헤어 해파리'로도 불린다.

몸 구조는 갓이 있고 갓 아래에 입, 위, 소화 시스템, 생식선이 있다. 기본적으로 다른

해파리도 비슷하다. 해파리의 소화 시스템은 매우 단순하다. 강장이라는 간단한 '소화강'이 있다. 이것이 입에서 식도, 위, 내장, 항문까지 전체 소화 시스템의 역할을 한다. 쉽게 말해 입으로 먹고, 입으로 배설한다. 산호, 말미잘, 히드라, 상자해파리 같은 강장동물(자포동물)들이 다 마찬가지다. 해파리의 먹이는 주로 동물플랑크톤, 작은 물고기, 빗해파리 그리고 달해파리 등이다.

갓 아래에는 구강 팔과 촉수가 붙어 있다. 구강 팔은 먹이를 움켜잡고 입으로 운반하는 역할을 한다. 촉수는 가운데가 비어 있고, 각각 70~150개의 촉수를 가진 8개 그룹이 있다. 따라서 약 1,200개의 촉수를 가지고 있다. 8개의 움푹 들어간 부분 각각에 균형을 잡아주는 기관이 있고, 이것 덕분에 방향감각을 가진다. 촉수의 색은 거의 사자갈기와 같다. 그래서 이름이 사자갈기해파리다. 길고 얇은 촉수는 매우 끈적거리고, 많은 양의 신경독이 들어 있다. 이 촉수로 먹이를 쏘아서 기절시켜 잡아먹는다. 사람이 쏘이면 벌겋게 발진이 생기고 호흡이 답답하면서 심한 통증을 일으킨다.

사자갈기해파리는 주로 수심 20미터 이하 바다의 수면 근처에 있다. 해파리는 대개 물을 갓 안으로 모았다가 뿜어내면서 추진력을 얻는다. 그러나 맥동이 너무 느려서 앞으로 나가는 추진력은 약하다. 그래서 사자갈기해파리는 장거리를 이동할 때, 주로 해류를 이용한다.

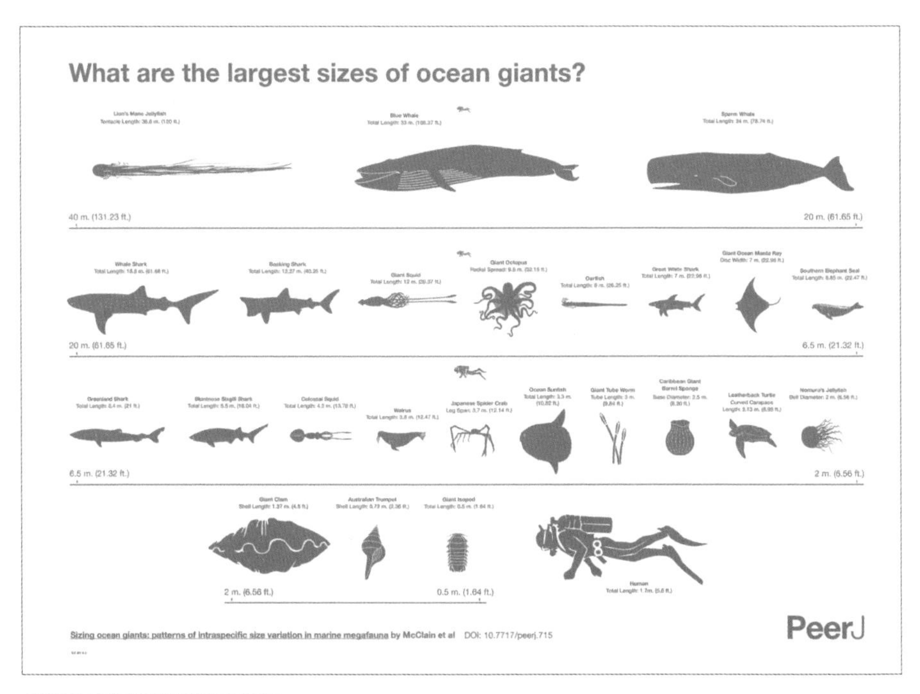

사자갈기 해파리와 바다생물 크기 비교

사자갈기해파리의 수명은 1년 정도다. 생식은 유성생식과 무성생식 두 가지를 다 한다. 해파리의 생애 과정은 4단계가 있다. 첫째, 유충(애벌레) 단계. 둘째, 폴립 단계. 셋째, 유생(에피라) 단계. 넷째, 메두사 단계. 여기서 메두사 단계란 갓이 있는 종 모양의 성체 해파리다. 이 메두사 단계에서는 유성생식을, 폴립 단계에서는 무성생식을 한다.

해파리는 다른 어떤 생물들보다 번식력이 뛰어나다. 메두사 단계에서 암컷은 하룻밤에 4만 5,000개의 알을 입으로 뿜어낸다. 수컷도 역시 입으로 정자를 내뿜는다. 수정되면 암컷 해파리가 수정란을 촉수에 담아, 유충으로 자라도록 보호한다. 수정란이 유충으로 발달하면 암컷은 그 유충을 바깥의 딱딱한 표면에 내놓는다. 유충들은 딱딱한 표면에 붙은 뒤 층층이 쌓여 폴립으로 자란다. 그렇게 된 폴립은 무성생식으로 번식하기 시작해 '에피라'라는 작은 생물들을 쌓아 올린다. 각각의 에피라는 더미를 떼어내고 떨어져 나온다. 에피라는 물속을 유영하다가 메두사로 자라서 완전한 성체 해파리가 된다. 그럼 또다시 유성생식부터 폴립 무성생식의 사이클을 반복한다.

사자갈기해파리는 차가운 물을 좋아한다. 북위 42°도 이상 북극, 북대서양 및 북태평양 같은 차가운 한류 해역이 주 서식지다. 영국해협, 아일랜드해, 북해 및 서부 스칸디나비아 해역 등이 해당된다. 북쪽에 사는 것들은 갓의 지름이 2미터 이상이지만, 위도가 낮은 지역으로 내려가면 지름이 약 50센티미터 정도로 작아진다.

물고기, 바다거북, 갑각류 및 기타 해파리를 포함한 150종 이상의 동물들이 해파리를 잡아먹는다. 특히 장수거북은 가장 좋아하는 먹이가 사자갈기해파리다. 개복치도 해파리가 주식이다. 이들은 해파리 독에 쏘여도 전혀 피해가 없다. 이들이 해파리의 천적이다.

〈셜록 홈스〉에 등장하는 살인범이 해파리?

1927년에 출간된 〈셜록 홈스 사건집〉은 코난 도일의 추리 단편 12편의 모음집이다. 그 중 〈사자갈기의 비밀〉이라는 단편에서는 사자갈기해파리가 사건의 범인이다.

명탐정 셜록 홈스가 은퇴 후 해변이 내려다보이는 작은 집으로 와서 조용히 지낸다. 어느 날 직업훈련소 물리 교사 맥퍼슨이 오솔길에서 술 취한 사람처럼 몸을 비틀거리고 팔을 허우적거리더니 비명을 지르며 앞으로 고꾸라졌다. 놀라 달려갔으나 그는 "사자갈기…."라는 말만 남기고 죽었다. 등을 보니 부드러운 채찍에 심하게 맞은 자국이 있었다. 홈스는 여러 정황으로 맥퍼슨의 연적이었던 수학 교사 머독을 의심한다. 그런데 일주일 후 맥퍼슨의 애완견도 주인이 죽은 그 해변에서 같은 증상으로 죽었다. 홈스는 그때 뭔가 감을 잡는다. 집에 와 급히 어떤 책을 찾아 읽는다. 그리고는 확인할 게 있다며 일행과 함께 해변으로 간다. 물속 바위에서 사자갈기해파리를 찾아낸다. 그리고 큰 돌을 밀어 넣어 해파리를 죽인다. 범인은 바로 사자갈기해파리였다.

홈스가 찾아 읽은 책은 사자갈기해파리에 관한 책이다. 책에는 이렇게 쓰여 있다. "이것에 당하면 코브라에게 물린 것과 똑같다. 수영할 때 사자갈기 같은 황갈색 물체를 보면 경계하라. 무서운 독침을 가진 '사이아네아 카필라타'다. 이 독해파리는 눈에 보이지 않는 발을 15미터나 뻗는다. 그 안에 접근하면 쏘여 죽을 위협이 있다."

소설에서는 사자갈기해파리의 독에 쏘이면 금방 죽는다고 했다. 그러나 이것은 과장이다. 실제로는 사자갈기해파리에 쏘이면 붉게 부어오르고 통증은 심하나, 사람이 죽을 정도는 아니다. 하지만 이 소설이 1927년 작품인 점을 감안하면 충분히 흥미로운 추리소설이다.

쏘이면 바로 죽는 치명적인 독을 가진 상자해파리

그러나 쏘이면 5분 이내에 사망하는 해파리가 있다. 바로 '상자해파리(Box Jellyfish)'다. 몸체가 4개의 면으로 되어 있어 이름이 상자해파리다. 한 면마다 15개까지 촉수가 있다. 상자 크기는 20센티미터 정도지만, 촉수 길이는 3미터나 되는 것도 있다. 촉수 하나에 약 5,000개의 쏘는 세포가 있다. 상자해파리의 독은 치명적이다. 쏘이면 통증이 너무 심해 곧 쇼크 상태에 빠진다. 그래서 별명이 '바다의 말벌'이다. 상자해파리가 나타나는 호주 해안에선 혼자 수영하는 걸 금지한다.

상자해파리는 참 특이하다. 보통 해파리는 눈이 없는데 상자해파리는 눈이 있다. 투명한 갓 옆의 촉수포에 복잡한 눈을 가지고 있다. 그것도 눈이 한 면에 6개씩 총 24개나 있다. 각각 6개 중 4개는 원시적인 눈이고, 2개는 렌즈 기능을 하는 8각막 및 망막이 있는 정교한 눈이다. 그 눈으로 360도 전방위를 한꺼번에 볼 수 있다. 과학자들은 상자해파리가 뇌를 가지고 있지 않기 때문에 눈으로 생성된 이미지를 어떻게 해석하는지는 모른다. 그러나 장애물을 피하거나 먹이의 위치를 감지할 정도의 시력을 갖추고 있다고 본다.

상자해파리들은 이동 방향과 속도를 조절하는 능력이 뛰어나다. 일반 해파리처럼 해류를 타고 다니는 게 아니다. 펄럭이는 치마폭 모양의 막을 이용해 상당한 속도로 이동할 수 있다.

상자해파리는 해파리가 아니다. 전에는 해파리로 분류하다가 1975년부터는 해파리강이 아닌 상자해파리강

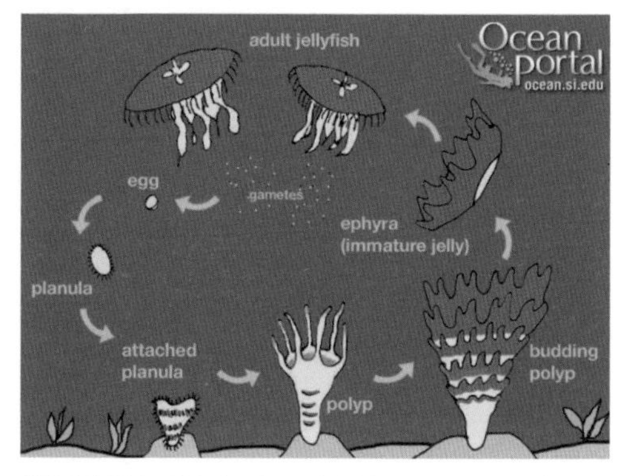

해파리의 라이프사이클(스미스소니언 자연사박물관 홈페이지)

으로 따로 분류한다. 스미스소니언의 해파리전문가 앨런 콜린스에 따르면 상자해파리강에는 적어도 36종 이상이 있다.

해파리에 대해 궁금한 작은 질문들

해파리는 뼈대도 껍데기도 없는데 왜 모양이 찌그러지지 않을까? 해파리는 실제로 만져보면 빳빳하다. 내부에 골격이나 외부에 껍데기가 없는데도 그 형태를 유지한다. 부분적으로 해파리의 젤라틴질로 된 몸체가 서로 연결된 질긴 섬유소로 엮어져 있어서다. 마치 공기를 채운 고무보트가 단단해지는 것처럼 몸 안에 물을 빨아들이기 때문에 몸체를 빳빳하게 유지할 수 있다. 이걸 수압골격이라고 한다.

사람이 먹을 수 있는 해파리는 몇 종이나 될까? 서양에서는 해파리를 잘 먹지 않는다. 중국에서는 1,700년 이상 해파리를 음식 재료로 써왔다. 모든 해파리를 다 먹는 건 아니다. 주로 촉수가 없는 근구해파리이고, 근구해파리는 92종이 있다. 그중 식용해파리는 대략 25가지 정도다. 보통 샐러드나 절임, 냉채 등으로 먹는다. 한국, 중국에서는 해파리 냉채가 인기 식품이다.

해파리가 최초 등장한 시기는 언제일까? 해파리는 뼈나 다른 딱딱한 부분이 없다. 이 때문에 해파리 화석은 찾기가 어렵다. 그러나 2007년 스미스소니언 자연사박물관의 앨런 콜린스와 캔자스대학 연구팀은 유타지역에서 완전하게 보존된 5억 5백만 년 전 해파리 화석을 발견했다.

또 같은 시기 지층인 버제스셰일층에서 잘 보존된 빗해파리 화석도 발견했다. 최근 해파리의 등장 시기를 6억 5천만~7억 년 전으로 얘기하는 학자들도 있다. 그러나 가장 확실한 건 5억 5백만 년 전, 캄브리아기의 화석들이다.

빗해파리와 해파리는 진화 역사에서 대단히 중요하다. 표피와 강장 및 신경계를 조직한 최초의 동물이고, 파도의 출렁임으로 표류하는 대신 근육을 사용해 헤엄치는 최초의 동물이기 때문이다.

정말 해파리는 알면 알수록 신기한 게 많은 생물이다.

4장
인류의 기원 전시실

인간이 된다는 것

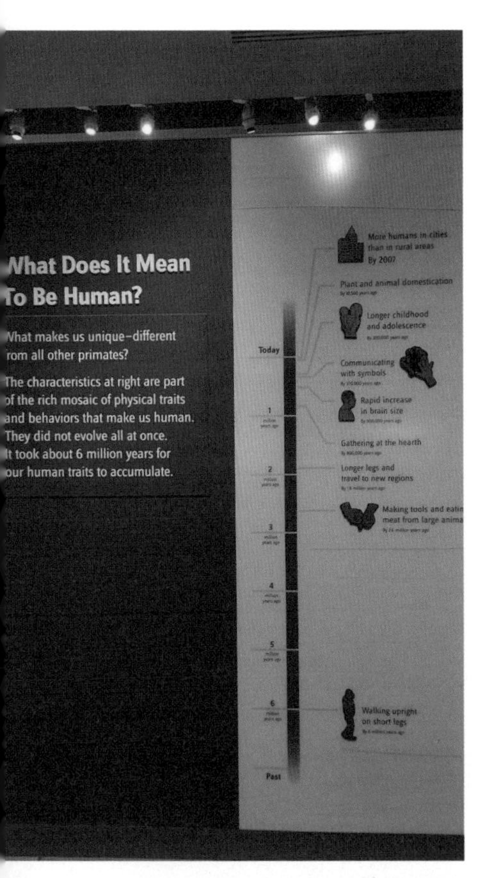

'인간이 된다는 것'의 의미는? 인간의 어떤 특성들이 어떻게 진화해 왔는지에 대한 질문이다.

인간이 된다는 것은 무엇을 의미하는가

스미스소니언 자연사박물관 1층에는 인류의 기원에 관한 전시실이 있다. 이 전시실의 이름은 '인간이 된다고 하는 것은 무엇을 의미하는가?(What Does it Mean to be Human?)'다. '인간이 된다'는 게 무슨 뜻일까? 인간 이전의 단계와 인간인 단계가 있다는 얘기일까? 어떤 상태가 인간 이전이고, 어떤 상태가 인간이 된 상태일까? 인간 이전과 인간이 된 상태를 무 자르듯이 명쾌하게 얘기하기는 어렵다. 인간의 특성들이 한꺼번에 생겨난 것이 아니기 때문이다.

그렇다면 우리를 '인간'이라고 부르는 특징, 곧 인류가 다른 종들과 구분되는 특성들은 과연 무엇일까? 과학자들은 인류의 조상이라고 부를 수 있는 종이 처음 등장한 것은 약 700만 년 전이라고 한다. 지금까지 알려진 인류의 조상들은 27종이 넘는다. 그러나 현생 인류인 호모 사피엔스만 빼고 모두 멸종했다.

스미스소니언의 '인류의 기원' 전시는 바로 인간

영장류의 골격. 왼쪽부터 인간, 고릴라, 침팬지, 오랑우탄

이 된다는 것을 의미하는 특성들이 어떻게 진화해왔는지를 소개한다. 스미스소니언에 있는 100여 명의 인류학자가 10년간 연구한 결과를 토대로 280여 점의 전시물들로 꾸몄다. 이를 위해 스미스소니언은 자체 보유 표본을 포함해 48개국에서 인류 조상의 화석을 복제할 수 있도록 협조를 받았다. 예산도 2010년 오픈할 때까지 약 250억 원을 투자했다. 이 전시를 위해 사업가 데이빗 H. 코흐(David H. Koch)가 1,500만 달러를 기증했다. 그래서 이 전시실의 이름은 '데이빗 H. 코흐 인류의 기원 전시실'이다. 전시실 면적은 1,394제곱미터(약 422평)다.

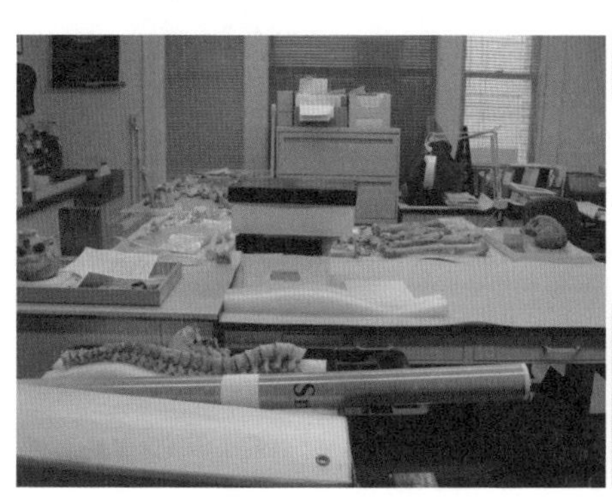
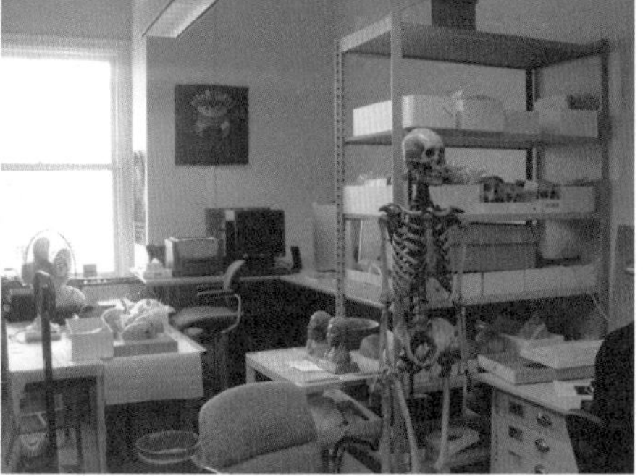

스미스소니언 자연사박물관의 인류학 연구실 내부

인류의 기원 전시실로 들어가는 입구는 '시간의 터널'이라는 주제로 꾸며졌다.

과거로 돌아가는 '시간의 터널'

이 전시실은 입구가 2개다. 하나는 해양 전시실에서 연결되어 들어가는 입구이고, 다른 입구는 포유동물 전시실로 연결되어 있다. 어느 쪽으로 들어가든 전시의 흐름을 파악하는 데는 별 차이가 없게 설계했다.

해양 전시실에서 연결된 입구는 과거로 돌아가는 '시간의 터널'이다. 터널 벽에는 인류의 진화를 촉발시킨 기후변화와 환경, 그리고 8종의 초기 인류 모습들이 하나씩 영상으로 나타난다. 호모 플로레시엔시스(9만 5천~1만 7천 년 전), 호모 네안데르탈렌시스(20만~2만 8천 년 전), 호모 하이델베르겐시스(70만~20만 년 전), 호모 에렉투스(189만~7만 년 전), 파란트

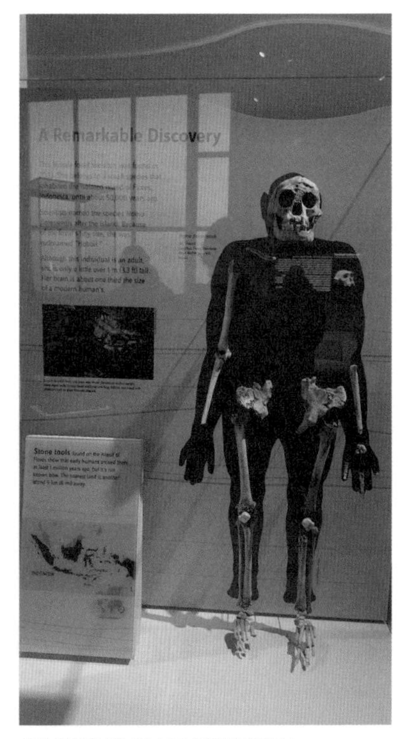

초기 인류의 하나인 호모 플로레시엔시스

터널 벽에 인류의 진화를 촉발시킨 기후변화와 환경, 그리고 초기 인류의 모습들이 하나씩 나타난다.

로푸스 보이세이(230만~120만 년 전), 오스트랄로피테쿠스 아프리카누스(270만~210만 년 전), 오스트랄로피테쿠스 아파렌시스(400만~300만 년 전) 등이다.

이 전시실은 2010년에 오픈했다. 그 이후에 과학적으로 새롭게 밝혀진 인류의 진화에 관한 사실들이 있다. 그중 하나가 호모 플로레시엔시스의 멸종 시기다. 2015년 발표된 논문에 따르면, 호모 플로레시엔시스는 1만 7천 년 전이 아니라, 약 5만 년 전 멸종한 것으로 밝혀졌다.

진화의 개념에 관한 Q&A

터널 형태의 입구를 지나 인류의 진화 전시실에 들어서면 왼쪽으로 세 개의 중요한 전시 패널이 있다. 하나는 '생명의 나무'다. 이것은 인류의 조상들을 4개의 그룹으로 나눠 놓은 계통수다. 다른 하나는 인간의 DNA와 침팬지, 고릴라, 오랑우탄, 붉은털원숭이, 쥐, 닭, 바나나의 DNA가 얼마나 닮았는지를 보여주는 패널이다. 그리고 세 번째는 그 옆에 있는 진화의 개념에 관한 질문과 답변을 정리한 패널이다. 이 책에서는 먼저 진화의 개념에 관한 Q&A부터 소개한다.

Q. **진화는 어떻게 작동하는가?**

A. 살아남기 위해 생물은 주변 환경에 적응해왔다. 때때로 유전자 변이는 종의 한 구성원이 우위에 있다(우성). 그 개체는 유익한 유전자를 후손에게 전해준다. 그러면서 새로운 특성을 가진 더 많은 개체가 생존하여 후손에게 유전자를 전달한다. 시간이 지남에 따라 많은 유익한 특성이 생기면 새롭게 맞닥뜨리는 환경에 적응해 살아남기 위하여 더 나은 새로운 종으로 진화한다.

Q. **진화는 인간과 같은 복잡한 유기체를 어떻게 설명하는가?**

A. 진화는 특히 인간과 같은 복잡한 유기체에서는 단번에 일어나지는 않는다. 현대인은 지구에서 생명의 시작부터 35억 년 이상을 거슬러 올라가는 진화 과정의 산물이다. 우리는 초기 영장류, 포유류, 척추동물 그리고 가장 오래된 생물체로부터 물려받은 것들의 바탕 위에 새로운 물리적 특성과 행동을 발전시켜 점차 인간이 되었다.

Q. **인간과 원숭이는 어떻게 관련이 있을까?**

A. 인간과 원숭이는 영장류다. 그러나 인간은 원숭이나 다른 영장류의 후손이 아니다. 우리는 침팬지와 공통된 원숭이 조상을 공유한다. 그들은 800~600만 년 전에 살았다. 그러

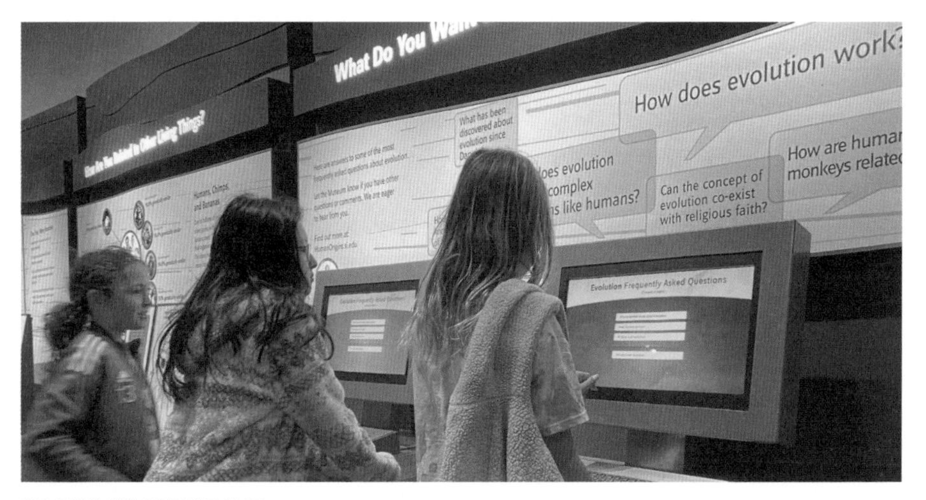

인류 진화에 대해 무엇이 알고싶나요

나 인간과 침팬지는 공통의 조상과는 다르게 진화했다. 모든 유인원과 원숭이는 약 2천 5백만 년 전에 살았던 더 먼 공통의 조상을 갖고 있다.

Q. **인간은 한 종씩 일직선으로 진화했을까?**

A. 다른 종의 진화와 마찬가지로 인간의 진화는 직선으로 진행되어온 것이 아니다. 대신, 다양한 인류의 조상인 종들이 덤불의 가지처럼 갈라져 나왔다. 우리 종 호모 사피엔스는 그중에서 유일한 생존자다. 그러나 과거에 여러 초기 인류가 동시에 살았던 시대가 여러 차례 있었다.

Q. **과학자들 사이에서 진화론은 논란이 되지 않는가?**

A. 진화는 현대 생물학의 초석이다. 진화가 일어났는지, 지구에서 생명의 역사를 어떻게 설명하는지에 대한 과학적 논쟁은 없다. 모든 과학 분야와 마찬가지로 진화에 관한 지식은 연구와 심각한 논쟁을 통해 계속 늘어난다. 예를 들어, 과학자들은 진화가 어떻게 일어났는지에 대한 세부 사항을 계속 조사하고, 서로 다른 시간대에 일어난 일을 정확하게 밝혀낸다.

Q. **과학자들은 화석을 보고 그 시대를 어떻게 알 수 있을까?**

A. 과학자들은 화석의 나이, 인간이 만든 인공물 및 그러한 증거가 발견되는 퇴적물의 연대를 결정하기 위해 12가지 이상의 연대측정방법을 개발했다. 이 방법들을 활용해서 수백만 년 전의 개체가 존재했던 시기를 정할 수 있다. 또 서로 다른 방법을 하나의 대상에 교차해가면서 테스트하여 과거의 신뢰성 있는 기록을 얻을 수 있다. (연대측정방법에 대한 자세한 내용은 p.194에서 소개한다.)

Q. **과학자들은 과거 기후를 어떻게 알 수 있을까?**

A. 주요 증거 자료 중 하나는 해저의 퇴적물 코어다. 코어에는 '유공충류'라고 불리는 작은 유기체의 화석들이 보존되어 있다. 과학자들은 이 유기체의 골격에서 산소를 측정하

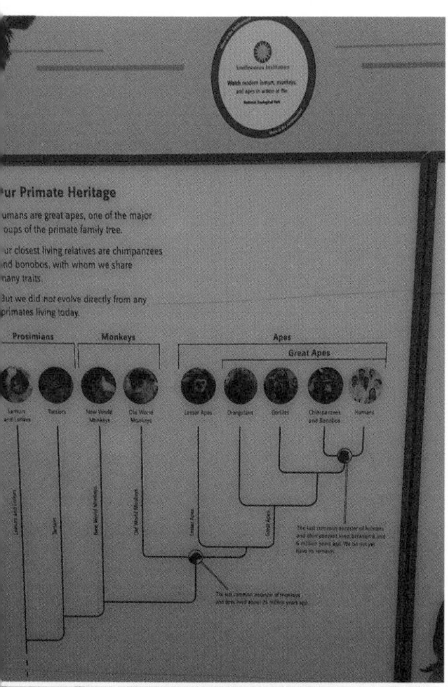

영장류의 계보를 설명해주는 전시 패널

여 수백만 년 동안의 온도와 수분의 변동을 계산할 수 있다. 지구의 전체 역사에서 가장 극적인 기후변화 중 일부가 인간이 진화하는 동안 발생했다.

Q. **다윈 이후 진화에 대해 무엇을 발견했을까?**

A. 수없이 많은 것들을 발견했다! 다윈이 1882년에 사망한 이래, 많은 분야에서 발견된 사실들이 그의 아이디어를 확인하고 크게 확대되어왔다. 우리는 알려진 모든 종들이 충분히 진화할 수 있을 만큼 지구의 역사가 오래되었다고 배웠다. 또 모든 유기체가 서로 관련되어 있음을 확인하는 DNA를 발견했다. 그리고 하나의 생명체가 시간이 지나면서 어떻게 다른 형태로 진화했는지에 대한 증거가 되는 수백만 개의 화석들을 발견했다.

Q. **진화의 개념이 종교적 믿음과 공존할 수 있을까?**

A. 종교 및 과학 공동체의 일부 구성원은 진화가 종교에 반대되는 것으로 생각한다. 그러나 많은 사람은 종교의 문제를 믿음의 문제로, 진화는 과학의 문제로 보지 않는다. 어떤 사람들은 종교적 관점과 진화 사이에 훨씬 더 강력하고 건설적인 관계가 있다고 생각한다. 많은 종교지도자와 단체들이 지구상의 놀라운 삶에 대해 진화론이 최선의 설명이라고 말했다.

Q. **종교와 과학의 갈등을 어떻게 줄일 수 있을까?**

A. 많은 과학자는 종교와 과학의 관계에 대해 서로 존

중하는 대화가 가능하다고 생각한다. 어떤 사람들은 과학과 신앙이 각각 다른 방식으로 삶을 풍요롭게 하는 인간 이해의 두 가지 영역이라고 여긴다. 스미스소니언 박물관은 방문객들이 새로운 과학적 발견을 탐구하고, 이러한 발견이 자연 세계에 대한 그들의 아이디어를 어떻게 보완하는지 이해하도록 도움을 주려고 한다.

Q. **인간 진화에 대한 지식의 격차는 어떤가?**

A. 과학에서는 새로운 지식을 얻기 위해서 자연계 연구에 대해 새로운 방법을 끊임없이 시도한다. 그 결과 우리가 어떻게 인간이 되었는지 과학적 발견을 통해 꾸준히 더 많이 알아간다. 이 전시를 통해서도 최근의 발견에 대한 많은 것을 잘 배울 수 있다.

Q. **진화에 대한 과학적 지식은 우리의 기원에 대한 문화적 신념과 어떤 관련이 있을까?**

A. 세계 각 곳에는 인간이 어떻게 생겨났는지에 대한 다양한 이야기들이 신화 형태로 존재한다. 그 신화들을 통해 자신의 신념을 표현한다. 이 이야기들을 보면, 사람들이 인류의 기원에 대해 궁금해한다는 것을 알 수 있다. 수천 년 동안 사람들은 신화를 통해 자신과 지역사회에 대한 정체성과 이해를 발전시켜왔다. 이 전시는 이런 이야기와는 다른 과학적 방법으로 연구한 결과를 보여준다.

TIP

스미스소니언 인류의 기원 전시실에서는 멸종과 생존에 관한 매혹적인 이야기들을 발견하고, 직립 보행에서부터 도구 사용, 큰 두뇌에서 상징과 언어를 사용하는 능력에 이르기까지 다른 종과 차별화되는 특징을 알아볼 수 있다.

인간과 바나나의 DNA가 60% 일치한다?

인간은 다른 생물들과 얼마나 DNA를 공유하고 있을까? 이 질문에 관한 답은 DNA 분석 결과를 보여주는 패널에서 볼 수 있다. DNA 분석을 통해 과학자들은 현 인류인 호모 사피엔스, 즉 사람이 다른 동물들과 유전자가 얼마나 같은지를 밝혀냈다.

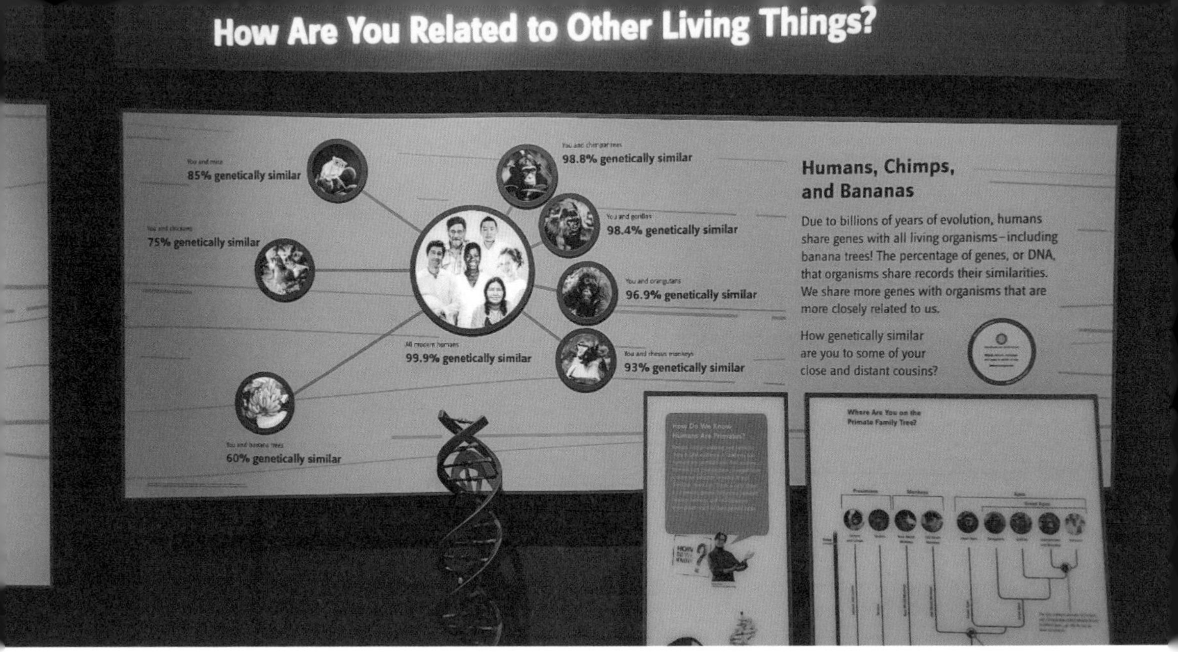

DNA 비교

사람과 침팬지의 DNA는 98.8%가 같다. 사람과 고릴라는 98.4%, 사람과 오랑우탄은 96.9%, 사람과 붉은털원숭이는 93%의 DNA가 같다. 그런데 더 재미있는 것은 사람과 쥐의 DNA는 85%, 사람과 닭은 75%, 그리고 엉뚱하게도 사람과 바나나는 60%의 DNA를 공유하고 있다.

이런 과학적 결과를 토대로 인간을 분류학상으로 부르는 명칭이 바뀌었다. 1980년대까지는 인류와 인류 조상의 화석들을 모두 '호미니드(Hominid)'라고 불렀다. 그래서 침팬지-고릴라-오랑우탄을 하나로 묶고, 인간을 이들과 따로 떼어내서 분류했다.

하지만 이제는 사람과 침팬지, 고릴라의 DNA가 거의 비슷하다는 사실이 밝혀졌다. 그래서 사람과 침팬지, 고릴라를 하나로 묶어서 '호미닌(Hominin)'이라고 한다. 오랑우탄은 96.9%의 DNA가 인간과 같다. 침팬지나 고릴라에 비해 조금 차이가 있다. 그래서 오랑우탄은 호미닌에 속하지 않는다. 대신에 호미니드라는 용어는 거의 사용하지 않게 되었다.

그럼 인간들끼리는 유전자가 얼마나 차이가 날까? 이 패널의 중앙에는 현재 지구상에 살고 있는 흑인, 백인, 황인종 등 여러 종류의 사람들이 함께 찍은 사진이 있다. 그 밑에 이들은 서로 '99.9%의 DNA를 공유하고 있다.'라고 적혀 있다. 이것은 매우 중요한 메시지다. 모든 현대 인류들은 크기나 형상, 피부 색깔, 눈동자 색깔의 차이에도 불구하고 DNA상으로 너무나 일치한다는 점이다. 단지 0.1%만이 다를 뿐이다. 인종 문제가 나올 때마다 나는 이 패널의 메시지를 생각한다.

이야기 속의 이야기

우리 몸에 남아 있는 진화의 흔적

스미스소니언 자연사박물관 인류의 기원 전시에 관한 웹사이트에서는 인류의 진화에 관한 몇 가지 팁들을 알려준다. 우리 몸에 남아 있는 몇 가지 재미있는 흔적들을 알아보자.

- **왜 닭살이 돋는 걸까?**

모든 포유동물은 털을 가지고 있다. 날이 추워지면 몸에 있는 털이 따뜻한 솜털 층을 만들면서 자동으로 일어선다. 그런데 우리 인간은 추워지면 털이 자라는 모낭 주위의 근육들이 수축한다. 이것은 인류의 조상들이 긴 털을 가졌을 때부터 지금까지 내려온 반사의 일종이다. 그러나 현대인들은 몸의 털이 많지 않기 때문에, 우리가 보는 것은 피부에 돋는 닭살뿐이다.

- **뇌는 배가 고프다?**

사람의 뇌는 체중의 2%에 불과하다. 그러나 뇌는 단지 기본적인 활동을 하는 데에만 인체 전체 에너지의 20~25%를 소모한다. 그래서 뇌는 배가 고프다고 한다. 많은 에너지를 공급하는 영양 많은 음식을 먹는 것이 당연히 좋다. 갓 태어난 아기의 뇌는 더욱 놀랍다. 뇌가 놀랄만한 속도로 성장하면서 아기의 에너지의 60%까지 흡수한다.

- **털이 짧아서 땀을 증발시키는 것이 뇌의 진화에 큰 도움**

다른 영장류들은 털북숭이인 반면 인간의 피부는 맨살로 노출되어 있다. 그러나 인간은 동물에 비해 털이 매우 짧을 뿐 아주 없는 것은 아니다. 우리 조상들이 살았던 더운 지방에서는 피부가 노출되어야 땀이 증발하면서 몸 전체를 식히는 데 매우 유리했다. 따라서 인간의 뇌가 뜨거워졌을 때 땀을 내서 냉각시킨 것이 뇌 진화에 크게 기여했다는 것이 밝혀졌다.

- **사랑니를 뽑게 된 사연**

턱 안쪽의 어금니인 사랑니는 쓸모가 없다. 사랑니는 인류의 조상들이 날음식이나 거친 음식을 먹을 때 매우 유용한 구조였다. 그러나 인류가 요리를 하고 부드러운 음식을 먹으면서 턱의 크기가 줄어들었다. 그래서 사랑니가 오히려 아프기만 하고 쓸모는 없어서 치과에서 빼버리는 경우가 많아졌다. 이것 역시 진화의 흔적이다.

- **눈으로 말해요**

사람의 눈은 다른 영장류에 비해 흰자위가 훨씬 더 크다. 인간이 다른 동물보다 상대가 어디를 보는지를 쉽게 알아챌 수 있게 하기 위해서다. 실험 결과 유인원의 신생아는 상대를 바라보려면 고개를 돌려야만 한다는 것이 밝혀졌다. 그러나 인간의 갓난아기들은 눈을 움직이는 것만으로도 상대방의 눈길을 따라갈 수 있다. 이것은 인간의 흰자위가 상호 커뮤니케이션에 많은 도움을 준다는 증거다.

인류 조상들의 분류

인류 조상들의 분류와 '생명의 나무'

전시실 입구인 시간의 터널을 지나서 처음 보이는 것은 '생명의 나무'다. 다윈은 1837년 자신의 노트에 '생명의 나무'를 그렸다. 이 그림은 그의 책 〈종의 기원〉에 나오는 유일한 그림이다. 이 그림에서는 나무나 동물들의 조상이 동일한 것으로 묘사되어 있다. 아마 다윈은 생물의 진화를 표현하는 데 나무가 가장 적절한 상징이라고 생각했던 것 같다.

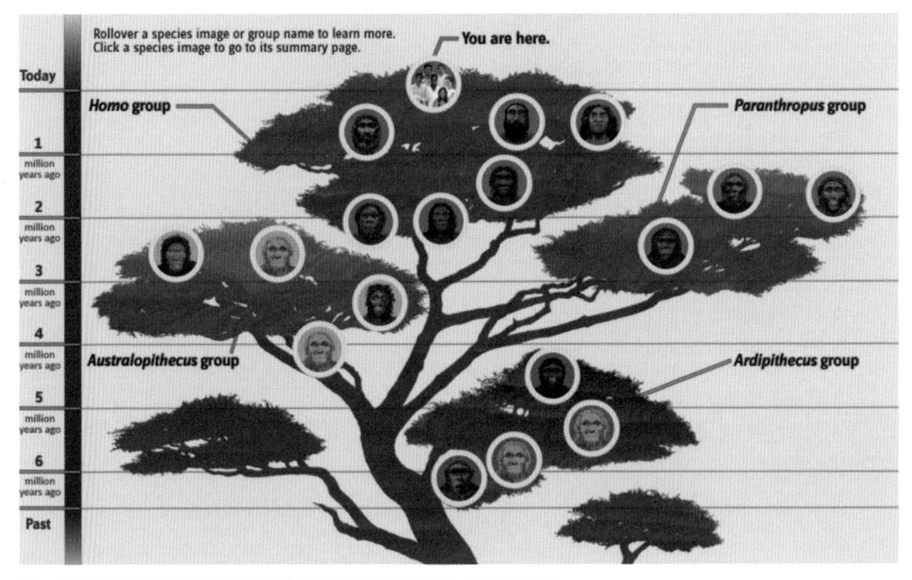

인류의 조상들을 4개의 그룹을 나눠 놓은 스미스소니언의 계통수 '생명의 나무'

생명의 나무와 초기 인류의 조상 5종의 캐스트. '당신은 인간 계통수의 어디에 있는가'를 묻고 있다.

다윈은 공동의 뿌리로부터 각각의 가지에 표현된 다른 속(Genus)이나 종들이 진화한 것으로 표현했다. 그는 또 진화의 과정에서 하나의 가지가 어떻게 사라지게 되는지를 설명했다. 비록 다윈은 이 나뭇가지가 사람에게도 적용될 수 있다고 언급하지는 않았지만, "다른 동물들이 진화한다."라는 말 속에 이미 그런 의미가 들어 있다고 생각된다.

그림으로만 보면 구스타프 클림트의 그림 〈생명의 나무(Tree of Life)〉가 다윈의 〈생명의 나무〉보다 더 유명할지도 모르겠다. 그러나 에릭 R. 캔들의 책 〈통찰의 시대〉에 따르면, 클림트는 1900년대 초 베르타 주커칸들의 살롱에서 생물학을 공부했고, 다윈과 해부학자 로키탄스키의 사상을 배웠다. 그래서 클림트는 이미 다윈의 〈종의 기원〉과 진화론을 알고 있었다. 클림트가 〈생명의 나무〉를 그린 것은 1905~1909년이다. 그는 다윈의 〈생명의 나무〉에서 제목을 따와 자신의 작품 제목을 〈생명의 나무〉로 정했다. 클림트의 또 다른 대표작 〈키스〉도 그 안의 직사각형이 정자, 동그라미가 난자를 의미한다는 것은 이미 많이 알려진 사실이다. (에릭 R. 캔들은 기억이 저장되는 신경학적 메커니즘 연구로 2000년 노벨생리의학상을 받은 과학자다.)

어쨌든 전시실에서 가장 먼저 눈에 띄는 것은, 인류의 조상들을 4개의 그룹으로 나눠놓은 계통수다. 이 '생명의 나무'에는 인류의 조상들이 크게 4개의 그룹으로 각각 다른 가지에 표현되어 있다.

그동안 밝혀진 인류의 조상들은 27종이다. 거기에 2019년 4월 필리핀에서 밝혀진 호모 루조넨시스까지 포함시키면 28종이다. 그러나 현생 인류인 호모 사피엔스를 제외하

인류의 조상 캐스트

고는 모두 멸종했다. 그 이유와 진화의 근거들은 무엇일까? 스미스소니언 자연사박물관 인류의 기원 전시는 이 질문들에 관한 전시다.

한편 예술가 존 거시는 최신 법의학 기법과 화석 발견 등 20년간의 경험을 사용해, 인류의 기원 전시실에 전시된 8종의 초기 인류의 얼굴들을 생생하게 재현해냈다. 이 섬세한 작업에는 인간과 유인원의 해부학에 관한 풍부한 지식이 필요했다. 상반신 얼굴들을 완수하는 데 2년 반이 걸렸다. 여기서는 '생명의 나무'에 등장하는 인류의 조상들 분류를 설명하면서 그 두상들도 같이 보여주려고 한다. 존 거시는 또 인류의 기원 전시실에 전시된 다양한 초기 인류 중 5개의 동상을 만들었다.

인류 조상을 분류하는 4개 그룹

맨 첫 번째 그룹은 초기 인류 그룹이다. 이들은 대략 700~400만 년 전 사이에 살았다. 이 시기의 인류 화석들은 매우 드물다. 그나마 발견된 것들도 모두 1990년 이후에 발견되었다. 이들은 유인원들과 비슷한 점들이 많았을 것이다. 하지만 이들이 다른 유인원들과 확실히 구분되는 점들은 첫 번째 이들이 직립해서 두 다리로 걸었다는 점, 두 번째 남성의 송곳니가 줄어들고 있다는 점이다.

첫 번째 인류 그룹에 속하는 종들을 오래된 순서로 보면, 사헬란트로푸스 차덴시스(700~600만 년 전), 오로린 투게넨시스(610~580만 년 전), 아르디피테쿠스 카다바(575~520만 년 전), 아르디피테쿠스 라미두스(440~320만 년 전) 순이다.

사헬란트로푸스 차덴시스는 '차드에서 온 사하라 사람'이라는 뜻이다. 이 화석은 2001년 7월부터 2002년 3월까지 북부 차드공화국의 주라브 사막 3곳에서 발견되었다.

발굴한 사람들은 프랑스 고생물학자 미셸 브뤼네가 이끄는 탐사대였다. 침팬지의 두개골과 비슷한 크기(320~380cc, 참고로 호모 사피엔스는 1,350cc)의 두개골 하나와 턱뼈 5점, 이빨 몇 점이 전부다. 이것을 근거로 약 1천 장의 CT 스캔을 통해서 모형을 3D프린터로 출력했다. 사헬란트로푸스 차덴시스는 투마이(Toumai)라는 별명을 갖고 있다. '삶의 희망'이라는 뜻이다. 이 이름은 당시 차드공화국 대통령이 붙여준 이름이다.

두개골을 가지고 법의학 예술가 존 거시가 복원한 사헬란트로푸스 차덴시스(약 700만 년 전)

사헬란트로푸스 차덴시스를 인류의 조상으로 보는 이유는 두 가지다. 하나는 같은 시기의 다른 큰 유인원 조상들의 것보다 훨씬 작은 송곳니를 갖고 있다는 점, 다른 하나는 대후두공의 위치가 다른 초기 인류들처럼 두개골 바닥의 중심으로 치우쳐 있다는 점이다. 대후두공의 위치는 곧 이들이 직립보행을 했다는 사실을 의미하는 증거다.

그다음 오래된 인류의 화석은 오로린 투게넨시스다. 이들은 610만 년 전에서 580만 년 전 사이에 살았던 것으로 추정된다. 이 화석들은 케냐 중부의 투겐에서 발견되었다. 아직 두개골 화석은 발견되지 않았다. 하지만 여러 명의 뼛조각이 발견되었다. 그 뼈들에서 직립보행을 나타내는 근육 자국이 있는 대퇴골이 나왔다. 또 엉치뼈에 연결되는 대퇴골의 목 부분이 두꺼워지는 것도 알 수 있었다. 이것 역시 이들이 직립보행을 했음을 보여주는 근거다.

아르디피테쿠스는 2종이 있다. 둘 중 더 오래된 것은 아르디피테쿠스 카다바다. 이들은 580만 년 전에서 520만 년 전 사이에 살았다. 이들은 다른 초기 인류들에 비해 송곳니가 커서 유인원의 것에 가까웠다. 그러나 100만 년 후의 것들을 보면 송곳니가 확연히 작아졌다. 아르디피테쿠스 라미두스는 1994년부터 1995년까지 미국 버클리대가 이끄는 국제 조사연구팀이 동아시아 지역에서 찾아낸 화석이다. 대략 440만 년 전에 살았던 것으로 추정된다. 아르디피테쿠스의 두개골 파편을 보면, 기어다니기도 하면서 직립보행도 했다는 것을 알 수 있다. 하지만 주로 나무 위에서 손바닥이나 큰 엄지를 이용해 이동했던 것으로 보인다.

1994년 아르디 화석이 발굴되면서, 1974년 발견되어 320만 년 전에 살았던 것으로 알려진 오스트랄로피테쿠스 아파렌시스 화석 '루시'는 '최초의 인류'라는 챔피언 타이틀을 아르디에게 넘겨주게 되었다. 그래도 '루시'는 20년 동안 최초의 인류라는 닉네임을 갖고 있었다. 아르디피테쿠스가 발견된 것은 1994년이지만, 이들에 관한 연구 결과가 발표된 것은 15년 후인 2009년이었다. 아르디피테쿠스의 얼굴 모양은 사헬란트로푸스 차덴시스와 닮았다.

오스트랄로피테쿠스 아파렌시스(400만~300만 년 전)

두 번째 그룹은 오스트랄로피테쿠스 그룹이다. 오스트랄로피테쿠스란 남쪽이라는 뜻의 '오스트랄로(Australo)'와 유인원이라는 뜻의 '피테쿠스(Pithecus)'가 합쳐져 '남쪽의 유인원'을 의미한다. 아프리카의 남쪽 지역에서 발견되어 붙여진 이름이다. 여기에 속하는 종들은 오래된 순서대로 오스트랄로피테쿠스 아나멘시스(420~390만 년 전), 오스트랄로피테쿠스 아파렌시스(400~300만 년 전), 오스트랄로피테쿠스 아프리카누스(380~300만 년 전), 오스트랄로피테쿠스 가르히(275~240만 년 전) 등이다. 이들은 완전한 직립보행을 할 수 있었지만 여전히 나무 위를 올라다녔다. 이들은 가장 번성한 인류 중 하나로 동아프리카와 남아프리카, 북아프리카까지 넓은 지역에 분포해 살았다.

이 그룹에서 가장 오래된 화석은 오스트랄로피테쿠스 아나멘시스다. 이들은 420만 년 전부터 390만 년 전 사이에 살았다. 화석은 주로 케냐와 에티오피아지역에서 발견되었다. 그래서 아르디피테쿠스와 연관이 있을 것으로 생각된다. 오스트랄로피테쿠스 그룹 중 가장 유명한 화석은 1974년 발견된 오스트랄로피테쿠스 아파렌시스 화석 '루시'다. 앞에 얘기한 존 거시의 작품 중에는 루시의 전신 모습을 재구성한 것도 있다. 이것을 포함해 루시에 대해서는 다음 장에서 별도로 소개한다.

오스트랄로피테쿠스 아프리카누스(380만~300만 년 전)

다른 하나는 '오스트랄로피테쿠스 가르히'로, 1996년 팀 화이트가 에티오피아 아와시강 강가에서 발견했다. 가르히는 아파르어로 '놀랍다'는 뜻이다. 이들은 약 300만 년 전부터 200만 년 전 사이에 살다가 멸종했다. 키는 146센티미터, 뇌 용량은 400~750cc 정도, 어금니는 현대인의 3배 정도였다. 석기로 대형동물들의 살을 자른 흔적이 있지만 사용한 석기는 아직 발견되지 않았다.

그런데 이 전시에서는 오스트랄로피테쿠스속을 4종만 소개했지만, 현재는 새로 발견되어 인정된 종이 더 있다. 그 하나는 '오스트랄로피테쿠스 세디바'다. 이 화석들은 2008년 8월 15일 고인류학자 리 버거의 아들 매튜 버거가 발견했다. 이후 남아프리카 4곳에서 손, 골반, 다리뼈 등 화석들이 일부분 발견되었다. 이들의 뇌 용량은 450cc 정도. 약 195만 년 전부터 178만 년 전 사이에 아프리카 전역에서 살다가 멸종되었다. 세디바는 소토어로 '천년의 샘'이라는 뜻이다.

세 번째 그룹은 파란트로푸스 그룹이다. 파란트로푸스는 '너머'라는 뜻의 그리스어 '파라(Para)'와 인간을 뜻하는 '안트로푸스(Anthropos)'의 합성어다. 해석하자면 '사람을 향해서 가는'이라는 의미다. 파란트로푸스속의 인류들은 약 270만 년 전 출현해서 150만 년 정도 살다가 120만 년 전 멸종했다. 오래된 순서대로 파란트로푸스 이티오

파란트로푸스 보이세이(230만~120만 년 전)

피쿠스(270~230만 년 전), 파란트로푸스 보이세이(230~120만 년 전), 파란트로푸스 로부스투스(180~120만 년 전)의 3종이 있다. 이들은 모두 이빨이 크고 강한 턱을 가져서 다양한 음식을 먹을 수 있었다. 파란트로푸스 이티오피쿠스는 오스트랄로피테쿠스 아파렌시스에서 진화했다. 이 종이 파란트로푸스 보이세이와 파란트로푸스 로부스투스의 공동 조상이 된 것으로 보인다.

파란트로푸스 보이세이를 발견한 사람은 루이스 리키와 매리 리키 부부다. 그들은 1959년 6월 17일, 에티오피아의 올두바이 협곡에서 이 화석들을 발견했다. 동행했던 프랑스의 사진작가 바틀렛이 이 발굴과정을 전부 찍었다. 리키 부부는 처음에 이 화석의 이름을 '진잔트로푸스(Zinjanthropus)'라고 지었다. 동아프리카를 뜻하는 아라비아어 '진지(Zinj)'와 사람을 뜻하는 '안트로푸스(Anthropus)'가 합쳐진 것이다. 종의 이름에는 자신들의 후원자 찰스 보이세이의 이름을 따서 '보이세이'라고 지었다. 그래서 '진잔트로푸스 보이세이'가 되었다. 과학잡지 〈네이처〉는 '오스트랄로피테쿠스속 원인 발견'이라는 타이틀로 보도했다. 그러나 지금은 '파란트로푸스 보이세이'가 정식 학명이다. 파란트로푸스 보이세이는 '호두 까는 사람'이라는 별명이 있다. 이 화석을 발굴할 때 남편 루이스 리키가 이들의 강한 턱 근육과 큰 어금니를 보고 '호두 까는 사람 같다'라고 해서 생긴 별명이다.

네 번째는 맨 위에 있는 호모 그룹이다. 이 호모속에는 호모 하빌리스(235만~135만 년 전), 호모 루돌펜시스(190만~175만 년 전), 호모 에렉투스(180만~25만 년 전), 호모 하이델베르겐시스(70만~20만 년 전), 호모 네안데르탈렌시스(20만~2만 8천 년 전), 호모 플로레시엔시스(10만~5만 년 전), 호모 사피엔스(20만 년 전~현재)의 7종이 들어 있다. 우리 현대인들은 호모 사피엔스에 속한다.

호모 루돌펜시스는 1972년 케냐의 루돌프 호수(현재 지명은 투르카나 호수)에서 버나드 느게너가 화석을 발견했다. 이들은 250~170만 년 전 사이에 살았다. 호모속에 속하는지에 대한 논란이 많았으나, 사람속의 공통된 특징들을 많이 가지고 있어서 호모속으로 분류되었다.

호모 하빌리스는 1962~1964년까지 리키 부부가 탄자니아 세렝게티 국립공원 올두바이 협곡에서 처음 발견했다. 키는 평균 약 130~150센티미터, 뇌 용량은 약 600~850cc였다. 약 233만~140만 년 전 신생대 제4기 플라이스토세에 살았다. 이들은 파란트로푸스속과 비슷한 시기에 살았다.

한편 1959년부터 올두바이 조지 계곡의 180만 년 전부터 150만 년 전 사이 지층에서 4명의 어린아이 두개골과 뼛조각이 발견되었다. 이 화석들은 어린아이의 두개골이었지만 뇌 용량이 500cc에서 600cc 사이였다. 리키 부부는 자신들이 발견한 종이 440cc에서 500cc의 뇌 용량을 가진 오스트랄로피테쿠스 아프리카누스와는 다른 인종이라고 확신했다. 그래서 새로운 종의 인류를 발견했다고 발표하고, 〈내셔널 지오그래픽〉에 공식 보고했다. 이어서 그들은 오스트랄로피테쿠스 아프리카누스를 발견한 호주의 해부학자 레이먼드 다트와 협의해서 학명을 '호모 하빌리스'라고 지었다. '손을 쓸 줄 아는 사람', 즉 '도구를 사용하는 사람'이라는 뜻이다.

위는 호모 에렉투스(180만~25만 년 전), 아래는 호모 하이델베르겐시스(70만~20만 년 전)

호모 네안데르탈렌시스 복원 모형. 기후변화로 인한 추위에 대응하기 위해 코가 좁아졌음을 알 수 있다(20만~2만 8천 년 전).
호모 플로레시엔시스(10만~5만 년 전)

이들이 다른 호모속과 다른 점은 눈에 흰자가 없고, 땀샘이 발달되지 않았다는 것이다. 그리고 남녀의 성에 의한 신체 차이가 거의 없었다. 체구도 남녀가 비슷했다. 여성의 질이 별로 좁지 않았으며, 팔이 다리보다 길었다.

호모 에렉투스는 180만 년 전부터 20만 년 전까지 사이에 살았던 최초로 불을 사용한 인류의 조상들이다. 불과 석기를 사용하면서 사냥도 했다. 불을 사용하면서 인류는 음식을 익혀 먹기 시작했다. 먹는 음식도 다양해졌다. 이때부터 인류의 영양 상태가 좋아지면서 체중이 크게 늘었다. 뇌 용량도 크게 증가했는데, 호모 에렉투스의 뇌는 1,025cc에서 1,250cc 사이가 보통이다.

호모 하이델베르겐시스는 약 70만 년 전부터 20만 년 전 사이에 살았다. 뇌 용량은 1,100cc에서 1,325cc 사이였다. 그들은 호모 네안데르탈렌시스와 현대 인류인 호모 사피엔스의 공통의 조상이다. 이스라엘에서 발견된 호모 네안데르탈렌시스는 뇌 용량이 1,740cc나 되었다. 프랑스의 크로마뇽에서 발견된 호모 사피엔스의 뇌 용량도 1,730cc였다. 하지만 현대인의 뇌 용량은 1,350cc 정도다.

호모속에는 여기서 언급된 종 말고도 2008년 7월 시베리아의 알타이산맥에 있는 데니소바 동굴에서 발견된 데니소바인 화석도 있다. 이 화석은 약 4만 년 전의 손가락뼈와 어금니 화석이다. 데니소바인 남성과 네안데르탈인 여성 사이의 혼혈 화석도 발견되었다. 그 외에도 2019년 필리핀 루손섬에서 발견된 '호모 루조넨시스'도 있다. 이들은 약 6만 7천 년 전부터 5만 년 전 사이에 살았다.

호모속의 인류들은 갸름하게 생긴 오스트랄로피테쿠스들로부터 진화했을 가능성이 크다. 하지만 호모속 오스트랄로피테쿠스와는 중요한 차이점들이 있다. 우선 호모속들은 다른 인류의 그룹보다 모두 두뇌가 크다. 얼굴이 작으며 앞으로 덜 튀어나왔고, 얼굴이 두뇌 앞부분의 아래쪽에 있다. 이마가 얼굴의 반 이상을 차지하고, 눈두덩이가 튀어나왔다. 어금니는 훨씬 작은데 조리방식 때문에 먹는 음식이 부드럽게 바뀌었기 때문이다. 석기가 있는 곳에 호모가 있었다는 것은 도구를 사용했다는 것을 의미한다. 다리가 길어지고 팔이 짧아져, 보폭이 넓어지고 멀리 걸을 수가 있었다. 그래서 호모속의 인류들은 아프리카를 벗어나기 시작했다. 아웃 오브 아프리카(Out of Africa)다. 그 결과 지금은 인류가 전 지구로 확산되었다.

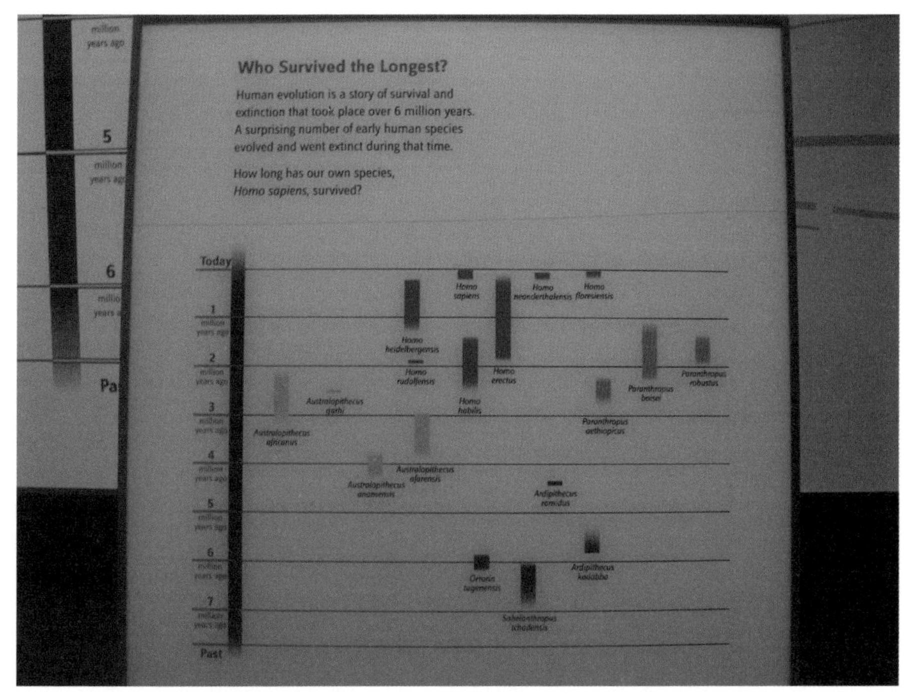

어느 인종이 가장 오래 살았나를 보여주는 패널

가장 유명한 인류 조상의 화석, 루시

지금까지 발견된 인류의 조상 화석은 약 6천 점이 넘는다. 그중 가장 유명한 인류 화석은 '루시(Lucy)'다. 여기에는 거의 이견이 없는 것 같다.

루시 외에도 유명한 인류 화석은 많다. 루이스 리키와 메리 리키 부부가 1959년 발견한 파란트로푸스 보이세이, 키가 90센티미터에 불과한 인도네시아 플로렌스의 호빗,

스미스소니언 자연사박물관 인류의 기원 전시실에 있는 루시의 전신 복원 모형

1908년 라 샤펠 오생에서 발견된 네안데르탈인, 1924년 '타웅베이비' 오스트랄로피테쿠스 아프리카누스, 북경 원인, 1911년 원시 인류 화석 날조 사건의 필트다운인(이것은 완전 가짜 화석이다), 2008년 9살짜리 소년이 발견한 오스트랄로피테쿠스 세디바 등. 그러나 '루시'보다 더 유명한 인류 화석은 없다.

사막의 V자형 계곡에서 폭우로 드러난 '루시'

1974년, 젊은 인류학자 도널드 조핸슨은 국제 아파르 조사단(16명)의 탐사대장으로 에티오피아 아파르 분지에서 인류 화석을 찾는 작업을 3년째 하고 있었다. 1973년부터는 아파르 분지 중에서도 하다르 지역을 정밀하게 조사해왔다.

하다르는 먼 옛날 호수 바닥이 말라붙은 곳이다. 아파르 분지의 사막 한복판에 있어 사방에 바위와 자갈과 모래가 널려 있다. 330만 년 전부터 250만 년 전 사이에 형성된 이곳은 천혜의 화석 발굴지다. 지층의 두께는 150미터에서 280미터 사이고, 4개의 층으로 되어 있다. 특이하게도 여기에서는 화석이 지표면에 노출된 채로 발견된다. V자형 계곡이기 때문이다. 하다르는 사막이라 거의 비가 오지 않는다. 그러나 한번 내리면 폭우가 쏟아진다. 빗물들이 골짜기를 세차게 흘러가면서 주변 흙을 깎아낸다. 그런 후에 빗물이 빠지면 새로운 화석들이 표면으로 드러나게 된다.

1974년 11월 24일 아침, 동물과 식물 화석을 조사하러 온 대학원생 탐사대원 톰 그레이가 커피를 마시러 도널드 조핸슨을 찾아왔다. 그는 전날 못 가본 곳에 가서 뼈를 찾으려 한다며 같이 가자고 했다.

루시 패널

그렇게 톰 그레이와 함께 캠프에서 6킬로미터 떨어진 162지점으로 갔다. 그곳에서 두어 시간 열심히 찾았지만 원하는 것을 찾지 못했다. 정오쯤 되니까 온도가 43℃까지 올라갔다. 캠프로 돌아가려다가 한 군데만 더 둘러보기로 했다. 그때 비탈 중간쯤에 무엇인가가 도널드 조핸슨의 눈에 띄었다. 호미니드의 팔 조각이었다. 그 바로 옆에서 그레이가 작은 뒷머리뼈 조각을 주웠다. 또 몇 미터 옆에서는 넓적다리뼈 조각이 나왔다. 이어서 척추뼈 2개, 골반 일부, 턱뼈 조각 2개도 나왔다.

탐사대원 전원이 그곳으로 몰려갔다. 3일 동안 뼈 수집 작업을 했고, 뼛조각 수백 개를 발굴했다. 비록 많은 것이 부스러기였지만, 호미니드가 틀림없었다. 전체적으로 한 개체의 약 40%의 뼈가 발굴되었다. 화석이 발굴된 곳은 하다르의 4개 지층 중 가장 아래인 4번째 층이었다. 이것은 가장 오래된 화석이라는 의미다. 나중에 이 화석은 약 320만 년 전의 것으로 밝혀졌다(최근 자료에서는 318만 년 전이라고 한다). 한편 나중에 이 화석지의 3번째 층에서는 13명의 고인류 화석이 발견되기도 했다.

한 개체에서 나온 뼈는 확실한데 그 개체가 무엇인지 예비조사에서는 알 수 없었다. 그와 비슷한 것이 전에는 발견된 적이 없었기 때문이다. 도널드 조핸슨은 이 루시의 화석을 클리블랜드 자연사박물관 금고에 5년 동안 보관하며 연구를 계속했다. 루시에게 '오스트랄로피테쿠스 아파렌시스'라는 학명이 붙은 것은 1978년이다.

왜 화석 이름이 '루시'인가?

화석을 발견한 그날, 탐사대원들은 기뻐서 어쩔 줄을 몰랐다. 도널드 조핸슨이 쓴 책 〈루시, 최초의 인류〉에서 그는 이날 상황을 이렇게 적었다. "캠프는 흥분의 도가니였다. 그날 밤 우리는 한숨도 자지 않고, 계속 떠들면서 맥주를 마셨다. 캠프에는 테이프리코더가 한 대 있었는데, 비틀스의 'Lucy in the sky with diamonds'가 흘러나왔다. 우리는 흥에 겨워 볼륨을 최대로 올리고 그 곡을 계속 들었다. 잊을 수 없는 그날 밤 어느 시점(정확하게 언제였는지는 기억나지 않는다)에 '루시'라는 이름이 붙었고, 그 후로 그렇게 알려졌다. 정확한 이름은 하다르에서 발굴된 화석에 붙는 식별 번호인 'AL. 288-1'이다."

도널드 조핸슨은 누가 처음 화석 이름을 루시라고 부르자고 했는지 기억나지 않는다고 했지만, NASA의 자료나 위키피디아에 따르면 당시 같은 탐사대원이었던 여성 파멜라 앨더만이라고 한다. 루시의 이름은 에티오피아의 암하릭어로는 '딘키네시(Dinkinesh)'다. '당신은 멋지다'라는 뜻이다. 식별 번호 'AL. 288-1'의 AL은 'Afar Locality', 즉 아파르 지역에서 발굴되었다는 의미다. '하다르'로 하지 않고 '아파르'로 한 이유는 조사단 이름이 '아파르 지역' 조사단이었기 때문이었을 것이다.

루시 화석이 왜 중요한가?

스미스소니언 자연사박물관의 해양 전시실에서 인류의 기원 전시실로 들어서서 터널을 지나 오른쪽으로 돌면 가장 먼저 보이는 것이 바로 루시에 관한 전시 디오라마다. 루시의 전신 모형은 루시 화석의 복제품이 아니라 예술가 존 거시가 루시가 살아 있을 때의 모습으로 추정해 실제 크기로 직접 만든 것이다.

루시의 모형을 보면 키는 대략 110센티미터 정도이고, 머리 크기는 침팬지보다 약간 크다. 아직 뇌의 크기가 충분히 발달되지 않았음을 알 수 있다.

루시의 모형 바로 앞에는 루시의 뼈들을 조립해놓은 골격 모형이 있다. 루시의 골격은 사람과 유인원의 골격을 합쳐 놓은 것 같다. 팔은 몸의 다른 부위에 비해 상대

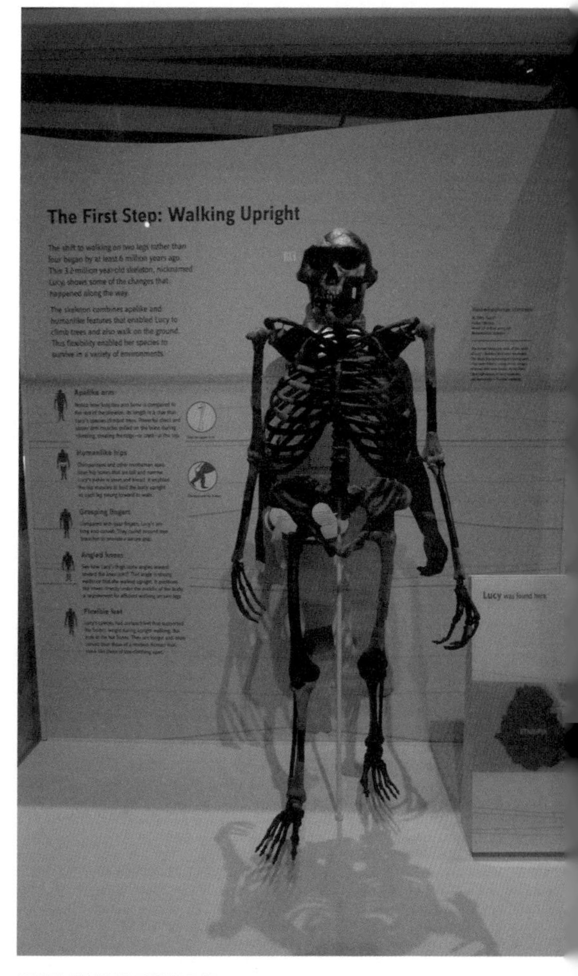

루시의 화석으로 조립한 모형

루시의 골격 조립 모형

적으로 길다. 양팔이 무릎까지 내려온다. 현대인보다 손 하나가 더 긴 편이다. 이것은 루시가 나무에도 올랐다는 증거다. 골반을 보면 침팬지와 유인원은 골반이 좁고 길다. 반면 루시는 골반이 약간 넓고 짧다. 인류학자 이상희 교수의 책 〈인류의 기원〉에 따르면 루시의 골반은 산도의 앞뒤 폭이 좁은, 납작하고 작은 형태다. 이것은 루시의 골반 근육이 몸을 똑바로 세우고 다리를 앞으로 뻗는 것을 가능하게 해준다.

이상희 교수는, "루시 화석이 고인류학 역사에서 갖는 가장 큰 의미는 직립보행이 두뇌가 커지는 것보다 먼저 일어났다는 것을 보여준 점이다. 즉 최초의 인류는 두뇌를 기준으로 찾을 것이 아니라 두 발로 걸었다는 증거로 찾아야 한다. 그 근거로 들 수 있는 게 오스트랄로피테쿠스 아파렌시스의 두뇌가 침팬지 정도의 크기라는 사실이다. 치아는 큰 편이고, 도구 사용 흔적도 보이지 않는다. 그러나 확실히 침팬지와 다른 것은 두 발로 걸었다는 점이다."라고 말한다.

그의 설명을 〈인류의 기원〉에서 조금 더 인용하면, "이 화석의 목 위 머리뼈 상태로는 머리가 침팬지보다 얼마나 컸는지 확인하기가 어려웠다. 그러나 루시 화석의 다리뼈에서는 루시가 두 발로 걸었다는 것이 확실했다. 네 발로 걷는 동물은 체중이 네 다리로 분산된다. 두 다리로 걷는 동물은 팔에 체중이 실리지 않는다. 그래서 두 다리에 힘이 몰린다.

체중의 압력을 받는 관절은 크기가 커진다. 따라서 두 다리가 몸에 연결되는 고관절과 두 팔이 몸에 연결되는 어깨 관절의 크기를 보면 그 종이 두 개의 다리로 걸었는지, 4개의 다리로 걸었는지를 알 수 있다."

유인원의 골반이 좁고 긴 데 비해 루시의 골반은 약간 넓고 짧다. 골반 근육이 몸을 똑바로 세우고 다리를 앞으로 뻗는 것을 가능하게 해주었다는 증거다.

루시의 전신 모형에서나, 전신 골격 조립 모형에서 발과 다리의 모양을 보자. 루시의 허벅지 뼈는 무릎까지 사선으로 내려온다. 또 무릎뼈는 관절 부위가 두툼하다. 이것 역시 두 다리가 전체 체중을 받쳐줬고, 이족 보행을 했다는 강력한 증거다. 가장 평범하면서도 특이한 것은 엄지발가락인데, 루시는 엄지발가락이 앞으로 똑바로 뻗어 있다. 이것 역시 루시가 이족 보행을 했다는 증거다. 루시의 모형 바로 다음에는 침팬지와 사람의 발바닥을 비교한 패널이 있다. 침팬지는 엄지발가락이 옆으로 벌어져 있다. 그러나 사람은 앞으로 똑바로 뻗어 있다. 여기서도 이상희 교수의 설명을 한 번 더 인용하려 한다. 내가 지금까지 본 자료 중에서 가장 쉽게, 공감 가게 설명이 되어 있어서다.

"두 발로 걷는 것과 두 발로 서 있는 것은 다르다. 한 걸음 내디딜 때마다 땅과 맞닿는 발은 하나뿐이다. 정확히는 한 발의 엄지발가락이 온몸의 체중을 모두 받는다. 두 발로 걷는다는 것은 사실은 한 발로 걷는 것이다. 한 발로 서 있는 자세에서 가장 큰 문제는 중심을 못 잡고 비틀거리다 쓰러지는 것이다. 이 문제를 해결하기 위해서는 몸의 중심을

1976년 탄자니아 라에톨리에서 발견한 인류 발자국. 360만 년 전의 것으로 추정된다.

잡는 것이 중요하다. 그래서 인류는 발가락, 발목, 무릎, 다리, 골반에 큰 변화를 일으켰다. 다리를 앞뒤로 움직이는 동작에 쓰던 엉덩이와 허벅지 근육을 다리를 앞뒤로 움직이기보다 옆으로 비틀거리는 상체를 안정적으로 잡아주는 기능을 하게 됐다. 한쪽 다리에 가해진 체중은 마지막에 엄지발가락까지 전해진 뒤에야 다른 쪽 다리로 옮겨진다. 그러다 보니 체중을 온전히 견디는 엄지발가락이 가장 크고 튼튼해졌고 몸의 앞쪽을 향하게 됐다."

루시와 그의 종족들이 살던 지역은 현 에티오피아의 하다르 지역이다. 이곳은 340만 년 전부터 320만 년 전까지 습했다가 건조했다가, 추웠다가 더웠다가 종잡을 수 없이 기후변화가 심했다. 초반에는 숲이 우거지고 나무들이 무성했다가, 다시 건조하고 키 작은 나무들이 많은 관목지대와 초원지대가 되기도 했다. 이런 점에서 보면, 루시의 종족들은 나무에도 오르고 땅에서 이족 보행도 했을 것으로 짐작된다.

1970년대에는 오스트랄로피테쿠스 아파렌시스 화석이 많이 발견되었다. 지금까지 발견된 오스트랄로피테쿠스 화석은 모두 300개체가 넘는다. 루시는 그 가운데 가장 대표적인 화석이다. 리키 가문의 메리 리키는 1959년 올두바이에서 파란트로푸스 보이세이를, 1976년에는 탄자니아의 라에톨리 지역에서 화산재 위로 걸어간 발자국이 선명한 유적을 발견했다. 그럼에도 인간이 된다는 것의 첫 번째가 뇌가 커진 것이 먼저냐, 두 발로 걸은 것이 먼저냐의 논쟁이 오랫동안 지속되었다. 하지만 지금은 두 발로 걷는 것이 먼저라고 결론이 났다. 그 일등 공신이 바로 루시 화석이다.

과거와 미래를 통틀어 가장 유명한 화석 루시

어쨌든 루시는 20년 동안 '최초의 인류'라는 타이틀을 가졌다. 또 인류학에서의 학술적 가치가 매우 높은 화석이다. 인간으로의 진화의 시작이 머리와 다리로 나뉘던 논쟁에서 두 발로 걷는 것이 먼저라는 것을 입증했기 때문이다. 게다가 당시 세계에서 가장 인기가 높았던 비틀스의 노래에서 그 이름을 따왔기 때문에 세계에서 가장 유명한 화석이 되었다.

그래서 미국 NASA는 트로이군에 있는 5개의 소행성을 탐사한 탐사선의 이름을 '루시'라고 지었다. 그리고 2025년에 발사할 탐사선의 이름은 루시의 발견자 이름을 따서 '도널드 조핸슨'이라고 지었다. 그만큼 루시는 아득한 과거와 미래를 통틀어 가장 유명한 화석이다.

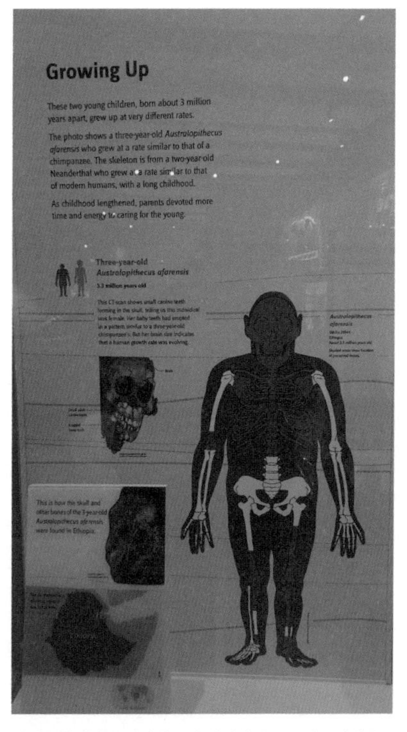

에티오피아에서 발견된 3살 어린이 오스트랄로피테쿠스 아파렌시스

인류 진화의 이정표

인류 진화의 이정표

과학적으로 인간이란 어떤 존재일까? 과학자들은 여러 가지 신체적 특징과 행동들을 근거로 인간을 정의한다. 인간의 특징과 행동들은 갑자기 진화한 것이 아니다. 수백만 년이 걸렸다. 스미스소니언 자연사박물관의 인류 진화에 관한 타임라인 전시는 인간 진화의 주요 이정표와 각 이정표에 대한 과학적 근거들을 보여준다. 이 전시는 지난 600만 년 동

인류 진화의 이정표를 보여주는 인류의 기원 전시

30만 년 전 아프리카에서부터 진화한 인간

안 직립보행에서부터 식물과 동물들을 지배하게 될 때까지의 주요 인간 특성 중 일부가 나타난 시기를 보여준다.

이정표는 7가지 주요 섹션으로 구성되어 있다. ①직립보행, ②새로운 도구와 새로운 음식, ③신체의 모양과 크기의 변화, ④더 큰 두뇌, ⑤사회생활, ⑥상징의 세계 만들기, ⑦인간이 바꾸는 세상 등이다.

① 직립보행(Walking Upright)

기후변화에 대한 증거는 지중해의 경계를 이루는 절벽의 퇴적층들을 보면 알 수 있다. 그것들은 아프리카의 나일강으로부터 내려온 퇴적물들이 쌓인 것들이다. 이런 퇴적층 사진에서 어두운 띠는 우기를, 밝은 띠는 건기를 의미한다. 퇴적층이 오랫동안 비어 있으면 그것은 오랫동안 비가 오지 않았다는 방증이다. 이 띠들이 서로 교대로 반복되어 나타나면 그것은 아프리카 지역에서 수천 년마다 커다란 기후변화가 반복되었다는 얘기다. 최초의 인간들은 나무를 타면서 땅 위도 걸어 다녔다. 이러한 유연성 덕분에 다양한 서식지를 돌아다니며 변화하는 기후에 대처할 수 있었다.

우선 눈에 띄는 것은 보폭을 비교한 패널이다. 오스트랄로피테쿠스 아파렌시스는 다리가 짧았다. 그래서 보폭도 짧았다. 그 이후 호모속의 인류들은 다리가 길도록 진화했다. 그래서 보폭도 길어졌다. 보폭이 길어지니까 더 멀리까지, 더 빠르게 걸을 수 있었다.

더 넓은 땅을 생활무대로 삼을 수 있게 되었다.

침팬지의 골반은 길고 높다. 그래서 좌우로 뒤뚱뒤뚱 걷는다. 그들은 네 발로 걷는 것이 더 적합하다. 이른바 너클보행이다. 이족 직립보행을 하려면 체중을 두 다리로 버텨야 한다. 그러려면 골반이 짧아지면서 장기들을 모두 골반 위에 지탱해야 한다. 아르디피테쿠스는 침팬지보다 골반이 더 짧고 넓다. 걸을 때 골반이 몸의 상체를 받쳐주는 역할을 한다. 그래서 두 발로 걷는 것이 가능했다. 그러나 이들의 엄지발가락은 현대인의 엄지발가락과 다르다. 엄지발가락이 옆으로 벌어져 있다. 이것은 이들이 나뭇가지를 발로 잡고, 나무를 타고 다녔다는 증거다. 반면에 루시 화석을 보면 엄지발가락이 앞으로 향해 있다. 이것은 그들이 주로 두 발로 걸어 다녔다는 증거다.

이족 직립보행을 하려면 또 허벅지 뼈가 위에서 아래로 일직선이 아니고 가운데 안쪽으로 비스듬히 모여 있어야 한다. 오로린 투게넨시스는 아직까지 두개골이 발견되지 않았다. 그래도 초기 인류의 하나로 분류되는 이유가 바로 엉치뼈와 허벅지 뼈의 연결 부위를 보았을 때, 안쪽으로 비스듬히 모이는 다리뼈 때문이다. 직립보행의 또 다른 확실한 근거가 되는 것은 두개골에서 척추를 연결하는 대후두공이 아래쪽이나 약간 앞 아래쪽을 향해 내려와 있다는 점이다. 침팬지처럼 사족보행을 하면 대후두공이 뒤 아래쪽을 향해 비스듬하게 된다. 당연히 두 눈도 아래를 향하게 된다. 그러나 사헬란트로푸스의 눈은 정

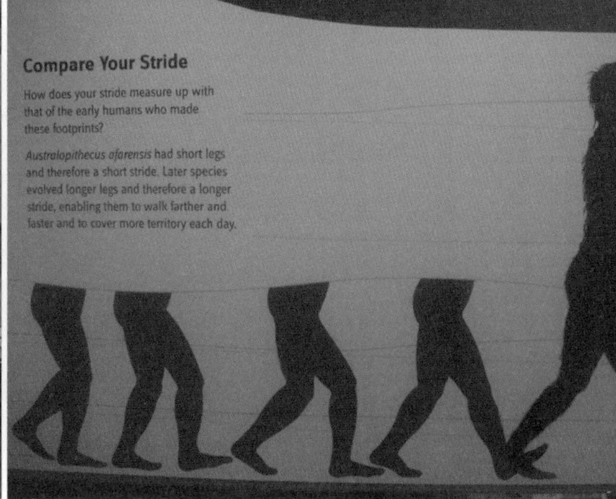

진화의 이정표 ① 이족 직립보행(Walking Upright)

진화의 이정표 ② 도구와 음식. 새로운 도구가 발명되면서 음식이 달라졌다.

면을 보고 있다. 대후두공이 아래로 향해 있어 이것 때문에 직립보행을 한 것으로 간주된다.

② 도구와 음식(Tools & Food)

인류의 조상들은 엄지손가락이 다른 손가락들과 마주 보게 되어 있다. 그래서 도구를 만들고, 사용할 수가 있었다. 최초로 돌로 도구를 만들어 사용한 인류는 호모 하빌리스다. 처음에 그들은 맹수들이 잡아먹고 남긴 동물들의 뼛속에 있는 골수와 머리뼈 속의 뇌를 먹었다. 그런데 이빨로 뜯어먹기에는 뼈가 너무 단단했다. 그래서 돌로 뼈를 깨서 골수를 빼먹었다. 이때 사용된 석기가 돌 두 개를 마주쳐, 그 돌 자체가 떨어져 나온 조각에 날을 세운 올도완 석기다. 그들은 약 250만 년 전부터 육식을 시작했다. 그러다가 자기보다 더 큰 동물들도 사냥하게 되었다. 약 200만 년 전에서 180만 년 전

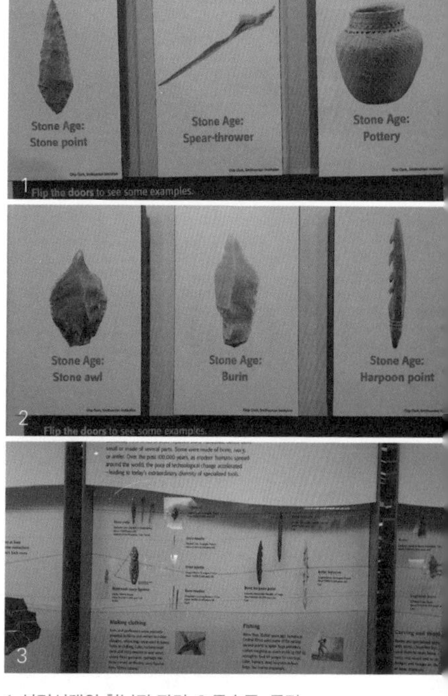

1 석기시대의 창날과 자기 2 돌송곳, 돌정, 돌작살촉 3 매머드 상아 바늘, 뼈 송곳, 사슴뿔 작살

사이에 호모 에렉투스들은 불을 사용하기 시작했다. 그러면서 음식을 익혀 먹었다. 이것으로 영양이 풍부해지고, 이빨의 구조도 바뀌기 시작했다. 진화하면서 돌로 만든 석기들도 기능에 맞게 다양해졌다. 50만 년 전의 초기 인간들은 긴 나무창을 만들어 자기보다 큰 동물들을 사냥했다.

③ 신체의 모양과 크기(Size & Shape of Bodies)의 변화

인간들은 식단을 바꾸면서 체형도 몸집 크기도 변했다. 다른 환경으로 퍼져가면서 그들은 각각 더운 날씨와 추운 기후에서도 생존할 수 있도록 신체 모양을 진화시켰다.

인간의 조상들을 체형으로 구분하면 대략 4가지 체형이 있다. 첫 번째는 320만 년 전 루시와 같은 종인 오스트랄로피테쿠스다. 이들은 유인원과 인간의 체형을 혼합한 형태다. 오스트랄로피테쿠스 아파렌시스인 루시는 여성으로 키가 1미터 남짓에 체중은 29킬로그램 정도였다. 다리는 짧고 팔도 침팬지보다는 짧았지만, 후대의 인류들보다는 길었다. 상체는 나무를 타는 침팬지처럼 강한 반면 어깨뼈는 좁았다. 갈비뼈는 위쪽은 좁고 아래쪽은 넓다. 이것은 내장이 길고 배 부분이 컸다는 증거다. 먹은 음식물이 뱃속을 천천히 내려가면서 소화 시간이 오래 걸리는 식사를 했다는 얘기다. 따라서 채식 위주의 식사를 했음을 알 수 있다. 또 루시는 엄지발가락이 현대인들처럼 앞쪽을 향하고 있다. 척추뼈는 S자 모양으로 휘어졌다. 이것은 허리를 똑바로 하고 두 발로 서서 걸었다는 증거다.

두 번째 체형은 초기 호모의 것이다. 호모 하빌리스의 키는 130센티미터에서 150센티미터 정도, 머리 크기는 750cc 정도였다. 그러나 투르카나 호수의 약 150만 년 전 지층에서 발견된 호모 에렉투스 화석은 죽었을 때 나이가 8살 정도였는데, 키가 157센티미터나 되었다. 이 화석과 같은 종에 속하는 한 여성의 화석은 키가 180센티미터나 되었다. 이 소년(?)의 다리는 현대인의 다리처럼 길고, 위팔뼈와 아래팔뼈도 길었다. 가슴은 넓고 깔때기 같은 모양에서, 좁은 원통 모양의 가슴으로 진화했다. 엉치뼈는 호모 이전의 오스트랄로피테쿠스들보다 좁다. 이것은 호모 에렉투스들의 배가 작아졌다는 증거다. 배가 작아졌다는 것은 먹는 음식이 바뀌었다는 증거다. 즉 오스트랄로피테쿠스까지는 양을 많이 먹는 채식 중심이었으나, 호모속으로 오면서 양은 적고, 열량 공급이 많은 육식을 하게 되었다. 그러면서 배가 작아졌다. 그래서 호모속부터 우리와 비슷한 신체 구조가 나타나고 있음을 알 수 있다.

세 번째 체형은 호모 하이델베르겐시스의 것이다. 70만 년 전에 나타난 이들은 체형이 커지고, 다리 근육이 강해졌으며, 엉치뼈는 넓어졌다. 이들은 잘 짜여진 신체에 짧은 소화기관을 가졌다. 남성은 175센티미터에 62킬로그램, 여성은 157센티미터에 51킬로그램 정도였다. 하이델베르겐시스들은 유럽에서는 네안데르탈인으로, 아프리카에서는 호모 사피엔스로 진화했다. 그래서 체형으로 보면 네안데르탈인이 하이델베르겐시스들과 비슷하다. 그들은 유럽이나 추운 지방에서 적응하느라 몸집이 뚱뚱해졌다. 남자는 평균 키가 165센티미터부터 170센티미터 정도였고 여자는 남자보다 약 6센티미터 정도 더 작았다. 반면 호모 사피엔스들은 아프리카 기후에 적응하면서 몸이 호리호리해졌다.

네 번째 체형은 현대인의 체형이다. 현대인들은 네안데르탈인들과 비교하면 키는 크지만 뼈는 가늘고 몸은 날렵해졌다. 얼굴도 더 갸름해지고 작아졌다. 특히 턱 아래 끝이 삐죽

진화의 이정표 ③ 신체의 모양과 크기의 변화

튀어나왔다. 이것은 이빨과 이뿌리를 버티는 턱 부분이 작아지는 쪽으로 진화한 결과다.

인류의 조상 중 또 하나 특징은 남성의 송곳니가 작다는 점이다. 다른 영장류들은 수컷의 송곳니가 키포인트다. 그걸로 상대를 위협하고 물어뜯고, 겁을 준다. 앞어금니는 낮은데, 뒤쪽 송곳니는 솟아올라 있으며 칼같이 날카롭다. 그런데 인간의 조상들은 이 뒤쪽 송곳니가 작다. 700만~600만 년 전 살았던 사헬란트로푸스 차덴시스도 마찬가지다. 아르디피테쿠스들은 남녀 모두 섞여서 많은 송곳니가 발견되었다. 그런데 이것들이 가장 큰 것이나 작은 것이나 별로 차이가 없다. 현대인과 비슷한 다이아몬드형 송곳니 형태를 띠고 있다. 인간이 진화하면서 앞니 사이의 틈으로 삐죽 튀어나온 큰 송곳니도 앞니 사이의 큰 틈도 모두 없어졌다. 아르디피테쿠스 라미두스들은 남녀 간의 체격 차이도 별로 없었을 것으로 보인다.

④ 더 큰 두뇌(Bigger Brains)

초기 인류는 육식을 하면서 몸이 더 크게 진화했다. 그러면서 뇌도 더 커지고, 점차 더 복

진화의 이정표 ④ 더 큰 두뇌. 600만~200만 년 전 뇌 크기가 천천히 증가해서 200~80만 년 전에 뇌와 몸집의 크기가 증가하고, 80만~20만 년 전 급속히 증가한 것을 알 수 있다.

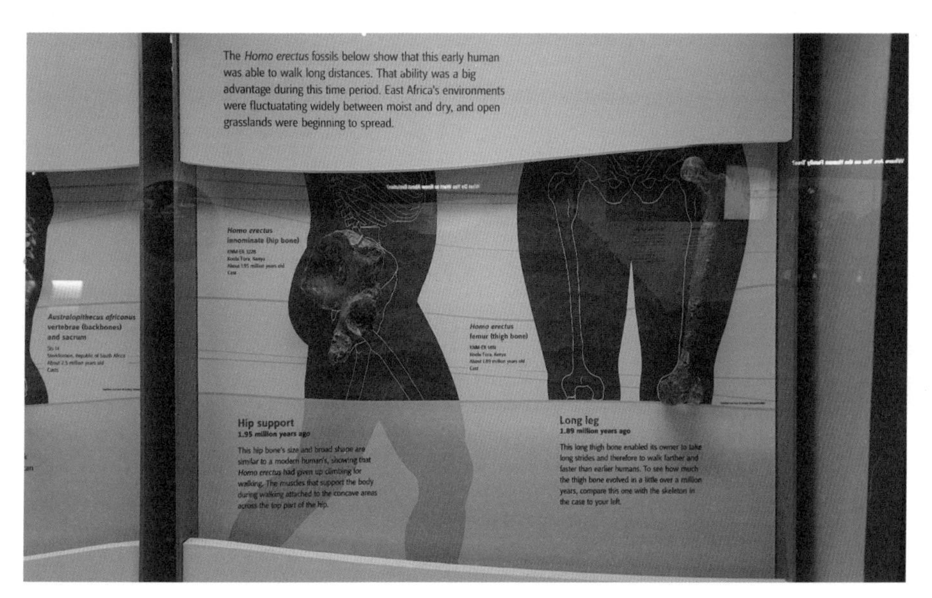

호모 에렉투스와 현대인의 관절뼈 비교

잡한 두뇌로 진화했다. 사헬란트로푸스 차덴시스의 뇌 용량은 350cc, 400만~500만 년 전 초기 인류의 뇌는 450cc 정도였다. 오스트랄로피테쿠스의 뇌는 500cc, 250만 년 전 호모 하빌리스 750cc, 호모 에렉투스는 850~1,000cc였다. 아슐리안 주먹도끼(돌 양쪽 면을 가공해 다듬은 석기)를 만들던 시기가 이때쯤이다. 70만 년 전 호모 하이델베르겐시스의 뇌 용량은 1,200cc, 10만 년 전 호모 사피엔스는 1,300~1,350cc, 호모 네안데르탈렌시스는 1,600cc, 현대인은 1,350cc이다. 특이한 점은 멸종한 호모 네안데르탈렌시스의 뇌가 현대 인류보다 더 컸다는 점이다.

인간의 두뇌는 성인의 경우 크기가 몸 전체의 2%밖에 안 된다. 그러나 두뇌로 흐르는 피의 양이나 소비하는 산소의 양은 몸 전체가 소비하는 에너지의 약 20~25%이다. 갓난 아기의 두뇌 크기는 어른의 25% 정도다. 그러나 몸 전체가 소비하는 에너지는 약 60%다.

인간의 뇌가 커지면서 엄마가 혼자 아기를 낳는 것이 불가능해졌다. 보통 원숭이들은 새끼의 뇌가 작아서 새끼가 산도를 통해 밖으로 나오는 게 어렵지 않다. 원숭이 암컷은 새끼를 낳을 때 쪼그려 앉는 자세를 취한다. 산도를 통과해 갓 빠져나온 새끼는 얼굴이 어미의 몸 앞쪽을 향하게 된다. 어미는 자기 손으로 태어나는 새끼를 받아서 안고 바로

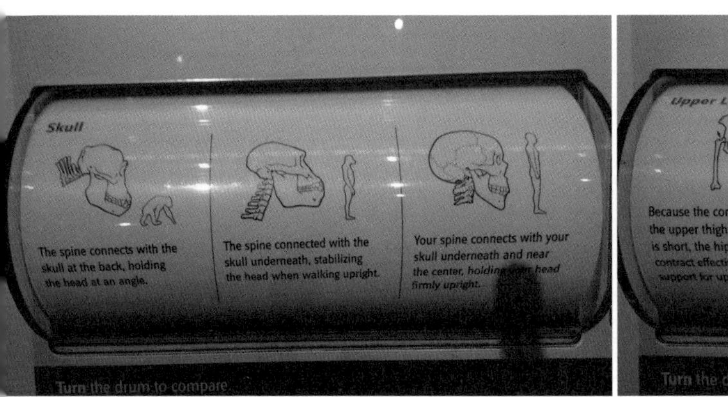

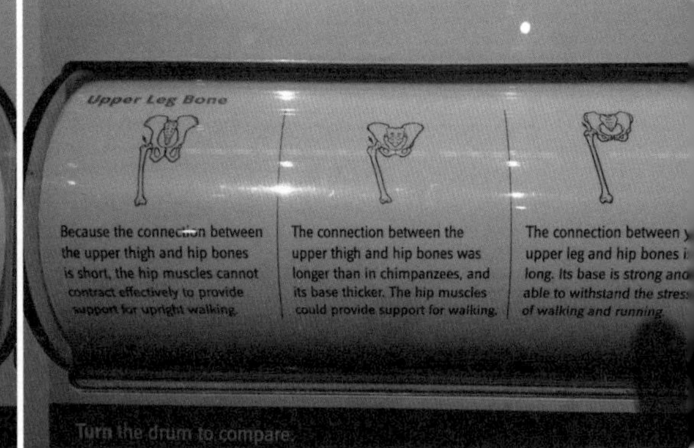

침팬지와 초기 인류, 현대인의 척추와 두개골 연결 상태 비교. 오른쪽은 허벅지뼈와 엉치뼈와의 결합의 차이 비교

들어 올려 젖을 물린다. 그런데 사람은 다르다. 인류학자 이상희 교수의 설명을 여기 그대로 소개한다. "산도에 진입할 때 태아의 얼굴은 엄마의 얼굴 쪽을 향해 있다. 산도에 진입해 어느 정도 내려온 다음, 태아는 어깨를 산도에 맞추기 위해 한 번 몸을 뒤튼다. 조금 더 밀고 나오다 보면 산도의 모양이 다시 달라진다. 태아는 머리의 모양을 달라진 산도의 모양에 맞추기 위해 몸을 다시 한번 더 비튼다. 이렇게 해서 밀고 나온 갓난아기 얼굴은 처음과는 180도 다르게 엄마의 뒤쪽을 향해 있다. 원숭이와는 반대 상황이다. 엄마는 원숭이처럼 팔을 뻗쳐 스스로 아기를 빼낼 수 없다. 섣불리 아기를 빼내다가는 아기의 목이 뒤로 꺾이기 때문이다. 결국 사람은 혼자서 아기를 낳을 수 없다."(이상희 〈인류의 기원〉)

⑤ 사회생활(Social Life)

아기는 태어나서부터 엄마가 돌봐줘야 한다. 그래서 사회적 동물이다. 이 내용을 보여주는 전시는 아기를 안고 있는 어머니의 실루엣으로 표현되어 있다. 사회적으로 네트워크를 구축하는 것은 조상들이 그들의 일상 환경 문제를 해결하는 데 도움이 되었다. 음식을 나누고, 두뇌가 발달할수록 아기의 유아기가 길어진다. 침팬지는 12년이 걸리고, 인간은 성인이 될 때까지 18년 이상이 걸린다. 인간이 6년 정도 더 길다. 인간의 사회생활 흔적들은 오래전으로 거슬러 올라간다. 에티오피아의 하다르에서 17구 이상의 오스트랄로피테쿠스 아파렌시스 화석들이 발견되었다. 320만 년 전에도 이들이 가족 사회를 구성해

살았다는 증거다.

탄자니아의 라에톨리에서 발견된 발자국 화석들은 더 놀랍다. 발자국 중간의 것이 좌우 다른 발자국들과 다르다. 아마 여성이 아이를 업고 갔던 것으로 보인다. 다른 하나의 발자국은 큰 성인 남자였을 것이다.

인간들은 하나 더 특이한 점이 있다. 사람들은 음식을 찾아도 그 자리에서 바로 다 먹지 않는다. 다른 사람들이 있는 곳으로 가져가서 나눠 먹는다. 그게 다른 점이다. 이것은 자손 번식을 위한 가정 꾸리기만이 아니라 경제적 유대도 포함한다.

⑥ 언어 및 기호(Language & Symbols)의 창조

안료에서 인쇄까지 상징은 인간의 생활 방식을 바꾸었고, 예측할 수 없는 세상에 대처하는 새로운 방법을 제공했다. 인간들의 가장 강력한 상징기호는 언어다.

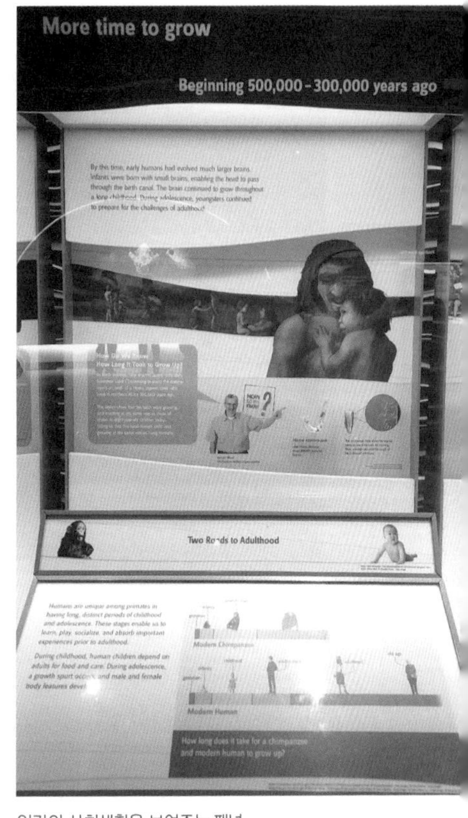

인간의 사회생활을 보여주는 패널

진화의 이정표 ⑤ 사회생활(Social Life)

진화의 이정표 ⑥ 언어 및 기호(Language & Symbols)의 창조

모든 인류 집단은 정보를 전달하고 자신들이 습득한 지식과 행동들을 자식 세대에게 전달해주기 위해 언어를 사용한다. 언어를 표현하는 소리나 단어들은 모두 사람들 사이의 합의다. 이 말을 통해서 인간들은 시각이나 의도, 지식과 정체성을 공유한다.

인간들은 다양하고 폭넓은 소리를 낼 수 있다. 그 이유는 '성대가 상대적으로 낮은 위치에 있기 때문'이라고 생각했었다. 그러나 2022년 8월 사이언스지에 발표된 일본 교토대학과 오스트리아 빈대학의 공동연구 논문에서 더 정확한 이유가 밝혀졌다. 이 논문은 인간과 다른 영장류의 언어 능력의 차이가 해부학적으로 후두 구조가 다르기 때문이라고 밝혔다. 연구진은 29속 44종 영장류의 후두를 자기공명영상(MRI)과 컴퓨터 단층촬영(CT)으로 조사했다. 그 결과, 인간과 달리 다른 영장류들은 기낭(공기주머니)과 성대막을 가지고 있었다. 하지만 이들 영장류와 달리 인간은 성대막이 없었다. 따라서 성대에 가해지는 압력이 높아서 그로 인해 인간만 안정적인 발음을 가질 수 있게 됐다는 것이다.

약 80만 년 전 인간들은 화롯불 가에 모여 대화를 나눴다. 25만 년 전에는 상징기호로 의사소통했다. 단어와 개념을 사용한 것은 약 8천 년 전쯤이다. 그러다가 기호언어인 문자를 만들어내면서 인간들은 시공간을 거스르는 대화를 할 수 있게 되었다. 또 마음속에 갖고 있던 비밀도, 기억도, 상상력도 공유할 수 있게 되었다.

⑦ 인간이 세상을 바꾸고 있다 (Humans Change the World)

도시의 인구 밀집과 인구의 도시화

인류는 환경의 변화에 적응하기 위해 이동하고, 적자생존으로 진화를 거듭해왔다. 그래서 어떤 인류의 조상들은 멸종했고, 또 새로운 적응력을 가진 종들이 생존해왔다. 그 결과 오직 한 종의 인류만이 살아남았다. 그런데 지금 새로운 문제가 대두되고 있다. 인간들이 기후변화를 비롯해 다른 생물 종들의 멸종위기를 만들고 있다. 그래서 사람들은 요즘 시대를 '인류세'라고 부르면서 인류 때문에 6번째의 대멸종이 올 수 있다고 우려하고 있다.

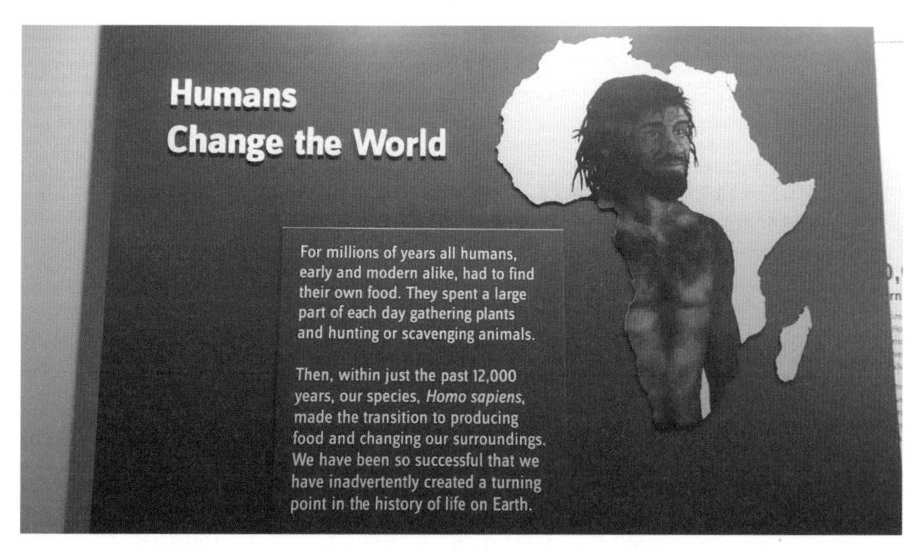

스미스소니언 자연사박물관 인류의 기원 전시, '인간이 세상을 바꾸다'

인류의 조상,
두개골만 모여라

인류의 조상들 두개골만 모아서 만든 전시

스미스소니언 자연사박물관 인류의 기원 전시실에는 이곳에서만 볼 수 있는 귀한 전시물이 하나 있다. 바로 인류 조상들의 두개골만 모아 놓은 곡면 디스플레이다.

인류의 조상들 두개골 76개를 모아 놓은 곡면 디스플레이 전시판

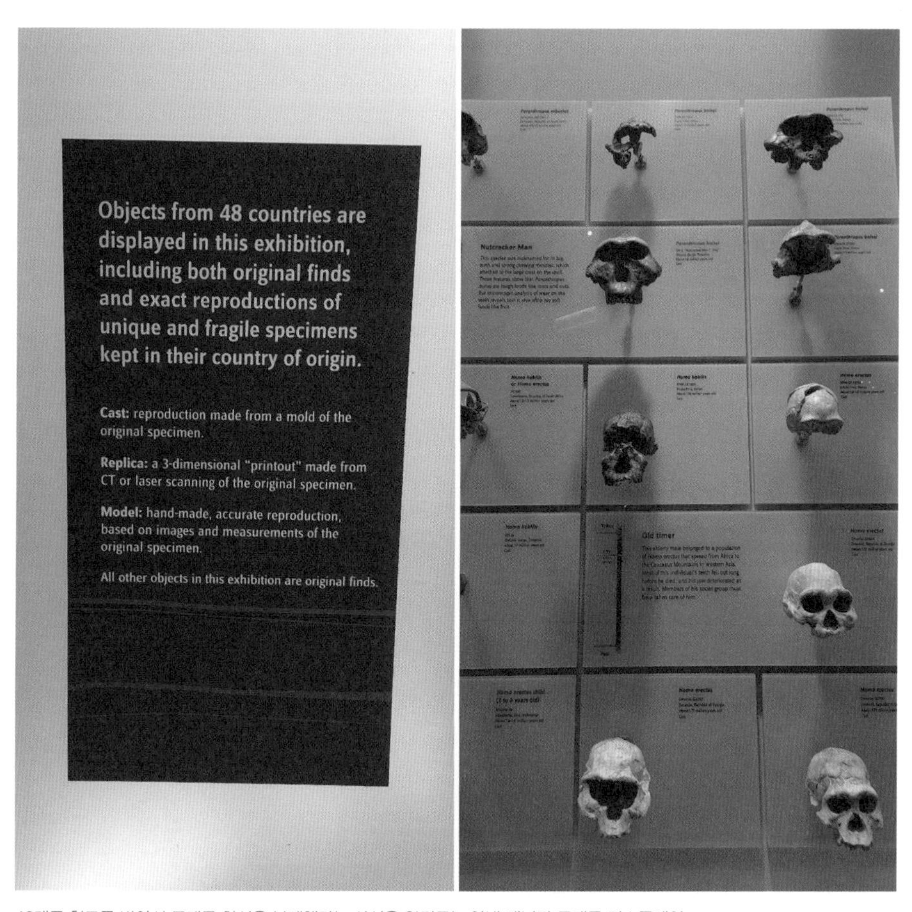

48개국 협조를 받아서 두개골 화석을 복제했다는 사실을 알려주는 안내 패널과 두개골 디스플레이

지금까지 발굴된 인류 조상 화석들은 모두 약 6천여 개다. 스미스소니언 자연사박물관이 소장하고 있는 인류학 수장고에는 자그마치 3만 3천 명의 사람 뼈가 있다. 그렇지만 인류의 진화 과정에 중요한 화석들을 모두 소장하고 있는 것은 아니다. 그래서 스미스소니언은 인류 진화의 과정을 탐구하는 데 이정표가 되었던 중요한 인류 조상 15종의 인류 화석 중 76개를 선정, 그것을 소유하고 있는 세계 48개국의 협조를 받아서 모두 복제해 곡면 디스플레이에 전시했다.

인류 조상들의 두개골만 모아 놓은 이 전시는 세계에서 가장 풍부한 인류의 조상 화석들의 전시로 평가받는다. 스미스소니언이 아니면 볼 수 없는 대단한 전시물이다.

각각의 사연을 담은 특별한 인류 조상들의 두개골 화석들

이 곡면 디스플레이에 전시된 인류 조상들의 두개골 화석들은 모두 인류의 진화 과정을 탐구하는 데 중요한 의미가 있는 인류 화석들이다. 예를 들면, 지금까지 발견된 인류 화석 중 가장 오래된 7백만~6백만 년 전의 사헬란트로푸스 차덴시스, 큰 이빨 때문에 '호두 까는 사람'이라는 별명을 가진 파란트로푸스 보이세이, 그리고 250만 년 된 오스트랄로피테쿠스 아프리카누스 화석 등도 있고, 최초로 발견된 네안데르탈인, 크로마뇽인 화석 복제본도 있다.

또 독수리 공격으로 죽은 인류 조상의 두개골 화석, 악어에게 물린 경우와 비타민 과다 복용·머리 타박상 탓에 죽은 인류 조상의 화석 등 특별한 시대적 상황을 보여주는 4명의 두개골도 있다. 이들 개인이 어떻게 죽었는지를 말해주는 화석들이다. 이것들이 이 전시에 다 들어 있는 것이 놀랍다. 또 패널 앞에 있는 컴퓨터를 사용하면 두개골을 좀 더 면밀히 조사해볼 수도 있다. 이 화석들을 잘 들여다보면, 같은 인류 종이라고 해도 조금씩 다 다르다. 다양한 초기 인류종의 화석들을 비교하고 종들이 서로 어떻게 관련되어 있는지도 알 수가 있다.

두개골 전시판에서 알려주는 화석 연구에 관한 질문들 몇 가지

Q1. 이것들이 인간 화석인지 어떻게 알까?

이 화석들은 모두 인간과 다른 유인원을 구별하는 두 가지 특징을 가지고 있다. 수컷과

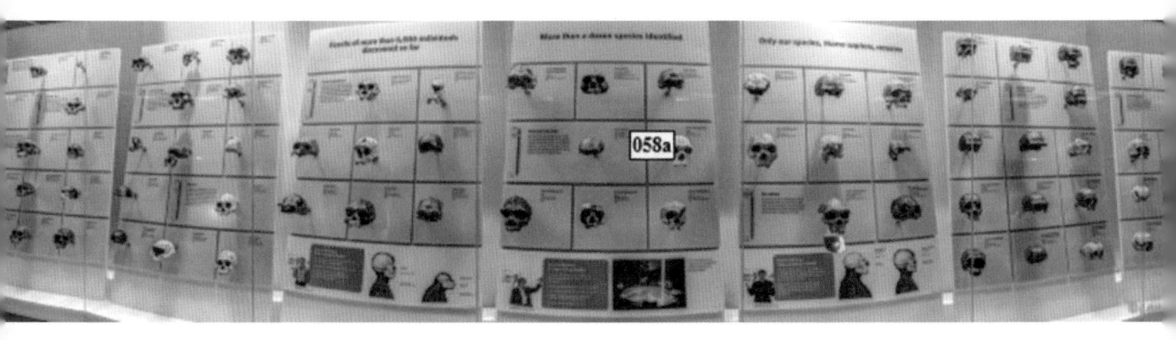

곡면 디스플레이 두개골 전시판 아래에 있는 아르곤연대측정법 설명 패널

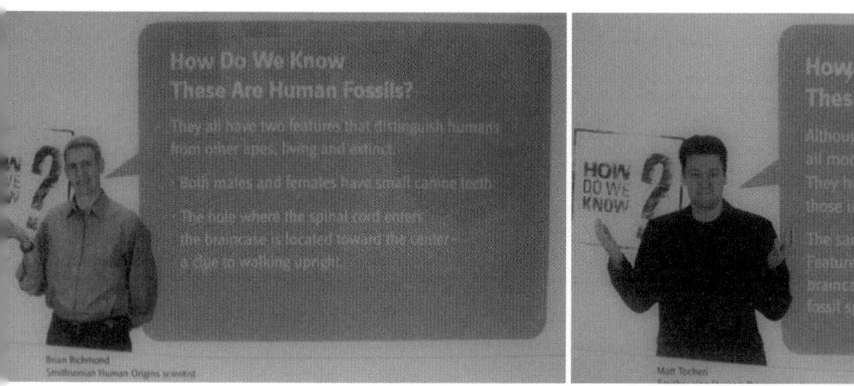

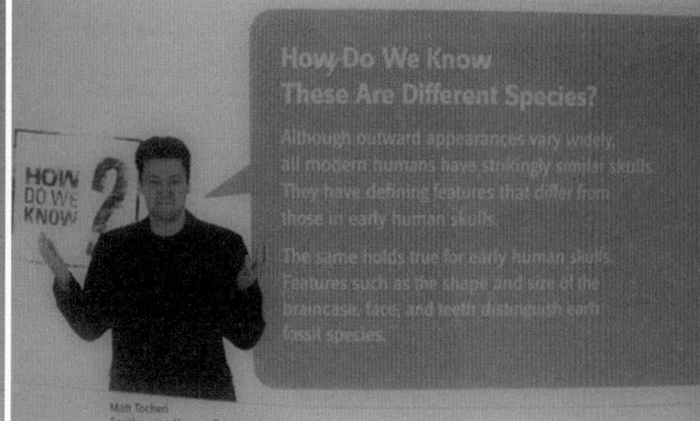

이것들이 인간 화석인지, 이 두개골들이 우리와 다른 종인지 어떻게 알 수 있을까를 알려주는 패널

암컷 모두 송곳니가 작다. 척수가 뇌에 들어가는 대후두공이 중앙을 향해 위치한다.

Q2. **이 화석들이 어느 시대 것인지는 어떻게 알 수 있을까?**

과학자들은 수백만 년 전의 정확하고 신뢰할 수 있는 시대 표본을 많이 가지고 있다. 이 화석들의 연대를 측정하는 방법은 다음과 같은 방법들이 대표적이다.

- 화학 원소의 방사성 붕괴를 측정한다. (탄소-14 연대측정법)
- 암석이나 화석 안에 갇힌 전자를 센다. (칼륨-아르곤 연대측정법)
- 퇴적물의 자성입자를 지구자기장의 변화와 비교한다. (고자기학 측정법)
- 시간에 따른 유전자적 변화를 계산한다. (DNA 상호연관성측정법)

Q3. **이 두개골들이 우리와 다른 종인지를 우리가 어떻게 알 수 있을까?**

외형은 다양하지만 모든 현대인은 놀라울 정도로 두개골이 비슷하다. 동시에 초기 인류의 두개골들과는 다른 특징을 갖고 있다. 초기 인류들의 두개골끼리도 마찬가지다. 뇌실, 얼굴, 치아의 모양과 크기 등의 특징들이 다 달라서 각 화석의 종들을 구별할 수가 있다.

연대측정법(Dating)

초기 인류의 연구에 사용된 연대측정 방법들은 방사성 연대측정법이 우선이다. 이것은 방사성 원소가 붕괴되어 본래의 양이 절반으로 되는 기간, 즉 '반감기'를 이용한다. 동위원소의 반감기나 붕괴 속도는 원소 고유의 특성이다. 원소마다 기간이 이미 정해져 있다. 오래된 암석이나 화석의 연령 측정에 주로 사용된다.

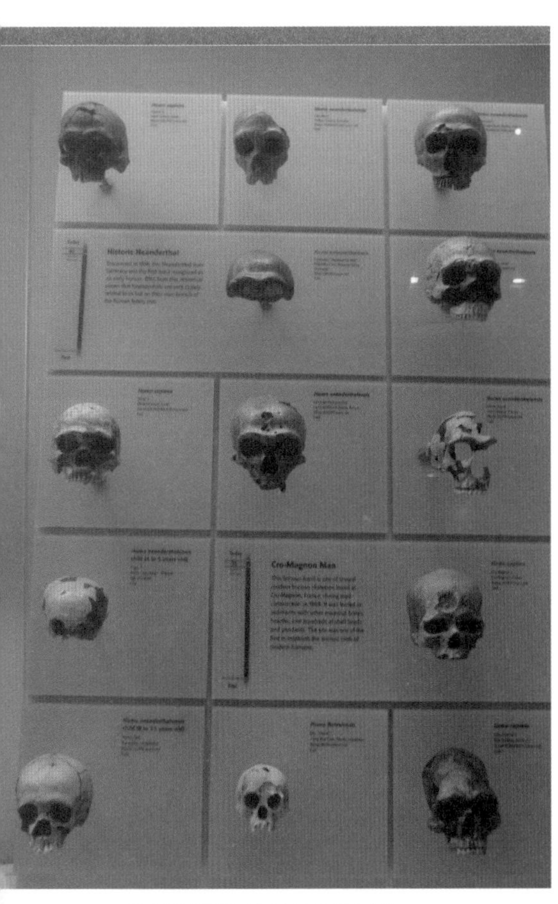

1868년 크로마뇽인 호모 사피엔스 화석

① 칼륨-아르곤 연대측정법

방사성 원소인 칼륨-40번과 붕괴 산물인 아르곤-40번을 이용한다. 칼륨은 양성자가 19개다. 거기에 중성자가 20개, 21개, 22개에 따라 칼륨-39, 칼륨-40, 칼륨-41의 세 종류가 있다. 대부분의 칼륨은 중성자가 20이다. 이것이 칼륨-39이다. 칼륨-39, 칼륨-41은 자연계에서 안정적인 상태다.

칼륨-40의 양성자는 19개이고, 중성자는 21개다. 칼륨의 0.01%만 칼륨-40이다. 그러나 칼륨-40은 중성자 하나가 자발적으로 양성자로 변하는 베타붕괴를 일으킨다. 그러면 원자핵 자체는 칼슘-40으로 변한다. 그러나 칼륨-40의 약 10%는 다른 방식으로 붕괴된다. 원자핵이 전자 하나를 포획해서 양성자 하나가 중성자로 변환되고, 원자핵은 아르곤-40으로 변한다. 그런데 칼슘-40은 자연계에 흔하게 존재한다. 따라서 칼슘-40이 방사능 붕괴로 생긴 건지, 원래 존재하던 것인지 구분하기가 어렵다. 따라서 연대측정에는 아르곤-40을 사용한다. 칼륨-40의 반감기는 12억 5천100만 년으로 매우 길다. 그래서 오래된 화산암이나 현무암의 연대측정에 사용된다. 용암처럼 화산암이 용해된 상태에서는 칼륨-40의 방사능 붕괴로 생긴 아르곤-40이 모두 밖으로 빠져나간다. 아르곤은 비활성 기체다. 다른 원소와 화학적 반응이 없다. 그래서 용암에서 쉽게 방출된다. 용암이 식어 암석이 되면, 그 이후에 붕괴된 아르곤-40은 암석 내에 갇힌다. 이렇게 갇힌 아르곤-40의 양과 칼륨-40의 양을 비교해 암석의 연령을 결정한다. 암석 내 칼륨의 붕괴 횟수가 많을수록 아르곤-40의 양은 많고, 칼륨-40은 적다. 이 방법은 동일한 시료 2개로 각각 칼륨-40과 아르곤-40의 양을 측정한다.

아르곤-아르곤 연대측정법

칼륨-아르곤 연대측정법은 동일한 시료가 2개가 필요하기 때문에 두 시료가 이질적인 경우 오차가 커진다. 이 문제를 해결한 것이 1960년대 말에서 1970년대 초 개발된 아르곤-아르곤 연대측정법이다. 아프리카를 벗어난 초기 인류 화석들의 연령을 측정하는 데는 아르곤 연대측정법이 사용되었다. 조지아공화국과 인도네시아의 자바섬에서 발견된 인골 화석들의 연대를 측정한 결과, 초기 인류가 아프리카를 벗어난 연대가 50만 년이나 앞당겨졌다. 조지아에서 발견된 초기 플라이스토세 인류 두개골 화석의 연대측정에는 화석이 발견된 퇴적층의 기저를 이루는 현무암 시료가 사용되었다.

탄소-14(방사성 탄소)는 반감기가 5천7백 년이다. 이것은 어떤 환경에서도 변하지 않는다. 그리고 우라늄 시리즈의 방법들은 모두 화학 원소의 방사능 붕괴량을 측정한다. 붕괴는 시계와 같이 오랜 시간에 걸쳐 일관된 방식으로 발생한다.

② 열 발광, 광학적으로 자극된 발광 및 전자스핀 공명

이 방법들은 시간이 지남에 따라 바위나 치아 내부에 흡수되어 갇힌 전자의 양을 측정한다.

③ 고지자기학

이 방법은 퇴적층의 자성입자의 방향을 지구자기장의 알려진 전 세계 이동과 비교하며, 다른 연대측정법으로 잘 알아낸 연대와 비교한다.

인류의 기원 전시실 모아놓은 인류의 조상 두개골들

④ 생물 연대기

동물종은 시간이 지남에 따라 변한다. 때문에 동물군은 더 어린 것에서 더 오래된 것까지 배열될 수 있다. 일부 지역에서는 동물 화석에 이러한 방법 중 하나를 사용해서 정확하게 연대를 정할 수 있다. 쉽게 연대를 측정할 수 없는 장소의 경우, 발견된 동물 종은 다른 사이트의 잘 분류된 종과 비교할 수 있다.

⑤ 분자시계법

이 방법은 살아 있는 유기체 간의 유전적 차이의 양을 비교하고, 시간이 지남에 따라 잘 검증된 유전자 변이율에 기초해 연대를 계산한다. DNA 같은 유전 물질은 빠르게 붕괴된다. 따라서 아주 오래된 화석의 연대측정에는 분자시계법을 적용할 수 없다. 그러나 DNA를 기반으로 살아 있는 종이나 집단이 공통 조상을 얼마나 오래전에 공유했는지 알아내는 데에는 유용하다.

초기 인류 연구에서 사용된 연대측정법

연대측정(Dates) 현재부터~년 전	이정표	연대 추정 방법
700만~400만	인간과 침팬지 조상의 분화	분자유전자시계법, 아르곤연대측정법
400만	이족 직립보행 발달	아르곤연대측정법
260만	가장 오래된 석기 제작	아르곤연대측정법, 고지자기측정법
180만	호모 에렉투스가 아프리카를 벗어나 확산	아르곤연대측정법, 고지자기측정법
80만~20만	급속한 뇌의 성장	아르곤연대측정법, 우라늄시리즈, 고지자기측정법
25만~3만	네안데르탈인 출현과 멸종, 호모 사피엔스 아프리카 출현 및 다른 대륙으로 확산, 상징적인 문화가 융성하기 시작	열발광연대측정법, 전자스핀공명측정법, 탄소 14 연대측정법, 분자유전자시계법
1.2~1만	농사의 시작	탄소 14 연대측정법
4,500	문자의 등장, 국가사회, 문명(수메르와 이집트)	탄소 14 연대측정법

출처 : 스미스소니언 자연사박물관 홈페이지

가장 먼저 발견된 인류 화석, 네안데르탈인

현대인과 가장 가까운 인류의 조상 네안데르탈인

네안데르탈인들은 현대인과 가장 가까운 화석 인류다. 대략 30만에서 2만 년 전 또는 3만 년 전까지 살았다. 이들의 두개골은 얼굴 중앙부가 넓고, 광대뼈가 각이 져 있다. 차갑고 건조한 공기를 따뜻하게 보습해주기 위해 코가 컸다. 몸은 우리보다 짧고 더 튼튼했다. 추운 환경에서 살기 위해 그렇게 적응해 살았다. 두뇌는 우리 현대인만큼 컸다. 종종 더 큰 것도 있었다.

네안데르탈인들은 다양하고 정교한 도구들을 사용했다. 불을 다루고, 피난처에서 살았으며, 옷도 만들어 입었다. 숙련된 대형 동물 사냥꾼이었고, 주로 채식을 했다. 때로는 상징물이나 장식품도 만들었다. 그들은 의식적으로 죽은 사람을 매장했다. 이것은 네안데르탈인의 화석이 다른 초기 인간종에 비해 많이 발견되는 이유 중 하나일 수 있다. 묻히면 화석이 될 확률이 크게 높아지기 때문이다. 또 무덤에 꽃을 제물로 놓은 것을 보아 그들은 사후 세계를 믿었을 가능성도 있다. 이렇게 정교하고 상징적인 행동을 했던 다른 영장류나 초기 인류는 그전에는 없었다.

유럽에서 온 12개 이상의 네안데르탈인 화석에서 DNA가 채취되었다. 네안데르탈인 게놈 프로젝트는 인간 기원 연구의 흥미로운 새로운 영역 중 하나다. 앞에서 보았던 특별한 두개골 화석 전시 76개 중, 네안데르탈인 화석 두개골은 모두 15개다. 이것만 보아도 스미스소니언의 인류의 기원 전시가 얼마나 대단한지 알 수 있다. 2010년까지 발견된 역

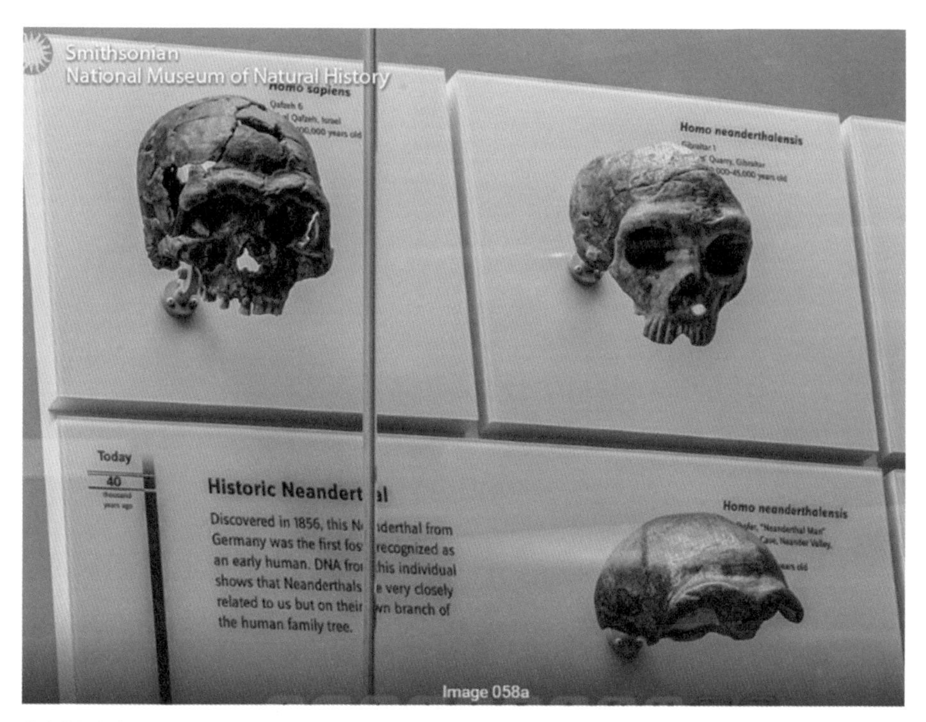

초기 인류의 화석으로 인정된 최초의 표본 화석 '역사적인 네안데르탈인'

사적으로 중요한 의미가 있는 두개골 화석은 거의 다 있는 셈이다. 그리고 이 두개골 곡면전시 바로 앞에는 네안데르탈인에 관한 별도의 전시 섹션이 있다.

여기서는 그 역사적 화석들과 네안데르탈인 전시 특별 섹션을 중심으로 네안데르탈인들에 관한 이야기들을 소개한다.

역사적인 '네안데르탈인 1호' 화석과 최초로 발견된 인류 화석

곡면 디스플레이 일곱 번째 보드의 중간에는 '역사적인 네안데르탈인'이라는 제목이 붙은 두개골 화석이 있다. 보통 '네안데르탈인 1호'라고 부른다. 이것은 초기 인류의 화석으로 인정된 최초의 표본이다.

이 화석이 발견된 건 1856년, 〈종의 기원〉이 출간되기 3년 전이다. 독일 프로이센의 뒤셀도르프 근교 네안데르 계곡의 펠드호페르 동굴에서 한 광산업자가 석회암을 채굴하

벨기에에서 발견된 네안데르탈렌시스 화석

는 중에 발견했다. 타원형 두개골의 이마는 낮고 움푹 들어갔다. 눈썹 위에는 엄청 큰 눈두덩 돌기가 있다. 다리뼈는 굵고 튼튼하지만 구부러졌다. 과학자들은 이런 화석을 전에 본 적이 없었다. 그래서 이 화석의 주인공이 병으로 죽은 현대인 또는 나폴레옹 군대와 싸우다 낙오한 뻗정다리 러시아 군인이라고 생각하는 사람도 있었다.

그러나 그 유적지에서 또 다른 인류 화석들이 발견되었다. 이후 멸종된 동물 화석들도 이 화석들과 함께 나왔다. 이런 정황들이 화석의 주인공이 상당히 오래된 인류라는 증거가 되었다. 이 화석은 1864년에야 최초로 '호미닌' 화석으로 명명되었다. 지질학자 윌리엄 킹은 네안데르 계곡에서 발견된 이 화석들을 근거로 '호모 네안데르탈렌시스(Homo neanderthalensis)'라는 이름을 제안했다.(독일어로 계곡을 탈(thal)이라고 한다.

호모 네안데르탈렌시스는 과학적으로 묘사된 최초의 인류다. 그런데 네안데르탈인 1호보다 먼저 발견된 인류 화석들이 있었다. 하나는 1829년 벨기에 엔기스에서, 다른 하나는 1848년 지브롤터 포브스 채석장에서 발견되었다. 그러나 당시에는 이것들이 무엇인지 알 수 없었다. 그래서 지브롤터 화석의 경우, 성서 속의 대홍수가 나기 전 살다가 죽은 사람이라고 생각했다. 그래서 박물관 창고에 그냥 보관해두었다. 그러나 1856년 네안데르탈인 1호가 발견되고, 1864년 네안데르탈인 학명도 제안되면서 그제야 전에 발견된 화석들도 네안데르탈인이라는 사실을 알게 되었다. 이것들이 사실상 최초로 발견된 인간 화석들이었다. 이후 유럽 지역에서는 400여 점의 호모 네안데르탈렌시스 화석들이 발견되었다.

1908년 프랑스 라 샤펠 오생의 네안데르탈인 화석

1908년, 프랑스의 라 샤펠 오생에서 네안데르탈인 화석이 발견되었다. 작은 동굴의 석회암 기반암에 묻혀 있던 이 화석. 두개골, 턱, 대부분의 척추뼈, 여러 갈비뼈, 팔과 다리의 긴 뼈, 손과 발의 작은 뼈 등이 나왔다. 잘 보존된 두개골은 낮고, 움푹 들어간 이마와 튀어나온 중간 면 그리고 무거운 눈썹 등으로 볼 때 이것은 전형적인 호모 네안데르탈렌시스의 것이었다. 거의 완벽에 가까웠다.

1911년 과학자 피에르 마르셀린 불레가 이 화석을 근거로 네안데르탈인 골격을 재구성했다. 그는 네안데르탈인이 현대 인간의 조상이라는 가설을 거부했다. 낮은 아치형 두개골과 큰 눈썹 능선이 초기 인간의 지능 부족을 나타낸다고 생각했다. 불레 자신의 이런 선입견이 네안데르탈인의 부정적 이미지 형성에 크게 투영되었다. 그래서 그가 만든 네안데르탈인은 무릎은 구부러지고, 앞으로 구부러진 엉덩이에 머리는 앞쪽으로 튀어나오고, 척추가 심하게 굽은 구부정한 자세였다. 지능적이라거나 우리와 비슷하게 느낄 수 있는 면은 전혀 없었다. 대중들이 그토록 오랫동안 네안데르탈인을 멍청한 짐승의 이미지

프랑스에서 발견된 호모 네안데르탈렌시스 화석. 왼쪽 4만 6천~3만 5천 년 전, 오른쪽 3만 6천 년 전 화석으로 추정

마르셀린 불레의 생각으로 그린 네안데르탈인(1909). 오른쪽은 불레가 복원한 네안데르탈인 이미지

로 생각하게 된 데는 그의 영향이 컸다.

그러나 요즘 과학자들은 라 샤펠 오 생의 네안데르탈인 화석을 '라 샤펠의 노인'이라고 부른다. 1950년대에 노인의 골격을 재검토하고, 네안데르탈인 골격의 추가 발견 결과를 반영했다. 그 네안데르탈인 화석에서 독특하다고 생각되는 많은 특징이 현대인의 변이 범위에 속하는 것으로 밝혀졌다. 또 이 화석은 노인이었으며, 심한 변형성 골관절염 때문에 많은 신체적 고통을 겪고 있었음을 보여주었다. 불레가 복원했던 구부러진 자세의 네안데르탈인은 기형 장애가 있는, 불행한 개인이었던 셈이다.

스미스소니언 인류의 기원 전시실의 네안데르탈인

또 과학자들은 그가 죽었을 때(이미 죽기 수십 년 전에 여러 치아를 잃은 잇몸을 따라 뼈가 다시 자랐기 때문에) 꽤 늙었을 것으로 추정한다. 사실 이빨이 너무 모자라서 뭔가를 먹으려면 그가 먹을 수 있도록 음식을 갈아서 만들어줘야만 했을 가능성이 있다. 그런 점에서 보면, 그가 속한 사회 집단의 다른 네안데르탈인들이 말년의 그를 부양했을 가능성이 있다.

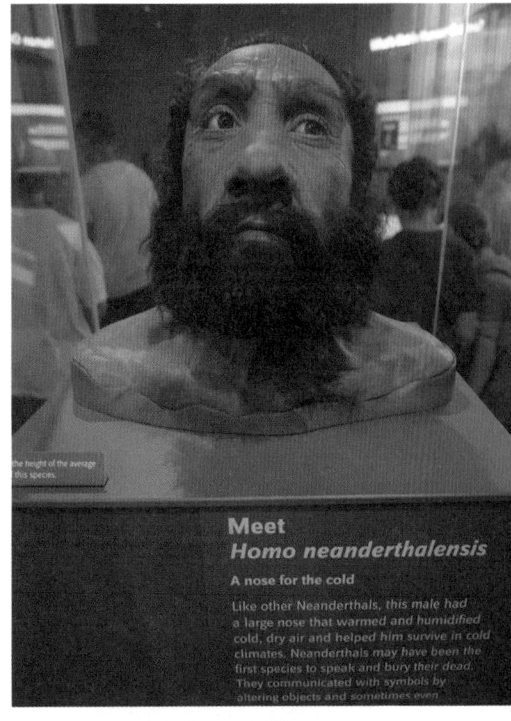

존 거시의 복원으로 만들어진 네안데르탈인 모습

불레에 대한 비판은 더 있다. 인류 진화와 네안데르탈인 전문가인 과학자 에릭 트린카우스가 전체 골격을 보다 최근에 평가해, 라 샤펠의 노인이 퇴행성 관절 질환을 앓았다는 사실을 밝혀냈다. 그는 불레가 화석 인류의 자세 복원 시, 관절 질환으로 인한 변형을 반영하지 말았어야 했다고 주장한다. 의도적으로 이미지를 왜곡시켰다는 것이다. 심지어 불레는 그의 호모 네안데르탈렌시스 복원작업에 마치 유인원처럼 엄지발가락을 다른 발가락과 마주칠 수 있도록 만들었다. 하지만 그렇게 볼 수 있는 뼈 변형은 없었다.

존 거시가 복원한 스미스소니언 자연사박물관의 호모 네안데르탈렌시스 복원 이미지와 '인류의 기원' 전시실 터널형 입구에서 보이는 이미지는 불레가 만든 복원 이미지와 비교해보면 차이가 크다. 훨씬 더 지적이고 잘 생겼다. 이 모습을 본 사람들은 완전한 이미지 변신에 깜짝 놀랄 것이다.

네안데르탈인 화석의 왜곡 이미지를 뒤집는 '라 페라시 네안데르탈인' 화석

1909년 프랑스 남서부의 도르도뉴 계곡에 있는 라 페라시 동굴에서 인류 화석이 나왔다.

이것은 지금까지 발견된 가장 크고 가장 완전한 네안데르탈인 두개골이다. 이 바위동굴에서 다른 네안데르탈인 화석도 함께 발견되었다. 네안데르탈인은 유럽에 호모 사피엔스가 도착하기 수천 년 전에 이 바위동굴을 사용했다.

여기서는 성인 남성과 여성의 골격이 나왔다. 이것들은 네안데르탈인에게서 남녀의 차이를 보여주는 '성적 이형성'에 대한 최초의 과학적 증거다. 평균 키는 남성 164센티미터, 여성 155센티미터이고 평균 체중은 남성 65킬로그램, 여성 54킬로그램 정도였다. 또한 어린이와 유아의 골격은 네안데르탈인 아동의 성장률을 이해하는 데 도움이 되었다. 성인, 어린이, 유아 및 두 명의 태아를 포함하여 총 8명의 네안데르탈인이 이 동굴에 의도적으로 매장되었다.

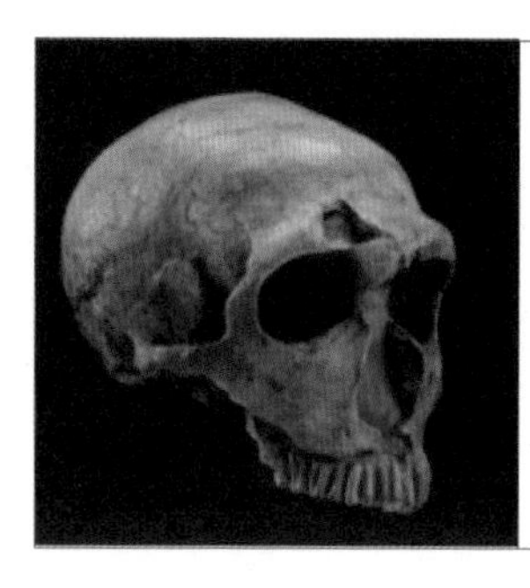

라 페라시 1(La Ferrassie 1) 화석
- 장소 : 프랑스 도르도뉴 계곡 라 페라시 동굴
- 발견 연도 : 1909년
- 발견자 : Louis Capitan, Denis Peyrony
- 생존 시기 : 7만~5만 년 전
- 호모 네안데르탈렌시스

라 페라시 화석 중 가장 중요한 개체 중 하나는 성인 남성의 골격인 '라 페라시 1'이다. 그의 두개골은 가장 크고 가장 완전한 네안데르탈인 두개골이다. 낮고 경사진 이마와 큰 비강 개구부와 같은 전형적인 네안데르탈인 특성이 많이 있다. 그의 이빨은 모두 보존되어 있지만, 심하게 닳아 있다. 죽었을 때 나이가 많았다는 것이다. 그런데 그의 앞니는 씹을 때 생기는 것이 아닌 기울어진 마모 흔적이 있다. 이 이상한 마모를 설명하는 한 가지 가설은 그가 가죽 같은 것을 자를 때에 한쪽은 앞니로 물고, 다른 손으로 같이 잡고 나머지 다른 손에 든 도구로 긁었다는 것이다. 도구로서 치아를 사용하는 것은 네안데르탈인의 행동 적응 중 놀라운 사실이다.

또 라 페라시 1 화석의 다리와 발뼈는 의심할 여지 없이 네안데르탈인이 현대인과 매우 유사한 걸음걸이로, 똑바로 걸었다는 증거가 된다. 이것은 구부러진 자세에 끔찍한 모

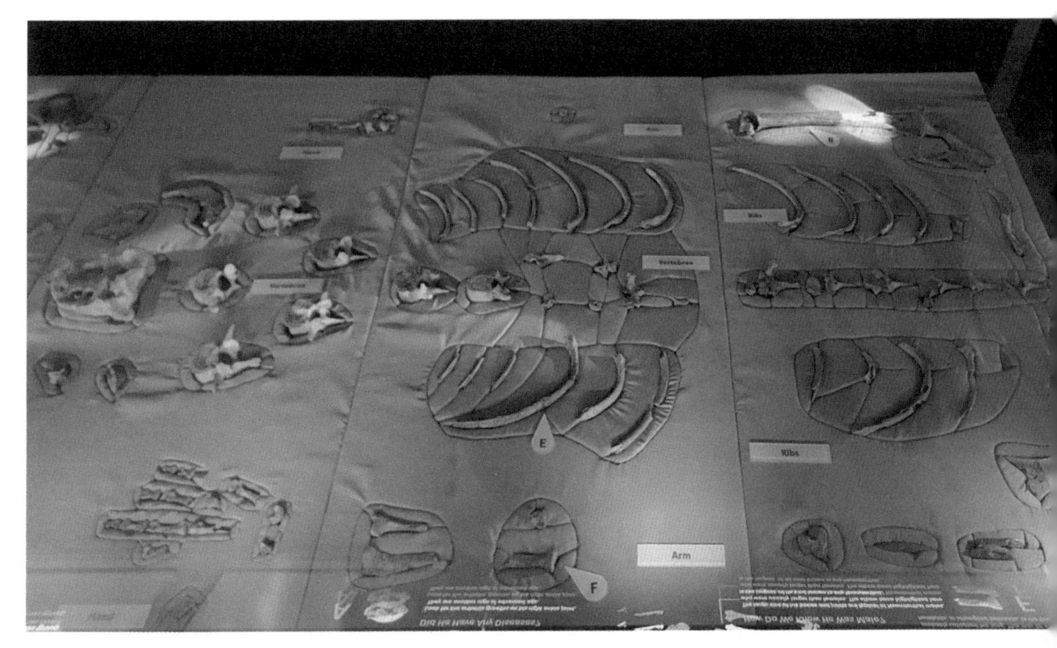

이라크 샤니다르 동굴에서 발굴한 네안데르탈인 화석 전시

습으로 묘사한 프랑스의 고생물학자 불레의 라 샤펠 노인 화석의 골격 복원작업이 잘못 되었음을 확실하게 밝혀주는 것이다.

이라크 샤니다르 동굴에서 발굴된 호모 네안데르탈렌시스 화석

두개골만 모아 놓은 전시 디스플레이 바로 뒤쪽에는 네안데르탈인들에 관한 특별한 전시가 또 있다. 바로 이라크의 샤니다르 동굴에서 발굴된 네안데르탈인 화석들이다. 6만 5천~4만 5천 년 전, 네안데르탈인들은 이라크 북동부의 동굴이 많은 산지에 많이 살았다. 스미스소니언 박물관은 이 네안데르탈인들과 특별한 인연이 있다.

1950년대에서 1960년대에 스미스소니언 박물관과 이라크 문화유산청은 샤니다르 동굴 유적들을 공동으로 발굴했다. 발굴팀은 1953년부터 1960년 사이에 샤니다르 한 동굴의 13.7센티미터 깊이에서 일곱 개체의 각각 다른 성인 화석과 두 개체의 어린아이 화석들을 발굴했다. 그곳에서는 수많은 석기와 도살된 동물 뼈들의 재가 쌓인 화덕자리도

첨단기술을 활용해 화석을 잘 보존할 수 있게 특별 제작된 유리상자 안에 전시된 네안데르탈인 '샤니다르 3'의 진본 화석

나왔다. 특이한 것은 그곳에서 발견된 네안데르탈인들의 뼈에는 다치고 병든 흔적들이 많이 남아 있었다. 게다가 부상한 뒤 오랫동안 치료한 흔적이 있었다. 그래서 과학자들은 이들 사회가 병들고 부상한 사람들을 돌보는 문화가 있었다고 생각한다.

놀라운 것은 그들의 장례 의식이다. 샤니다르 네안데르탈인들은 동굴 천장에서 떨어져 쌓인 석회암 더미에 낮은 구덩이를 파고 죽은 사람을 묻었다. 가장 놀라운 것은 꽃 무덤이다. 이 무덤은 나이 들어 죽은 사람의 시체가 소나무와 전나무 가지로 된 침대 위에 있었다. 그 주위에 일곱 가지의 아름다운 꽃들이 놓여 있었다. 꽃가루뿐만 아니라 꽃술이 남아 있는 꽃도 있어, 무덤 주인의 죽은 계절이 봄이라는 것을 알 수 있었다. 일부 과학자들은 이 꽃들을 새나 쥐 같은 동물들이 운반했을 수도 있다고 주장한다. 하지만 무덤이 샤니다르 동굴 깊은 곳에 있어서 그랬을 가능성은 별로 없다. 그렇다면 네안데르탈인들이 장례를 치렀고, 사후 세계에 대한 믿음이나 상징이 있었다고 보는 것이 맞다.

또 과학자들은 샤니다르의 가장 깊은 층에서 670점 이상의 석기를 발견했다. 이것은 그들이 이 지점을 방문했다는 증거다. 여기서 나온 긁개는 네안데르탈인들이 동물 가죽을 벗기는 데 사용했을 것으로 본다. 또 여기서 발견된 네안데르탈인 노인의 턱뼈에는 이빨들이 빠지면서 턱이 심각할 정도로 손상된 흔적이 있다. 이 노인의 손은 이제까지 발견된 네안데르탈인의 손 가운데 가장 완벽하다.

유리상자 안에 전시되어 있는 뼈 화석은 샤니다르 동굴에서 발견된, 6만 년 전부터 4만 5천 년 전에 살았던 네안데르탈인 '샤니다르 3'의 진본 화석이다. 세계에서 발견된 네안데르탈인 화석 중에서는 가장 큰 것이다. 약 130개의 뼈가 나왔다. 이 유리상자는 첨단기술을 활용하여 화석을 잘 보존할 수 있게 설계되었다. 실내 온도조절이 되고, 외부에서 공기가 차단되어 있다. 뼛조각들은 조립되어 있지 않고 떨어져 있다. 각각의 뼈들을 산화방지 재료로 지지해주고 있기 때문이다. 이라크 화석이 왜 여기에 있을까? 1950년대에 스미스소니언과 이라크 문화유산청이 공동 발굴하면서, 보존과 연구를 위해 그중 일부를 스미스소니언 박물관에 보존하기로 합의했기 때문이다.

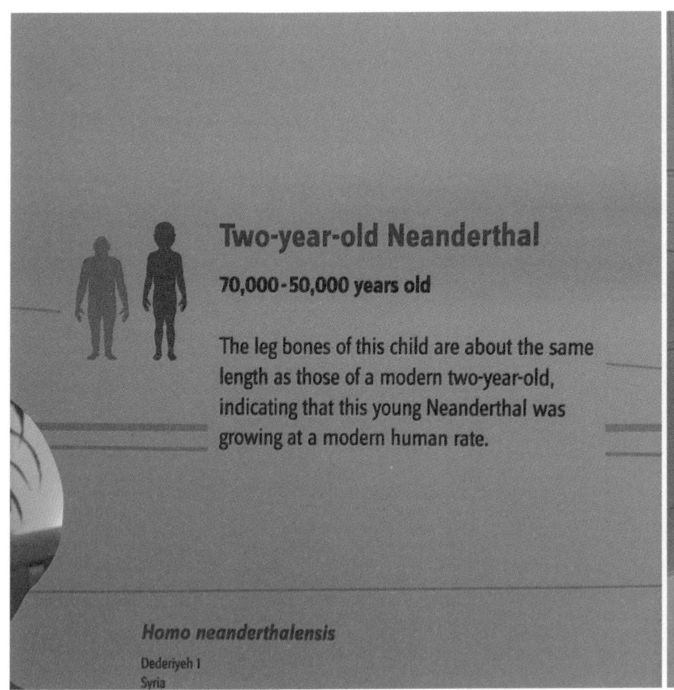

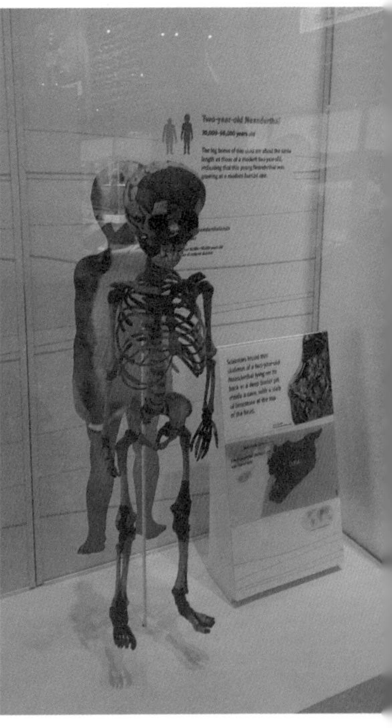

두 살짜리 네안데르탈인 어린이. 성장률이 현대인과 비슷하다.

호모 네안데르탈렌시스의 DNA 게놈 프로젝트

최근 네안데르탈인 게놈 프로젝트가 사람들의 관심을 끌고 있다. 네안데르탈인 화석에서 추출한 DNA로 네안데르탈인들의 유전 정보를 읽어내, 현생 인류와 유전적인 차원에서 어떻게 관계가 있는지를 밝혀내는 프로젝트다. 이 분야는 독일 막스 플랑크 연구소 진화 인류학 연구실의 스반테 페보 교수팀이 주도해왔다.

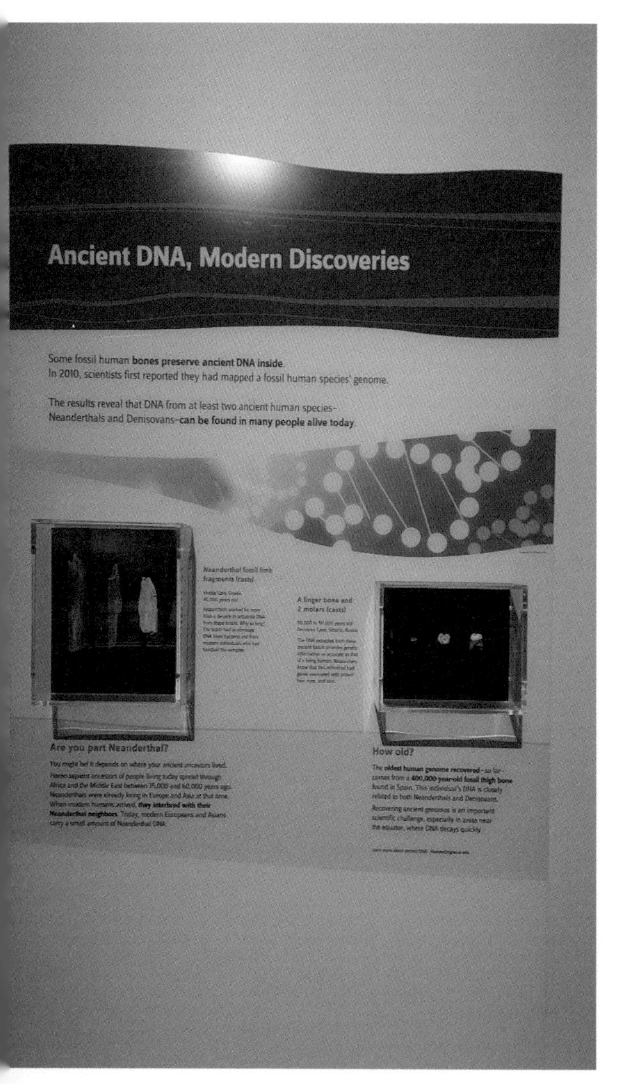

고대 인류의 DNA 현대에 발견

연구팀은 1997년 네안데르탈인 미토콘드리아 DNA 염기서열을 해독해 발표했다. 미토콘드리아 DNA 1만 3천 개의 염기서열을 분석하고, 핵 DNA 100만 개를 분석한 결과였다. 결론은 네안데르탈인과 현생 인류의 DNA가 다르고 전혀 섞이지 않았다는 것이었다. 2002년 페보 박사는 언어유전자(FOXP2)에 관한 연구 결과를 발표했다. 결과는 놀랍게도 네안데르탈인의 언어유전자가 현생 인류와 같았다. 어쩌면 네안데르탈인도 현생 인류처럼 말을 했을 가능성이 생긴 것이다.

페보 박사는 2006년, 네안데르탈인들의 전체 게놈 재구성 계획을 발표했다. 2009년 2월에는 최초로 네안데르탈인 게놈 전체를 해독했다는 미국최신 과학협회의 공인을 받았다.

그리고 2010년 5월, '네안데르탈인 게놈'을 사이언스지에 발표했다. 결론은 네안데르탈인과 유라시안인들 사이에 혼혈이 있었다는 것(사하라 이남 아프리카는 제외), 유럽인들도 4% 정도의 유전자를 네안데르탈인들로부터 물려받았다는 것이다. 30억 쌍 이상의 염기서열을 분석한 결과였다.

그보다 두 달 앞선 2010년 3월, 페보 박사팀은 시베리아의 데니소바 동굴에서 발견된 손가락뼈에서 추출한 DNA 분석 결과도 발표했다. 결론은 이 뼈의 주인공이 지금까지 발표된 적 없는 고인류라는 것이었다. 이 인류의 이름은 '데니소바인'이다. 또 페보 박사는 2014년 책 〈잃어버린 게놈을 찾아서: 네안데르탈인에서 데니소바인까지〉를 출간했다. 이 책에서는 1980년대 초 송아지 간에서 시작해, 이집트 미라의 DNA 연구와 2010년 데니소바인 손가락뼈 분석, 네안데르탈인 게놈 프로젝트 결과 발표까지의 과정을 담았다.

그리고 스반테 페보 박사는 2022년 노벨 생리·의학상을 수상했다. "페보 교수는 비록 멸종되었지만 현생 인류의 먼 조상이며 친척이라고 할 수 있는 네안데르탈인의 염기서열 분석을 해냈으며, 전에는 알려지지 않았던 고인류 데니소바인을 발견하는 놀라운 업적을 세웠다. 그의 연구는 우리 인류의 진화 역사뿐 아니라 현생 인류가 어떻게 지구에서 이주·이동했는지 탐구하는 데에도 큰 도움이 되었다. 그는 선구적인 연구를 통해 불가능해 보였던 업적을 달성했으며 큰 성취를 이뤘다." 이상은 노벨위원회가 밝힌 선정 이유다. 요약하면 네안데르탈인, 데니소바인, 그리고 현생 인류 간의 연결점을 증명한 공로라는 것이다.

날마다 새로 밝혀지는 인류의 진화

화석과 유전적 증거 모두 네안데르탈인과 현대인(호모 사피엔스)이 70만~30만 년 전의 공통 조상에서 진화했음을 나타낸다. 네안데르탈인과 현대인은 같은 속에 속한다. 서아시아에서 3만~5만 년 동안은 지리적으로 같은 지역에 거주했다. 현생 인류의 유전자 속에 4% 정도의 네안데르탈인 유전자가 남아 있다고 한다.

우리는 초기 인류의 조상에 대해 모든 것을 알지는 못한다. 그러나 계속 새로운 사실들이 밝혀지고 있다. 인간 진화에 대한 우리의 이해도 계속 바뀌고 있다.

5장
보석·광물·지질학 전시실

세계 최고, 스미스소니언의 보석·광물·지질학 전시실

보석 · 광물 · 지질학 전시실의 7개 갤러리

자연사박물관 2층에 올라가면 스미스소니언의 또 하나 자랑거리, '재닛 애넌버그 후커 지질학 · 보석 · 광물 전시실(Janet Annenberg Hooker Hall of Geology, Gems, and Minerals)'이 있다. 이 전시실은 세계 최고의 지질학 · 보석 · 광물 전시실이다.

1997년, 스미스소니언이 이 전시실을 새로 꾸미는 데에만 1천만 달러의 예산이 들어갔다. 그중 500만 달러를 재닛 애넌버그 후커 여사가 기증했다. 그래서 전시실 이름이 '재닛 애넌버그 후커 보석 · 광물 · 지질학 전시실'이다. 모두 7개의 갤러리로 구성되었는데, 전시실 전체 면적은 1,858제곱미터(약 563평)이다. 7개 갤러리의 이름은 해리 윈스턴 갤러리, 국립보석컬렉션 갤러리, 광물과 보석 갤러리, 광산 갤러리, 암석 갤러리, 판구조론 갤러리, 달·운석·태양계 갤러리다.

이곳에는 3천5백여 점의 보석과 광물, 암석 그리고 운석들이 전시되어 있다. 그러나 전시실에 있는 것만 그렇고, 수장고에 있는 것까지 합치면 보석만 1만 점이 넘는다. 광물과 암석까지 합치면 약 60만 점 이상의 표본들이 있다.

해리 윈스턴 갤러리의 대표적인 걸작품, 호프 다이아몬드

첫 번째 전시실은 '해리 윈스턴 갤러리'다. 이곳에는 '호프 다이아몬드'를 포함해 모두 여섯 가지의 엄청난 보물들이 있다. 모두 자연이 만들어낸 걸작품들이다. 그래서 첫 번째 패널에 이렇게 적혀 있다.

"강력한 자연의 힘들이 이 방에 있는 여섯 가지 보물들을 만들었습니다. 여기 있는 광물들, 암석들 그리고 운석은 모두 우리 지구와 태양계의 역사를 포함하고 있습니다. 그것들은 모두 46억 년 전 우리 태양계를 만든 '우주먼지(stardust)'들의 산물입니다. 땅속 깊은 곳의 열과 압력 그리고 지표면의 바람과 물 같은 힘들이 지금도 새로운 지질학적 신비들을 만들고 있습니다."

이 여섯 가지 중 주인공은 단연 '호프 다이아몬드'다. 이것은 25년 전 보안 시스템 제조업체인 다이볼드가 제작해 기증한 50만 달러짜리 첨단 특수 진열장과 금고에 전시되어 있다. 호프 다이아몬드는 받침대 위에서 천천히 회전하며 90도 움직일 때마다 10초 동안 정지하여 광섬유 조명 아래에서 반짝인다. 진열장의 센서가 움직임, 온도 변화 또는 기타 문제의 징후를 감지하면 다이아몬드와 그 받침대는 자동으로 바닥 아래 금고로 순식간에 내려와 안전하게 보관된다. 45.52캐럿의 이 '블루다이아몬드'는 세계에서 가장 유명한 보석답게 아우라를 발하며, 정교한 다이아몬드 펜던트에 세팅되어 있다. 흠 하나 없는 투명함과 매우 희귀한 색상의 '딥 블루'가 보는 사람들을 단번에 매료시킨다. 이것은 약 10억 년 전에 땅속 150킬로미터 이상의 깊은 곳에서 만들어져서, 용암이 폭발적으로 분출될 때 함께 지구 표면에 도달했다. 사람들에게 발견된 건 약 400년 전이다. 그 후 바다를 건너 유럽 대륙으로, 왕들에게서 평민에게로, 파란만장한 세월 동안 주인이 계속 바뀌었다. 결국 미국에 있는 스미스소니언으로 왔다. 호프 다이아몬드에 관한 재미있는 일화들은 너무나 많다. 그래서 다음 장에서 별도로 소개한다.

나머지 다섯 가지 자연의 걸작품들

나머지 다섯 가지 보물들은 전시실 벽면에 하나씩 널찍하게 떨어져서 전시되어 있다. 전시실 입구에서 오른쪽으로 돌아가며 간략히 소개한다.

먼저 590킬로그램의 석영 결정 클러스터다. 이것은 1980년대 중반에 아프리카 나미

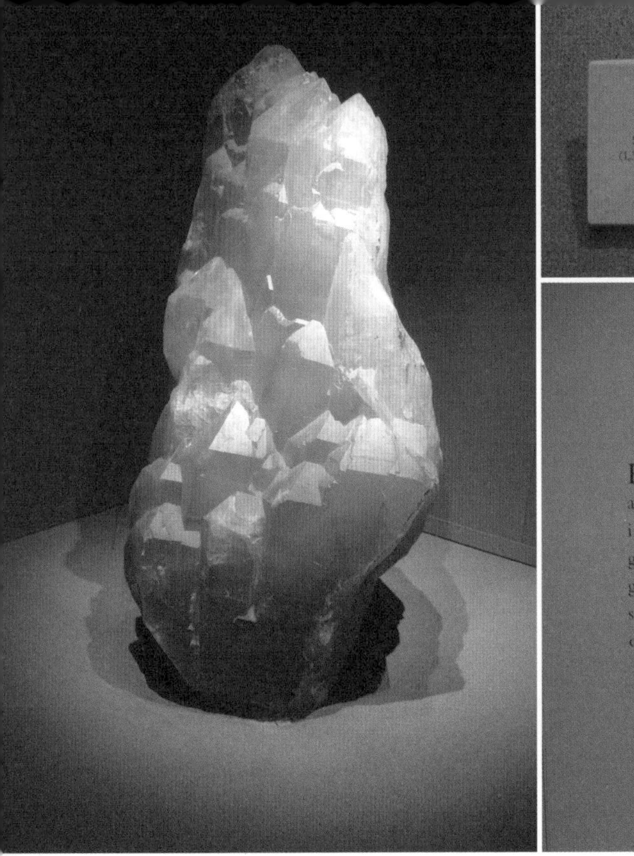

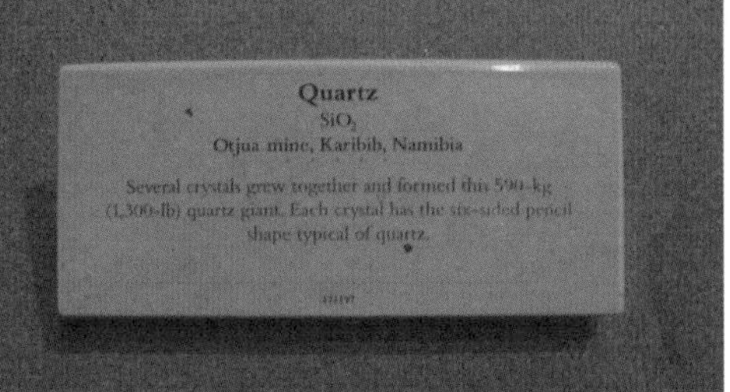

590킬로그램의 석영 결정 클러스터

비아의 광산에서 발견되었다. 보석과 같은 정도의 전기석을 찾던 광산업자가 방처럼 가운데가 빈 공간이 있는 거대한 석영 광맥을 발견했다. 그곳에서 거대한 석영결정 클러스터를 발견했다. 석영은 지각 속의 뜨거운 물 속에서 돌아다니면서 규소와 산소 원자가 결합한 하나의 원자가 계속 성장한다. 그 원자 하나에서 이렇게 큰 결정으로 자란 것이다. 정말 자연의 신비다.

다음은 무게가 147킬로그램이나 되는 미시간 지역에서 나온 자연산 순동판이다. 구리는 자연에 존재하는 금속 중 제련하지 않고 바로 사용할 수 있는 몇 안 되는 순수 금속 중 하나다. 하지만 순수 금속으로 발견되는 구리는 크기가 작고, 양도 매우 적다. 대부분은 동광석으로 산출된다. 광석의 순도를 '품위(品位)'로 표기하는데, 동광석은 품위가 0.5%에서 5% 이하이다. 다른 금속보다 낮다. 따라서 채굴한 동광석에서 필요한 성분만 골라내는 '선광 작업'을 거친다. 대표적인 선광법은 분쇄한 동광석을 물에 띄워서 뜨는 성분만 골라내는 부유선광법이다. 선광 작업을 거쳐 정제한 동광석을 동정광이라고 한다. 이것을 동 제련소로 보낸다. 불필요한 부분을 골라내 무게를 줄였기 때문에 운송비를 10분의 1 이하로 줄일 수 있다. 그것을 다시 동 제련소에서 99.5%로 제련한 후, 또다시 전기분해 해서 99.99%의 전기동으로 만들어낸다. 그러니 이렇게 큰 크기의 순동이 자연 상태에서 그대로 나온 것은 정말 드문 경우이다.

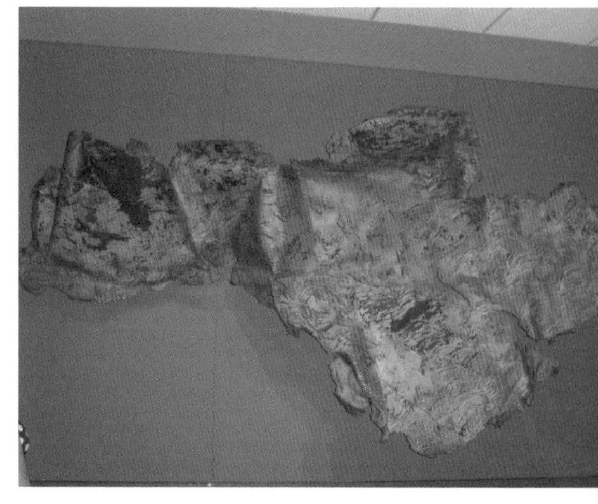
미시간에서 나온 무게가 147킬로그램이나 되는 순동판

그다음은 '투손 운석'이다. 1700년대 후반 애리조나주의 투손 지역에서 발견된 이 운석들은 두 개로 되어 있다. 하나는 커다란 고리 모양으로 생겼고, 무게가 621.5킬로그램이다. 운석이 커다란 링 모양으로 발견된 것은 이 투손 운석이 유일하다. 다른 하나는 석

석판 모양(283킬로그램)과 링 모양(621.53킬로그램)이 한 세트로 된 투손 운석. 모양뿐만 아니라 성분과 내부 구조도 독특하다.

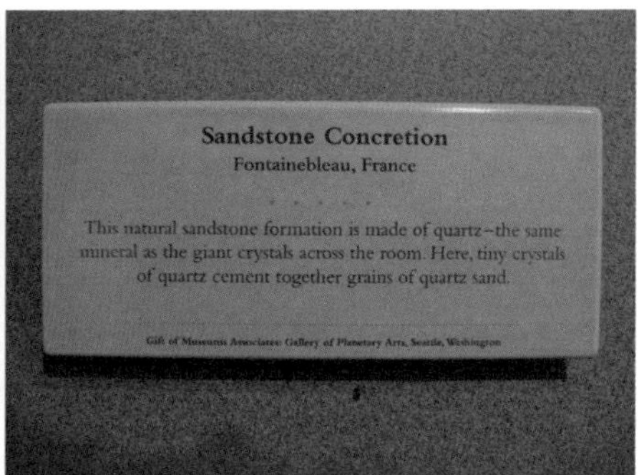

물결 모양 사암

판 모양의 운석인데 무게가 283킬로그램이다. 그중 커다란 링 모양 운석의 이름은 '어윈 아인사'이고, 이것과 짝을 이루는 다른 하나는 '칼턴 운석'이다. 이 운석들은 녹여서 합치거나 열처리를 한 부분이 어느 쪽에도 없다. 성분은 미세한 실리콘-크롬을 함유한 철-니켈-금속(92vol%)과 거의 무알칼리성 규산염(8vol%)의 내화성 및 환원성 혼합물로 구성되어 있다. 철-니켈-금속이 먼저 응축된 것으로 생각된다. 오랫동안 그것들이 운석인 줄 몰랐던 대장장이들은 이 운석들을 말의 편자나 등자 등을 만들 때 쓰는 모루로 사용했었다. 그러다가 1852년 르 콩트가 운석임을 밝혀냈다.

다음은 물결 모양으로 굳어진 사암이다. 이것 역시 정말 희귀한 표본이다. 프랑스의

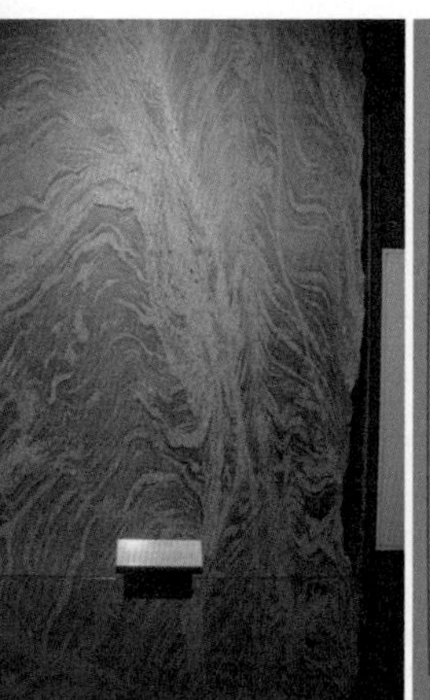

여러 빛깔의 편마암 광택 슬라브

고대 해변에서 모래 입자들이 서로 합쳐지면서 어떻게 이런 물결 모양의 부드러운 곡면으로 형성되었는지 신기할 따름이다.

마지막으로 스리랑카에서 나온 여러 빛깔의 편마암 광택 슬래브가 있다. 과학자들은 이것이 11억 년 전 처음 지각의 열과 압력을 받아서 생긴 암석이라는 것을 알아냈다. 암석이 생겨나고 5억 년 후, 그 편마암이 더 깊은 곳으로 묻혔다. 더 높은 온도와 압력이 이 편마암을 흑백 층이 있는 편마암으로 바꿨다. 온도가 올라가면 녹아 있는 부분이 핑크빛과 회색으로 바뀐다. 온도가 계속 오르면 녹은 암석이 통로로 올라오고 식으면 핑크색, 흰색, 흑색 잎맥을 형성한다.

그러나 여기에 새로 추가해야 할 걸작품이 하나 더 있다. 그것은 바로 '폭스파이어(Fox Fire) 다이아몬드'다. 폭스파이어 다이아몬드는 무게가 187.63캐럿으로 북미에서 발견된 가장 큰 보석 품질의 다이아몬드다. 이것은 2015년 8월에 캐나다 노스웨스트 준주 북극권 위의 다이아비크 다이아몬드 광산에서 발굴되었다. 스미스소니언은 이 보석을 2016년 11월부터 3개월 동안 해리 윈스턴 갤러리에 전시했다. 그때 이것 역시 호프 다이아몬드처럼 특별 제작된 진열장 금고에 진열되었었다.

호프 다이아몬드의 기증자를 기념한 '해리 윈스턴 갤러리'

스미스소니언은 호프 다이아몬드를 기증한 해리 윈스턴을 기념해 갤러리 이름을 '해리 윈스턴 갤러리'로 정했다. 그가 호프 다이아몬드를 기증한 이후로 스미스소니언의 보석 컬렉션이 세계 최고의 보석 컬렉션으로 도약했기 때문이다. 이곳에는 호프 다이아몬드를 기증한 해리 윈스턴의 흉상도 있다.

해리 윈스턴은 1949년 호프 다이아몬드를 350만 달러에 샀다. 이후 10년 동안 전국 순회전시를 하면서 보석의 인지도를 높였다. 그리고 1958년 11월 10일, 스미스소니언의 새로 단장된 광물과 보석 전시실 개관에 맞춰 호프 다이아몬드를 스미스소니언에 기증했다. 이때 해리 윈스턴은 "그 다이아몬드를 갖게 된 이후부터 줄곧, 위대한 보석 컬렉션의 시작점으로 그것을 정부에 기증하는 게 나의 목표였다."고 말했다.

그런데 실제로 그의 호프 다이아몬드 기증이 스미스소니언 국립보석컬렉션 성장의 기폭제가 되었다. 그것이 국립 보석 컬렉션에 새로운 관심을 불러일으켰고, 많은 개인 소장자들이 자기의 귀한 보석들을 스미스소니언에 기증하기 시작했다. 시리얼 회사 포스트의 상속인인 마조리 메리웨더 포스트 여사는 블루 하트 다이아몬드, 나폴레옹이 마리 루이즈에게 선물한 다이아몬드 목걸이와 왕관(다이아뎀), 그리고 '막시밀리안 에메랄드'를 기증했다. 존 로건 부인은 '로간 사파이어'를, 빅토리아와 레오나르도 윌킨슨 부부는 '빅토리아 트란스발 다이아몬드'를 기증했다. 재닛 애넌버그 후커는 '옐로 다이아몬드'를, 로저 리브스는 화려한 '스타 루비'를 선물했다. 호프 다이아몬드와 함께 수천 개 이상의 개별 보석으로 구성된 이 전시는 대히트였다. 1995년 새로 단장할 때까지 수천만 명의 관람객이 이 전시를 즐겼다. 이렇게 해서 스미스소니언 국립보석컬렉션은 명실공히 세계에서 가장 크고 인기 있는 보석 컬렉션이 되었다.

해리 윈스턴이 기증한 또 다른 광물과 보석들

호프 다이아몬드 외에 해리 윈스턴이 스미스소니언에 기증한 다른 보석들도 있다. 대표적인 것이 1964년에 기증한 '오펜하이머 다이아몬드'다. 이것은 무게 253.7캐럿, 높이가 3.8센티미터인 팔면체(팔각형 이중 피라미드) 모양으로, 색깔이 밝은 노란색이다. 결정

오펜하이머 다이아몬드

이 형성될 때 질소 불순물이 일부 탄소 원자를 대체해 노란색이 되었다. 특이한 것은 이 정도 크기의 다이아몬드가 원형 그대로 남아 있다는 점이다.

가찰라 에메랄드

또 하나 '가찰라(Gachala) 에메랄드'가 있다. 이것은 해리 윈스턴이 1969년에 기증했다. 다양한 베릴(Beryl, 녹주석) 광물 중 최고는 에메랄드다. 에메랄드의 주성분은 베릴륨이다. 베릴륨은 녹주석에 14% 이상 포함돼 있다. 베릴륨으로 만든 합금은 매우 단단하고 강철보다 튼튼하다. 열에 강하면서 열과 전기도 잘 통하고, 가볍다. 기본적으로 녹색이지만 노란색 또는 파란색 색조를 띨 수도 있다. 녹색이 충분하지 않은 원석은 녹색 녹주석으로 분류된다. 파란색이 진한 것은 '아쿠아마린'이라고 한다. 따라서 에메랄드는 색상이 순수한 녹색일수록 더 가치가 있다. 결정들이 성장하는 동안 크롬이나 바나듐 원자가 불순물로 녹주석 결정에 끼어들면 색깔이 달라진다. 무게가 858캐럿인 가찰라 에메랄드 결정은 1967년 콜롬비아의 가찰라에 있는 '베가 데 산 후안' 광산에서 발견되었다. 에메랄드는 콜롬비아산이 가장 아름답다. 그중 이렇게 크기가 크고 색상이 뛰어난 에메랄드 결정은 매우 희귀하다.

그다음은 '윈스턴 금강 진주(Winston Adamantine Pearl) 펜던트'다. 이것은 1997년 재닛 애넌버그 후커 보석 · 광물 · 지질학 전시실을 새단장할 때 해리 윈스턴 회사에서 기증한 것이다. 펜던트는 플래티넘으로 세팅되었고, 52개의 바게트 거미줄과 라운드 브릴리언트컷 다이아몬드도 포함되었다. 금강 진주는 실제로는 진주가 아니라 검은 다이아몬드다. 완성된 보석의 3~4배 크기의 다이아몬드 원석을 구형으로 자른 후 연마해 타히티 진주와 묘하게 닮은 보석을 만든 것이다. 이 금강 진주는 무게가 44캐럿이다. 진주의 아름다움과 다이아몬드의 독특한 속성을 모두 가지고 있다. '금강'으로 번역하는 'Adamantine'은 다이아몬드의 눈부신 광채를 묘사할 때 사용되는 단어라고 스미스소니

해리 윈스턴 보석상

언에서는 설명한다.

이밖에 해리 윈스턴은 1951년에 영화배우 페기 홉킨스 조이스에게서 산 '포르투갈 다이아몬드'를 1963년에 스미스소니언 박물관의 작은 다이아몬드들 3,800캐럿과 교환해주었다. 무게가 127.01캐럿인 포르투갈 다이아몬드는 국립보석컬렉션 중 가장 절단면이 큰 다이아몬드다. 이것은 자외선을 받으면 선명한 밝은 청색 형광빛을 낸다. 형광이 너무 강해서 햇빛이나 백열등 아래에서도 보인다. 그 때문에 보석 상태에서는 오히려 흐릿하게 보인다. 만약 형광이 없다면 이 다이아몬드는 약간 노랗게 보일 것이다. 완벽한 투명도와 특이한 팔각형 에메랄드 컷 때문에 세계에서 가장 아름다운 다이아몬드 중 하나다. 이것은 18세기 중반 브라질에서 발견되어, 포르투갈 왕관의 보석으로 세팅되었다는 전설 때문에 '포르투갈 다이아몬드'라는 이름이 붙었다. 하지만 브라질이나 포르투갈 왕족과의 연관성을 입증하는 문서가 없고, 이 이야기의 유래도 명확하지 않다. 진실은 1928년 2월 유명 여배우 페기 홉킨스 조이스가 플래티넘 초커에 장착된 이 다이아몬드를 구입했다는 것뿐이다. 그녀는 35만 달러짜리 진주 목걸이와 현금 2만 3,000달러를 주고 다이아몬드를 샀다. 다이아몬드를 판 주얼리 회사는 미국 최초 주얼리 회사인 '블랙 스타 앤 프로스트'다. 그들은 이 다이아몬드가 1910년 남아프리카 킴벌리의 프리미어 광산에서 발견됐고, 발견 직후 무게가 거의 150캐럿에 달하는 쿠션 컷 상태로 자신들이 입수했다고 밝혔다. 이 다이아몬드는 나중에 127.01캐럿의 현재 모양으로 만들어졌다. 1940년대 후반, 이 다이아몬드는 판매를 위해 미국 전역을 돌면서 '세계에서 가장 큰 에메랄드 컷 다이아몬드'로 홍보되었다. 해리 윈스턴은 1951년 페기 홉킨스 조이스로부터 이 포르투갈 다이아몬드를 인수했다. 이후 몇 년 동안 미국 전역 순회 전시를 했다. 1963년 해리 윈스턴은 이것을 스미스소니언 측의 3,800캐럿의 작은 다이아몬드들과 교환해주었다.

뉴요커들이 가장 좋아하는 보석 브랜드, 해리 윈스턴

뉴요커들이 가장 좋아하는 3대 보석 브랜드는 해리 윈스턴, 반클리프 아펠, 그리고 카르티에라고 한다. 그중 1위는 해리 윈스턴이다. 해리 윈스턴은 1896년 우크라이나에서 태어나, 어렸을 때 미국으로 이민을 왔다. 어려서부터 아버지의 보석 가게에서 일하면서 12살 때 이미 보석을 보는 눈이 있었다고 한다.

그는 1932년 뉴욕에 보석 회사 '해리 윈스턴'을 설립했다. 1935년에는 세계에서 가장 큰 다이아몬드 중 하나인 존커 다이아몬드(원석 726캐럿)를 사들였다. 그리고 호프 다이아몬드를 포함해 최고의 다이아몬드 330개 중 60개를 소유해 '다이아몬드의 왕'이라는 별명을 얻었다.

해리 윈스턴이 소유한 다이아몬드 중에는 영화배우 리처드 버튼이 엘리자베스 테일러에게 선물했던 '테일러 버튼 다이아몬드'도 있다. 또 '동방의 별(the Star of the East)'도 있다. 이것은 매클린 부인이 호프 다이아몬드와 함께 가지고 있던 것이다. 해리 윈스턴은 이 '동방의 별'을 1950년 윈저공 부부에게 팔았다. 윈저공은 1936년에 영국 왕이 되었으나, 이혼녀였던 미국인 심슨 부인과 결혼하기 위해 왕위를 내려놓았다. 그래서 20세기 '세기의 결혼'으로 유명하다. 이들 부부는 이후 프랑스에서 공작 부부로 살았다. 윈저 공작부인은 이 보석을 1986년 사망 시까지 가지고 있었다. 그러나 그녀의 유언에 따라 그녀의 보석들은 모두 경매에 넘겨서, 팔린 금액 전액이 파스퇴르 연구소에 기부되었다. 자기네 부부를 기꺼이 예우해준 프랑스에 대한 감사의 표시였다고 한다.

세계에서 가장 유명한 보석, 호프 다이아몬드

호프 다이아몬드

스미스소니언 자연사박물관에서 최고 인기는 호프 다이아몬드다. 매년 600만에서 800만 명이 이것을 보러온다. 지금까지 이곳에서 이 보석을 관람한 사람은 1억 명이 넘는다.

"이게 세계에서 가장 큰 다이아몬드인가요?" 박물관을 찾는 사람들은 대부분 이렇게 묻는다. 하지만 아니다. 세계에서 가장 큰 다이아몬드는 무게 545.67캐럿의 '골든 주빌리(Golden Jubilee)'로, 태국 왕이 갖고 있다.

그럼 두 번째로 큰 다이아몬드일까? 그것도 아니다. 두 번째는 '아프리카의 별'이다. 이건 1953년 엘리자베스 2세 대관식 때 여왕의 홀(笏)에 박혀 있던 물방울 다이아몬드로, 무게가 530.2캐럿이나 된다. 호프 다이아몬드는 무게가 45.52캐럿이다. 크기로 보면 앞에 말한 보석들의 10분의 1도 안 된다. 하지만 이것들보다 훨씬 유명하다.

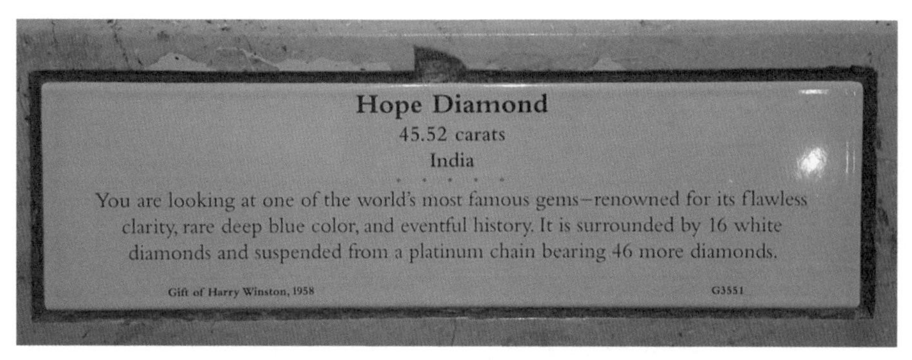

호프 다이아몬드를 설명하는 안내문

호프 다이아몬드가 세계에서 가장 유명한 이유

호프 다이아몬드는 블루다이아몬드다. 그중에서도 최고로 치는 딥 블루다이아몬드다. 그러면서도 무게가 45.52캐럿으로, 블루다이아몬드 중 세계에서 가장 크다. 하지만 그것 때문에 호프 다이아몬드가 그렇게 유명해진 것은 아니다.

진짜 이유는 호프 다이아몬드가 가장 아름답고, 가장 사연이 많은 보석이기 때문이다. 게다가 '이걸 소유하거나 걸쳤던 사람은 반드시 불행해진다'라는 전설까지 있다. 저주의 전설은 이 보석에 얽힌 숱한 얘기들이 반전에 반전을 거듭하며 드라마틱하게 이어진다. 전설에는 루이 14세, 루이 16세와 마리 앙투아네트 같은 역사 속 인물들이 등장한다. 그래서 사람들의 마음을 끌어 당긴다.

1912년 4월, 초호화여객선 타이타닉호가 침몰했다. '타이타닉호의 저주'가 화제가 되었다. 1922년에는 투탕카멘 왕의 무덤과 유물이 발굴되었다. '파라오의 저주'가 사람들을 공포에 떨게 만들었다. 여기에 '호프 다이아몬드의 저주'까지 합쳐 '저주의 전설' 3종 세트가 완성되었다. 사람들은 공포로 두려워하면서도 섬뜩한 저주 이야기를 호기심을 가지고 계속 듣고 싶어 했다.

호프 다이아몬드의 파란만장한 사연

호프 다이아몬드가 정확히 언제 어디서 처음 발견되었는지는 아무도 모른다. 다만 1668년

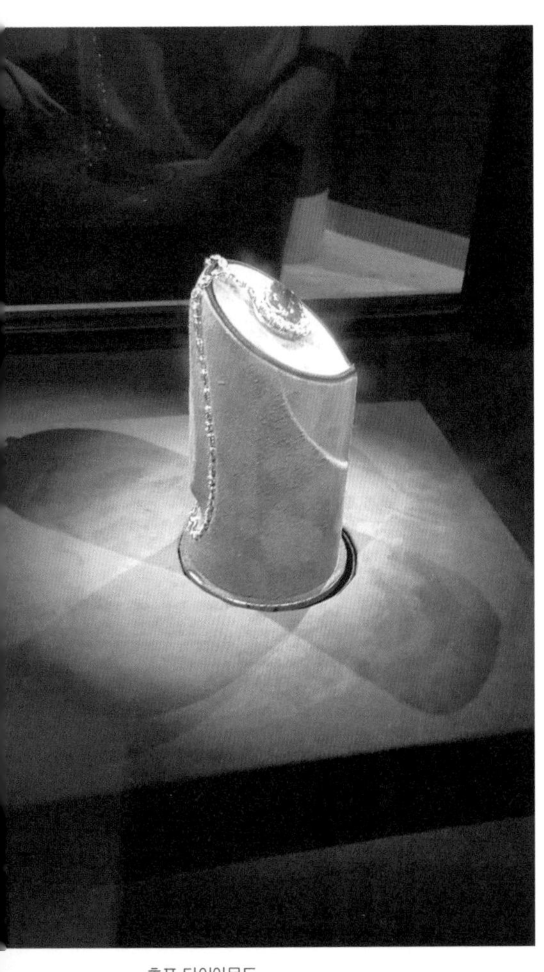
호프 다이아몬드

이전, 인도 골콘다 지역의 콜러 광산이라고 짐작한다. 당시 인도는 세계 유일의 다이아몬드 산지였고, 콜러 광산은 색깔이 있는 다이아몬드 광산으로 유명했기 때문이다.

1668년 프랑스의 보석상 장 밥티스트 태버니어가 112$\frac{3}{16}$캐럿의 푸른 다이아몬드를 인도에서 가져왔다. 프랑스 국왕 루이 14세가 그걸 샀고, 1673년 그는 이것을 하트 모양으로 깎았다. 크기는 67$\frac{1}{8}$캐럿으로 줄었지만, 빛나는 광채가 눈부시게 아름다웠다. 그때부터 이 보석의 별명은 '프렌치 블루'가 되었다.

루이 15세는 1749년 하얀 다이아몬드와 붉은 스피넬(첨정석) 밑에 이 블루다이아몬드를 세팅해서 '황금양털의 훈장'으로 만들었다.

1789년 프랑스대혁명이 일어났다. 루이 16세와 마리 앙투아네트 왕비는 1791년 파리를 탈출하다 체포되었다. 왕권이 정지되고, 왕실의 보석들은 재무부 창고에 보관되었다. 그러나 1792년 9월 11일에서 17일 사이 왕실 재무부가 약탈당했다. 그때 프렌치 블루를 포함한 왕실 보석들이 사라졌다. 루이 16세와 마리 앙투아네트 왕비는 1793년 단두대에서 처형당했다. 그 후 20년 동안 도난당한 프렌치 블루의 소재는 미스터리였다. 나폴레옹은 프랑스 황제가 되면서 도난당한 프렌치 블루와 프랑스 왕관 보석들을 되찾겠다고 했다. 그러나 찾지 못했다.

프랑스 왕실의 보석들이 사라진 뒤 정확히 20년 2일이 지난 1812년 9월 19일, 45.52캐럿짜리 블루다이아몬드가 영국에 나타났다. 런던 보석상의 기록에 그 날짜가 정확히 나온다. 크기는 20캐럿 이상 줄었지만, 윗부분과 옆면 스케치가 프렌치 블루와 똑같았다. 프렌치 블루에서 절단된 게 틀림없었다. 당시 프랑스 법은 전쟁 중에 발생한 범죄는 20년이 지나면 범인을 처벌할 수 없었다. 그래서 이것을 가져온 보석상이 새로운 법적 소유자가 되었다.

그것을 나폴레옹을 무찌른 영국 국왕 조지 4세가 샀다. 그는 이것을 새로운 황금 양털 훈장에 장식했다. 1830년 조지 4세가 죽자, 이번에는 런던의 은행가이자 보석 수집가인 헨리 필립 호프가 9만 달러에 샀다. 그때부터 이름이 '호프 다이아몬드'가 되었다.

1839년 필립 호프도 죽었다. 그는 미혼이었다. 조카 토마스 호프가 다이아몬드를 상속받았다, 1887년에는 토마스 호프의 손자 프랜시스 호프가 물려받았다. 프랜시스 호프는 돈을 흥청망청 썼다. 결국 1901년 빚 때문에 런던의 보석상에게 다이아몬드를 팔았다. 이 보석은 다시 뉴욕과 파리의 보석상에게 팔리고, 또 팔렸다. 그러다 1909년 파리의 보석상 피에르 카르티에가 그것을 샀다.

카르티에는 1910년 파리에 여행을 온 에블린 월시 매클린 부부와 친해졌다. 에블린의 남편은 언론 재벌 워싱턴 포스트 소유주의 아들이었고, 친정아버지는 금광으로 엄청난 돈을 번 사람이었다. 그녀는 화려한 보석을 좋아했다. 카르티에는 그들에게 94.8캐럿짜리 '동방의 별' 다이아몬드를 12만 달러에 팔았다. 그는 에블린에게 호프 다이아몬드도 보여줬다. 하지만 그녀는 세팅이 구식이라며 그냥 워싱턴 DC로 돌아갔다. 몇 달 후, 카르티에는 새로 세팅한 호프 다이아몬드를 가지고 워싱턴 DC 매클린의 집을 찾아갔다. 이때 카르티에는 에블린의 관심을 끌기 위해, 호프 다이아몬드가 저주받은 보석이라는 얘기를 꾸며서 했다. 결국 에블린이 호프 다이아몬드를 15만 4천 달러에 샀다. 이 금액은 당시 노벨상 상금의 약 8.5배나 되는 어마어마한 금액이었다.

에블린 월시 매클린의 불행

에블린은 생각이 독특한 사람이었다. 그녀는 그 다이아몬드가 다른 사람에게 불행을 가져다주는 보석이라면, 자신에게는 행운을 가지고 올 것이라고 말했다. 그래서 어딜 가나 호프 다이아몬드를 걸쳤다. 그때마다 그녀는 저주받은 보석 이야기를 즐겨 했다. 그런 소문 때문에 호프 다이아몬드는 점점 더 유명해졌다. 그녀는 사회사업도 적극적으로 했다. 덕분에 '다이아몬드의 여왕'이라는 명성까지 얻었다.

그러나 호사가들은 그녀 역시 호프 다이아몬드의 저주를 피할 수 없었다고 말한다. 왜냐하면 그녀 역시 불행한 사건들을 많이 겪었기 때문이다. 1919년에는 9살짜리 큰아들 빈슨이 교통사고로 사망했다. 남편 네드 매클린은 다른 여자와 바람이 나서 결국 이혼했다. 그의 사업체 워싱턴 포스트는 파산했고, 네드는 정신병원에서 숨을 거두었다. 1946년에는 그녀의 25살짜리 외동딸이 약물 과다 복용으로 죽었다. 에블린도 이듬해인 1947년 60세에 폐렴으로 사망했다.

그녀는 유언장에 자기의 보석들을 모두 신탁에 맡겼다가, 막내 손자가 25살이 되면 손자들에게 똑같이 나눠주라고 했다. 그러나 2년 후인 1949년, 법원은 그녀의 보석들을 모두 팔아 빚을 갚도록 결정했다. 그래서 뉴욕의 보석상 해리 윈스턴이 그 보석들을 모두 샀다. 호프 다이아몬드와 94.8캐럿짜리 동방의 별 다이아몬드, 31.26캐럿짜리 매클린 다이아몬드까지.

해리 윈스턴, 호프 다이아몬드를 스미스소니언에 기증

해리 윈스턴은 이 다이아몬드들을 가지고 9년 동안 전국 순회 전시를 했다. 에블린이 호프 다이아몬드로 '다이아몬드의 여왕'이라는 별명을 얻었기 때문에, 그 보석을 가진 해리 윈스턴을 사람들은 '다이아몬드의 왕'이라고 불렀다. 그러나 그런 이유가 아니라도 그는 이미 세계에서 유명한 다이아몬드 330개 중 60여 개를 소유했던 사람이었다.

에블린과 해리 윈스턴은 모두 다이아몬드를 사랑했고, 같은 시대를 살았다. 그러나 그들은 미국 사회에서 전혀 다른 삶을 살았다. 1958년 해리 윈스턴은 호프 다이아몬드를 스미스소니언 박물관에 기증하기로 했다.

호프 다이아몬드를 스미스소니언에 기증한다는 소식에 미국 사회가 시끌시끌해졌다. 그런 저주받은 다이아몬드를 미국국립박물관이 기증받았다가 미국이 저주받는 것 아니냐는 소리까지 나왔다. 어쨌든 호프 다이아몬드는 최고로 유명해졌다. 그리고 결국 스미스소니언에 기증되었다.

해리 윈스턴의 기발한 아이디어

해리 윈스턴은 자기의 다이아몬드 기증이 많은 사람의 관심을 끌기를 원했다. 그래서 기발한 아이디어를 생각해냈다. 이 비싼 호프 다이아몬드를 뉴욕에서 스미스소니언으로 기증할 때 우체국 소포로 보내기로 한 것이다. 그러자 또다시 난리가 났다. 그러다 중간에 강도라도 만나면 누가 책임을 질 것인가, 저주받은 보석이라는데 그걸 배달하는 우편배달부는 괜찮을까 등등.

1958년 호프 다이아몬드를 포장한 소포에 우체국 소인을 찍는 모습

스미스소니언 전시실 벽에 재미있는 사진이 하나 붙어 있다. 뉴욕 우체국 직원이 포장지에 우표 스탬프를 찍고 있는 사진이다. 1958년 11월 10일, 호프 다이아몬드를 스미스소니언 박물관으로 보내기 위해 소포에 스탬프를 찍는 장면이다. 당시 보험금은 1백만 달러였고, 우푯값은 배송과 보험금으로 145.29달러였다. 호프 다이아몬드는 더 유명해졌다. 그리고 전 세계에서 가장 사랑받는 다이아몬드가 되었다.

사람들이 자주 하는 질문 중 하나는 호프 다이아몬드의 가격이 얼마나 되느냐 하는 것이다. 1922년에 〈뷰티풀 라이프〉라는 온라인 잡지에서 세계 10대 다이아몬드의 추정 가격을 실은 기사가 있기는 하다. 1위는 영국 여왕 엘리자베스 2세의 코히누르, 2위는 루브르박물관의 생시 다이아몬드, 3위는 역시 엘리자베스 2세의 왕관에 장식된 컬리넌 다이아몬드이고, 4위가 호프 다이아몬드라고 했다. 여기서 1위와 2위는 가격이 없고, 3위가

4억 달러, 4위가 3억 5천만 달러라고 했다. 하지만 1위에서 4위까지 순위를 매긴 것이나 가격을 추정한 것도 객관적 근거는 없다. 모두 대체 불가능한 보물들이기 때문이다.

다이아몬드의 땅속 여행, 시속 70킬로미터

보통 다이아몬드는 지구 표면 아래 150킬로미터 이상 땅속, 온도가 1,200℃에 도달하는 상부 맨틀에서 만들어진다. 위에서 누르는 암석의 무게로 강한 압력을 받아서 탄소 원자가 치밀한 다이아몬드 배열로 압축된다. 인조 다이아몬드는 5만 기압, 1,300℃ 이상에서 합성한다.

그러나 땅 위에 사는 우리가 이 깊은 곳에서 생긴 다이아몬드를 볼 수는 없다. 그래서 화산이 폭발할 때가 중요하다. 화산 폭발 과정을 보면, 사이다병을 갑자기 땄을 때 거품이 병 밖으로 뿜어져 나오는 것과 비슷하다. 물과 이산화탄소가 녹아 있는 마그마가 거품을 만들면서 가스가 분출된다. 이때 시속 70킬로미터의 속도로 분출되면서 다이아몬드를 땅 표면까지 운반한다. 그러면 다이아몬드가 불과 몇 시간 만에 지구 표면으로 나오게 된다. 이때가 다이아몬드에게는 위기의 순간이다. 위로 솟아오르고, 폭발로 분출되면서 산산이 부서질 가능성이 있기 때문이다. 이때 시속 70킬로미터 이하로 느리게 나오면, 다이아몬드가 연필심으로 쓰이는 흑연으로 바뀌어버릴 수도 있다.

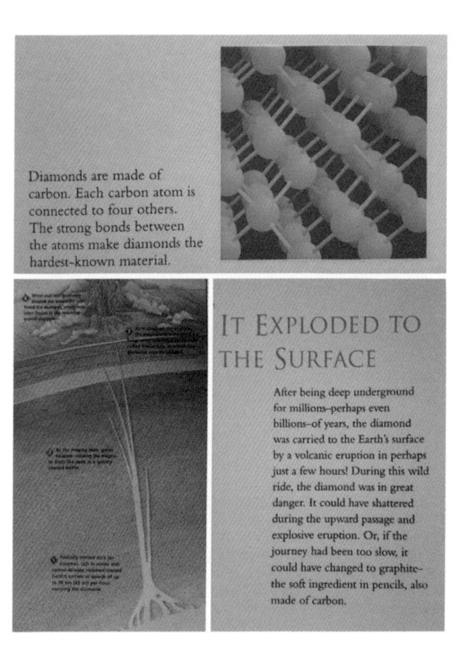

다이아몬드 결정(위)과 다이아몬드가 만들어지는 과정(아래)

다행히 잘 뿜어져 나온 다이아몬드도 그냥 다이아몬드로 나오는 것은 아니다. 마그마는 지표면에서 킴벌라이트라는 운모감람석으로 굳는데, 그 안에 다이아몬드가 들어 있다. 이 킴벌라이트가 오랜 세월 동안 비바람에 점점 침식되면서 다이아몬드가 드러나게 되는 것이다.

호프 다이아몬드가 발견된 인도의 다이아몬드 광산 주변 암석의 연대측정을 해봤더니 대략 10억 년 전에 지표면으로 뿜어져 나온 것이었다. 호프 다이아몬드가 푸른 이유는 붕소 원자 때문이다. 일부 탄소 원자의 자리에 소수의 붕소 원자가 대신 들어가서 진한 푸른색을 띠게 된 것이다.

2011년 스미스소니언 자료에 따르면, 빛은 다이아몬드의 불순물과 상호 작용해 특이한 색상을 생성한다. 호프 다이아몬드는 결정이 성장할 때 붕소 원소의 원자 몇 개가 결정 조직에 들어갔다. 100만 개의 탄소 원자 당 1개의 붕소 원자만 추가해도 짙은 청색을 띠기에 충분하다.

이야기 속의 이야기

호프 다이아몬드에 대한 보답으로 모나리자 전시회가 미국에서 열리다

1962년 5월, 한 달 동안 루브르박물관에서 '프랑스 보석 10세기'라는 전시회가 열렸다. 그해 1월 26일에 루브르박물관 책임자가 스미스소니언 박물관 측에 편지를 썼다. 호프 다이아몬드를 5월 한 달 동안만 빌려달라고 했다. 그러나 스미스소니언 측은 거절 답장을 보냈다. 그러자 루브르박물관은 호프 다이아몬드를 빌려주면 자신들이 소장한 미술작품을 스미스소니언에 빌려주겠다고 다시 제안했다. 그러나 스미스소니언 회장은 이번에도 거절 답장을 보냈다.
이번에는 프랑스의 문화부 장관 앙드레 말로가 직접 나섰다. 그는 1961년 5월에 미국 케네디 대통령 부부를 만났다. 그때 케네디 대통령의 부인 재클린 여사와 두 나라의 문화적 협력을 돈독히 하자는 얘기를 나눴다. 그는 그걸 명분으로 두 나라의 문화적 협력을 전 세계에 알리기 위해 호프 다이아몬드를 루브르박물관에서 전시하게 도와달라고 했다. 결국 루브르박물관에서 호프 다이아몬드를 전시할 수 있었다.
루브르박물관의 전시 이후, 이번에는 재클린 여사가 앙드레 말로 장관에게 요청했다. 루브르박물관에 있는 레오나르도 다빈치의 '모나리자'를 미국에서 전시하게 해달라고. 그러자 프랑스에서 난리가 났다. 1911년 8월 22일 도난당했다가 2년 3개월 만에 다시 루브르박물관으로 돌아온 이래, 모나리자는 단 한 번도 외부로 나간 적이 없었다. 루브르박물관 큐레이터들은 만약 모나리자를 미국에 빌려주면 전원이 사표를 쓰겠다고 했다. 하지만 결국 앙드레 말로 장관은 빌려주기로 했다. 50년 만에 처음으로 모나리자의 외국 반출을 허락한 것이다.
드디어 1963년 1월 8일부터 2월 3일까지 미국국립미술관에서 모나리자 전시회가 열렸다. 딱 모나리자 한 점만을 위해서. 물론 호프 다이아몬드도 모나리자 옆에 같이 전시되었다. 전시 기간 내내 미국 해병대가 경비를 맡았다. 관람객들은 한 줄로 서서 지나가면서 관람하도록 했다. 관람객이 너무 많아 관람 시간을 매일 4시간씩 연장했다. 그래도 너무 많은 사람이 몰렸다. 결국 미국 정부는 전무후무한 아주 특별한 결정을 내렸다. 모나리자의 관람 시간을 1인당 4초로 제한했다. 그 4초를 보려고 사람들이 몰려들었다.

나폴레옹 황제가 마리 루이즈에게 준 사랑의 선물

나폴레옹이 왕비에게 선물한 다이아몬드 목걸이와 왕관이 스미스소니언에?

재닛 애넌버그 후커홀은 자연사박물관 2층에 있는 지질학과 보석·광물 전시실이다. 전시실에 들어서면 첫 번째로 호프 다이아몬드가 있는 '해리 윈스턴 갤러리'가 나온다. 이 갤러리를 지나면 또 하나의 보물창고가 있다. 바로 국립보석컬렉션이다. 여기에는 역사적으로 유명한 보석들이 많이 전시되어 있다.

나폴레옹이 마리 루이즈에게 선물한 다이아몬드. 왼쪽은 다이아몬드 목걸이, 오른쪽은 결혼식에 쓴 다이아뎀

그중에 보자마자 '이게 어떻게 여기에 와 있지?'하고 의문이 생기는 첫 번째 보석장식품이 있다. 나폴레옹 1세가 자신의 두 번째 부인 마리 루이즈에게 선물했던 다이아몬드 목걸이와 왕관이다. 다이아몬드 목걸이는 마리 루이즈가 아들 나폴레옹 2세를 낳았을 때 선물한 것이고, 왕관은 나폴레옹 황제가 마리 루이즈에게 결혼선물로 준 것이다.

나폴레옹 1세가 마리 루이즈에게 준 선물이라는 사실 말고 이 두 보물의 공통점이 하나 더 있다. 프랑스의 주얼리 하우스 '쇼메(Chaumet)'의 창립자 마리 에티엔 니토가 이 보석들을 디자인하고 만들었다는 사실이다.

프랑스의 주얼리 하우스 '쇼메'

쇼메는 1780년 마리 에티엔 니토가 창립한 프랑스 최고의 주얼리 하우스다. 니토는 루이 16세의 왕비 마리 앙투아네트의 공식 보석세공사였던 오베르의 수제자였다. 나폴레옹은 니토를 그의 공식 보석세공사로 임명해, 황제에 관한 모든 보석 세공을 다 맡겼다.

나폴레옹과 니토의 인연에 관해서는 유명한 일화가 있다. 어느 추운 겨울날 새벽, 니토는 자신의 가게 앞에서 추위와 굶주림에 떨며 쓰러져 있는 군인을 발견했다. 그는 그 군인을 가게 안으로 데리고 들어가 따뜻한 수프를 먹이고 몸을 녹이게 해주었다. 얼마 후 정신을 차린 젊은 장교는 훗날 꼭 은혜를 잊지 않겠다고 말하고 떠났다. 그가 바로 나중에 프랑스 황제가 된 나폴레옹 1세다. 이 일화는 정확한 기록이 있는 것은 아니다.

아무튼 나폴레옹은 자기보다 여섯 살 연상인 과부 조세핀에게 청혼할 때, '뚜아에무아(Toi et Moi)'라는 약혼반지를 쇼메에 의뢰했다. 그래서 지금도 쇼메는 자신들의 대표 작품 컬렉션 이름을 '조세핀'이라고 지었다. 쇼메 홈페이지에는 "모던하면서도 자유로운 조세핀 황후의 우아함과 그녀의 기개는 두 세기가 넘는 시간 동안 쇼메 주얼리에 영감을 주었다."고 쓰여 있다.

자크 루이 다비드의 그림 〈나폴레옹 1세의 대관식(1804)〉에서 나폴레옹은 조세핀에게 씌워주는 것처럼 왕관을 들고 있다.(실제 대관식에서는 왕관을 나폴레옹이 직접 자기 손으로 썼는데, 그림에서는 조세핀에게 씌워주려는 것처럼 그려졌다. 그런데 그림을 자세히 보면 조세핀은 이미 다이아뎀을 쓰고 있다.) 이 왕관을 만든 사람도 니토다. 그리고 나폴레옹의 두 번째 부인 마리 루이즈와의 결혼식에 쓸 왕관과 호화 주얼리를 제작한 사람도 쇼메의 니토였다.

쇼메는 특히 다이아뎀(Diadem)으로 유명하다. 다이아뎀은 '둘러서 묶다'라는 뜻의 고대 그리스어에서 유래된 말로, 여왕들이 머리에 쓰는 왕관을 가리킨다. 여성용 머리 장식 티아라도 같은 의미다. 미스코리아나 미스월드 선발대회에서 우승자에게 씌워주는 것도 다이아뎀이다. 지금도 '다이아뎀' 하면, 쇼메다. 쇼메 본사는 파리 방돔 광장 12번지에 있는데 그곳 2층에 쇼메박물관이 있다.

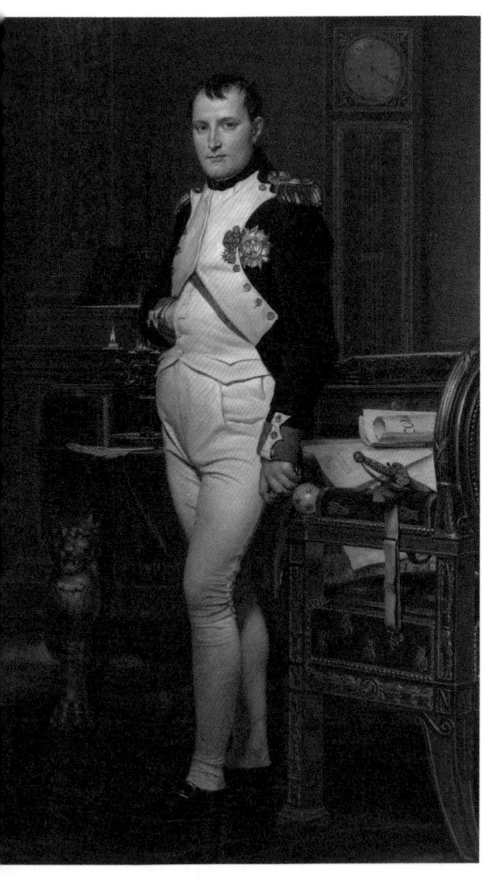
19세기 화가 자크 루이 다비드가 그린 나폴레옹의 초상화

쇼메박물관은 2천5백여 점의 다이아뎀과 각종 주얼리 스케치 원본을 소장하고 있다. 그중 300점이 전시되어 있다. 또 1812년에 그린 마리 루이즈의 초상화와 그녀의 보석들도 전시되어 있다. 이 초상화에서 마리 루이즈가 차고 있는 다이아몬드 목걸이가 바로 스미스소니언에 있는 그것이다.

나폴레옹과 조세핀의 이혼

"어? 나폴레옹의 부인은 조세핀인데, 마리 루이즈는 누구지?"하는 사람도 있을 수 있다. 그 부분에 관해서는 서양문명사의 나폴레옹 부분에 잘 설명되어 있다.

결혼 후 10년이 넘었고 황제가 된 지 몇 년이 지나도 나폴레옹과 조세핀 사이에는 아이가 없었다. 조세핀은 이미 전 남편과의 사이에 1남 1녀를 낳았었다. 나폴레옹은 자신에게 문제가 있나 걱정했다. 그러다 다른 여인 발레프스카가 나폴레옹의 아들을 사생아로 낳았다. 문제는 조세핀에게 있던 것이다(아마 나이 때문이 아니었을까). 나폴레옹은 이혼을 고민했다. 당시 나폴레옹의 상속인은 동생 루이와 조세핀의 딸 오르탕스가 결혼해서 낳은, 조세핀의 외손자이면서 자기 조카인 나폴레옹 찰스 보나파르트였다. 그런데 그가 5살이었던 1807년 5월, 폐질환으로 죽었다(루이와 오르탕스는 이후로 아들 둘을 더 낳았다. 그중 막내가 나폴레옹 3세가 된다).

나폴레옹은 이혼을 결심했다. 조세핀에게 프랑스의 국익을 위해 후계자를 생산할 아내가 필요하다고 설득했다. 조세핀은 분노했지만, 둘이 함께 살았던 말메종 저택과 연 2백만 프랑의 연금 지급을 조건으로 결국 이혼에 동의했다. 1810년 1월 10일, 나폴레옹은 14년 동안 함께 살아온 황후 조세핀과 공식으로 합의 이혼을 했다.

나폴레옹과 마리 루이즈의 결혼

1810년 4월 1일, 나폴레옹은 루브르궁 예배당에서 18살의 마리 루이즈와 결혼식을 올렸다. 마리 루이즈의 아버지는 오스트리아의 대공 프란시스, 어머니는 나폴리 시칠리아의 왕녀 마리아 테레사다. 1791년 그녀가 태어난 다음 해에 아버지는 프란시스 2세로 신성로마제국의 황제가 되었다. 프랑스 혁명 때 단두대의 이슬로 사라진 비운의 왕비 마리 앙투아네트가 마리 루이즈 아버지의 고모다.

마리 루이즈는 1805년과 1809년 프랑스 군대와의 전쟁에서 오스트리아가 패해 피난을 두 번이나 다녔다. 그런데다 나폴레옹이 그녀의 아버지를 오스트리아의 왕으로만 남기고 서로마제국의 황제 자리에서 폐위시켜버렸다. 그래서 어려서부터 나폴레옹을 싫어하며 자랐다. 그런데 그와의 결혼이라니. 당연히 그녀는 이 결혼이 싫었다. 게다가 나폴레옹은 나이가 자기보다 22살이나 많았다. 자기 아버지와 불과 1살밖에 차이가 나지 않았다. 하지만 별도리가 없었다.

한편 나폴레옹은 이 결혼을 통해 후사를 얻고, 유럽 최고의 왕실인 서로마제국 왕실과 혼인함으로써 제국의 정통성을 확고히 하고자 했다. 나폴레옹과 마리 루이즈의 결혼식

나폴레옹이 선물한 목걸이를 하고 있는 마리 루이즈의 초상화

은 성대하게 치러졌다. 그리고 이 결혼으로 20년 동안 싸웠던 프랑스와 오스트리아 사이에 평화가 찾아왔다. 결혼식에서 나폴레옹은 마리 루이즈에게 다이아뎀과 목걸이, 머리빗, 벨트, 버클, 귀걸이까지 풀 세트를 선물했다. 그중 다이아뎀이 지금 스미스소니언에 있는 것이다.

나폴레옹은 마리 루이즈에게 친절하게 대하면서 정성을 들였다. 점차 마리 루이즈도 나폴레옹에 대한 마음이 누그러지기 시작했다. 마침내 그녀는 나폴레옹을 사랑하게 되었다. 마리 루이즈는 1811년 3월 20일, 아들 나폴레옹 2세를 낳았다. 이름은 나폴레옹 프랑수아 조셉 찰스 보나파르트. 나폴레옹 2세는 '로마 왕' 칭호를 받았다. 당시는 신성로마제국의 상속인을 '로마 왕'이라고 부르는 게 관행이었다. 나폴레옹은 아들을 낳아준 마리 루이즈에게 다이아몬드 목걸이 세트를 선물했다.

나폴레옹의 몰락과 마리 루이즈의 변심

나폴레옹은 1799년 쿠데타를 일으키고 제1 통령에 취임했다. 1804년 12월 2일 그는 프랑스 황제가 되었다. 1810년까지 10년 동안 나폴레옹은 유럽의 힘이었다. 그는 1804년부터 1815년까지 프랑스 제1 제국의 황제였다. 그는 40전 40승의 신화를 가지고 있었다.

그러나 1812년 나폴레옹은 러시아 원정에 실패했다. 1813년에는 라이프치히의 싸움에서도 대패했다. 결국 1814년 4월 8일, 나폴레옹은 퇴위당하고 엘바섬에 유폐되었다. 1815년 2월, 나폴레옹은 엘바섬을 탈출해 황제로 복위했다. 그러나 100일 천하였다. 정확히는 90일뿐이었다. 1815년 6월 워털루 전투에서 패하면서 그는 완전히 몰락했다. 이후 나폴레옹은 마지막 6년을 영국 왕실에 의해 구속된 채로 세인트헬레나섬에서 보냈다. 그러다가 1821년 5월 5일, 51세의 나이로 사망했다.

마리 루이즈와 그 아들 나폴레옹 2세

마리 루이즈는 나폴레옹이 퇴위하던 1814년 4월 8일까지 오로지 나폴레옹의 왕비로서 충실할 생각이었다. 그녀는 나폴레옹 퇴위 후 오스트리아의 친정아버지 프란츠 2세를 찾아갔다. 아들 나폴레옹 2세는 빈에 맡겨놓고 자신은 나폴레옹에게로 돌아갈 생각이었다. 하지만 프란츠 2세의 반대로 나폴레옹에게 돌아가는 것을 포기했다. 그러다가 거기에서 자신의 호위를 맡던 나이페르크 백작과 사랑에 빠져 아예 나폴레옹을 지워버렸다. 그녀는 비밀리에 나이페르크의 아이를 둘이나 낳았다. 나폴레옹 사후에는 그와 결혼해서 아이 둘을 더 낳았다. 그 동안 그녀는 아들 나폴레옹 2세를 딱 한 번 찾았다. 나폴레옹 2세는 1832년, 21세에 폐렴으로 사망했다.

로마 황제의 탄생을 기념한 다이아몬드 목걸이

스미스소니언에 전시된 다이아몬드 목걸이는 1811년 로마 황제인 아들의 탄생을 기념

나폴레옹이 아들 출산 선물로 마리 루이즈에게 준 다이아몬드 목걸이

해 나폴레옹이 마리 루이즈에게 선물한 것이다. 이 목걸이도 쇼메의 니토가 디자인하고 조립했다. 니토는 1811년 6월 37만 6,274프랑의 수수료를 받고 이 작업을 했다. 28개의 타원형 쿠션 컷 다이아몬드로 되어 있고, 19개의 브릴리언트컷 타원형 배 모양의 다이아몬드로 장식되어 있다. 그리고 작은 원형 다이아몬드와 다이아몬드 세팅 모티브가 강조되었다. 세팅은 은과 금이고, 다이아몬드의 전체 무게는 263캐럿이다. 그중 가장 큰 것은 약 10캐럿이었다. 당시에는 오직 인도와 브라질 두 곳에서만 다이아몬드가 산출되었다.

1814년 나폴레옹 퇴위 후, 마리 루이즈는 친정 비엔나의 합스부르크가로 돌아오면서 이 목걸이를 포함한 모든 보석류를 가지고 갔다. 1847년에 그녀가 죽자, 이 목걸이는 언니인 소피에게 넘어갔다. 그녀는 목걸이를 짧게 만들기 위해 두 개의 보석을 빼내어, 귀걸이로 만들었다. 그러나 현재는 어디 있는지 알 수 없다. 소피는 러시아 알렉산더 3세의 대관식에서 이 목걸이를 했다. 이 목걸이는 당시 궁정의 여성들에게 매우 인기가 높았다.

1872년 소피의 셋째 아들인 오스트리아의 카를 루드비히 대공이 이 목걸이를 물려받았다. 1896년 카를 루드비히가 죽자 그의 부인 마리아 테레지아가 물려받았다. 그녀는

1929년 이 목걸이를 뉴욕에서 팔려고 했다. 그런데 상인을 잘못 만나 시장 가격보다 낮은 가격에 팔렸고, 그마저도 상인이 약속한 45만 달러 중 7,270달러만 송금하고 도망쳐 버렸다. 그로 인해 관계자들이 체포되고, 몇 번의 소송이 있었다. 결국 목걸이는 다시 돌아가 합스부르크가에 남아 있었다. 루트비히의 손자인 리히텐슈타인의 프란츠 요셉 왕자는 1948년 마리 테레사가 죽자 그것을 프랑스 수집가에게 팔았다. 그것을 1960년 해리 윈스턴이 구매했다. 그리고 마조리 메리웨더 포스트 여사가 해리 윈스턴에게서 목걸이를 사서, 1962년 스미스소니언 박물관에 기증했다. 포스트 여사는 포스트 시리얼 회사의 상속인이자, 프랑스와 러시아 예술품 수집가였다.

마리 루이즈의 왕관

스미스소니언에 있는 마리 루이즈의 왕관은 웅장하다. 1810년 결혼 당시에 세팅할 때는 왕관이 에메랄드로 세팅되었었다. 하지만 왕관의 에메랄드가 지금은 모두 터키석으로 바뀌었다. 정교한 디자인으로, 페르시아 터키석 79개(540캐럿)와 1,006개의 광산 컷 다이아몬드(700캐럿) 그리고 은과 금으로 구성되어 있다. 이것들 역시 니토가 제작했다.

이중 목걸이는 현재 보석 회사 반클리프 아펠이 갖고 있다. 이 목걸이에는 여전히 에메랄드가 박혀 있다. 머리빗에 박혀 있던 에메랄드는 없어졌다. 귀걸이와 벨트, 버클은 소재를 알 수 없다. 마리 루이즈는 죽으면서 자기 고모인 황녀 엘리제에게 왕관과 그에 딸린 보석들을 물려줬다. 그 보석들을 1953년 반클리프 아펠이 엘리제의 후손 중 한 명에게서 증빙서류와 함께 샀다. 떨어진 조각들은 안장 모양의 보석 상자에 들어 있었다.

반클리프 아펠은 1954년 5월부터 1956년 6월 사이 왕관의 에메랄드를 꺼내 보석으로 개별 판매했다. 반클리프 아펠은 "역사적인 나폴레옹 티아라에서 나온, 당신을 위한 에메랄드…."라고 신문에 광고를 냈다. 그리고 1956년에서 1962년 사이에 왕관의 에메랄드가 있던 자리에 터키석을 장착했다. 1962년 루브르박물관의 '마리 루이즈 특별전시' 때 목걸이, 귀걸이, 빗과 함께 터키석으로 세팅된 왕관도 전시되었다. 그 왕관을 1971년 미국의 마조리 메리웨더 포스트가 구입해서 스미스소니언에 기증했다.

광물과
보석 갤러리

스미스소니언의 보석 · 광물 컬렉션은 기부를 통해서 세계 최대가 되었다. 스미스소니언 박물관의 광물 및 보석 컬렉션은 약 35만 개의 광물 표본과 1만 개의 보석으로 구성되어 있다. 세계에서 가장 큰 컬렉션 중 하나다. 컬렉션은 과학연구, 교육 프로그램 및 공개 전시 등에 사용된다. 또 매년 수백 개의 표본이 지질학, 재료 과학, 건강, 화학, 물리학 및 기타 분야의 연구 프로젝트를 위해 전 세계 과학자들에게 대여된다.

컬렉션은 여러 가지 방법으로 표본을 추가한다. 기증, 해당 목적을 위해 설립된 개인 기부금을 사용한 구매, 현장 수집 그리고 드물게는 교환을 통해서도 이루어진다. 특히 보석 컬렉션은 거의 전적으로 개인의 기증으로 구축되었다. 광물과 보석의 지속적인 획득은 지구의 기본 구성 요소에 대한 대중의 인식과 이해를 높이고 영구적으로 사용될 과학 연구 수집을 확장하는 데 필요하다.

세계적으로 유명한 호프 다이아몬드 외에도 스미스소니언 지질학 갤러리에서 이 컬렉션을 구성하는 수백 개의 다른 멋진 표본을 온라인으로도 볼 수 있다.

스미스소니언 국립보석 및 광물 컬렉션의 시작과 발전 과정

1829년 제임스 스미스슨이 스미스소니언의 설립을 위해 그의 재산을 기증했을 때, 그는 1만 개 이상의 광물 컬렉션도 함께 기증했다. 22세에 영국왕립학회 회원이 되었던 그는 화학자이자 광물학자였다. 그는 처음으로 탄산아연 광물을 별개의 광물로 구분했다. 그 광물의 이름은 그의 이름을 따서 '스미소나이트'가 되었다. 하지만 1865년 직원 실수로 일어난 스미스소니언 캐슬 화재로 제임스 스미스슨의 컬렉션은 완전히 불에 타서 없어졌다.

1870년에 스미스소니언의 '지질 컬렉션'이 다시 시작되었다. 초기에는 전시회용 보석을 매입하는 것으로 '국립보석 컬렉션'을 시작했다. 그 이후 스미스소니언의 현 국립보석컬렉션은 스미스소니언 광물학 부서의 명예 큐레이터였던 프랭크 W. 클라크 교수가 전시를 기획했다. 그는 미국지질조사국 수석화학자도 겸하고 있었다. 그는 1884년 뉴올리언스 전시회 준비를 위해 예산 2천5백 달러로 미국의 보석 1천 개를 매입했다. 하나당 평균 2.50달러. 그중 3분의 1은 커팅 후 연마되었다. 이 컬렉션은 1885년 신시내티박람회에 전시된 후 스미스소니언 박물관으로 보내졌다.

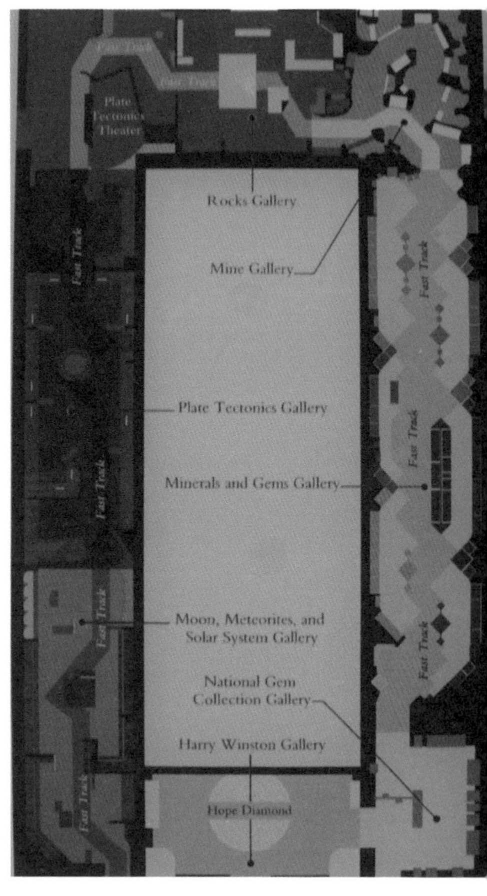

보석과 광물 지질학 전시실의 배치도

1886년 유명한 보석학자 조지 F. 쿤츠가 보석 · 광물 컬렉션의 필요성을 언급했다. 그는 "비록 시작은 미약하였으나, 가장 완벽하고 공식적인 '미국의 보석 컬렉션'"이라고 말했다. 1891년, 스미스소니언은 필라델피아의 자연학자 조셉 리디 박사의 소유물 중 150개의 보석 컬렉션을 구입했다(가격은 하나에 3.33 달러로 올랐다). 1893년, 이것들과 기존의 것들을 모두 합쳐서 시카고에서 열린 세계 콜롬비아 박람회에 전시했다.

1894년, 이삭 리아 박사의 다양한 보석 컬렉션 1,316개를 그의 딸 프랜시스 리아 챔벌린이 기증했다. 이로써 보석 컬렉션이 크게 좋아졌다. 1896년에는 그녀의 남편 리앤더 챔벌린 박사가 자기가 가진 보석들을 기증했다. 1897년, 그는 이 컬렉션의 명예 큐레이

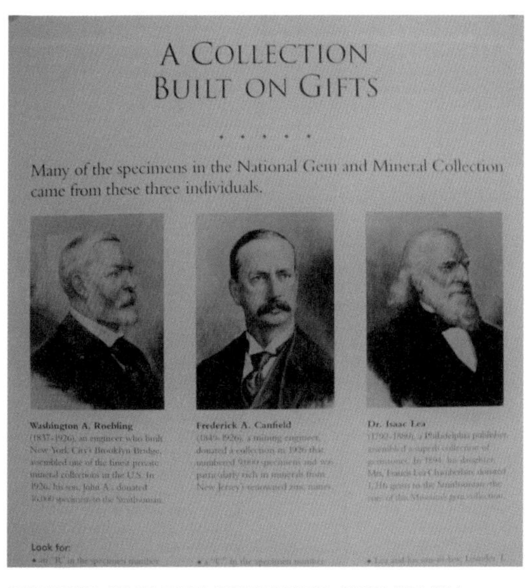

A COLLECTION
BUILT ON GIFTS
Many of the specimens in the National Gem and Mineral Collection came from these three individuals.
Washington A. Roebling
Frederick A. Canfield
Dr. Isaac Lea
Look for:

3대 기증자들. 워싱턴 로블링, 프레드릭 캠필드, 아이작 리아 박사

터가 되면서, 몇 가지 고급 보석을 추가하며 기부금도 내놓았다. 1910년에 현재의 자연사박물관 건물이 문을 열면서 보석 수집품들은 그곳으로 옮겨졌다. 1917년부터 1919년 사이에는 보석 컬렉션과 광물 컬렉션을 분리했다.

1926년은 스미스소니언 입장에서 보면 광물 컬렉션의 해였다. 우선 광산 엔지니어인 프레드릭 캠필드가 뉴저지에 있는 유명한 아연 광산의 표본 9천 개를 기증했다. 이 컬렉션은 특히 광물 표본이 풍부했다. 한편 뉴욕시의 브루클린 브리지를 설계한 워싱턴 A. 로블링은 당시 개인적으로 가장 훌륭한 광물 컬렉션을 가지고 있었다. 1926년에 그가 사망하자, 그의 아들 존 A. 로블링이 1만 6,000개의 광물 표본을 스미스소니언에 기증했다.

그 후 해리 윈스턴의 호프 다이아몬드 기증을 계기로 스미스소니언의 국립보석 및 광물 컬렉션은 세계 최고가 되었다. 그 발전 과정을 전시 중간중간에 조금씩 소개하고 있다.

15억 배로 확대한 소금 결정 사진

광물과 보석 갤러리를 들어서면 가장 먼저 특별한 사진이 보인다. 빨간색과 파란색 공들이 끝없이 기하학적으로 정렬된 멋진 3D 이미지다. 이것은 15억 배로 확대한 소금 결정 모델이다.

이 공 모양의 물체들은 무엇일까? 그것들은 모든 물질의 구성 요소인 원자들을 나타낸다. 빨간 것은 나트륨(Na), 파란 것은 염소(Cl)이다. 그것들이 서로 어떻게 채워져 있는지

눈여겨보자. 식탁에 있는 하나의 소금 입자(NaCl) 속에는 이런 패턴들이 4경 2천조 번이나 반복되어 있다. 모든 소금 결정은 모두 이런 입방체의 원자 배열로 되어 있다.

모든 결정은 다 같은가? 종류가 다른 결정들은 각각 원자와 그 결합 방식이 다르게 배열되어 있다. 그러나 모든 광물 결정은 원자들이 규칙적이고 반복되는 패턴으로 되어 있다. 그것이 '결정'인가 아닌가를 구분하는 포인트이다.

15억 배 확대한 소금 결정 사진

그럼, 광물과 결정 그리고 보석은 어떻게 다른가? 마침 친절하게도 이 전시실 안에 이것을 쉽게 설명해 주는 패널이 있다. 토파즈를 예로 들고 있는데, 전시 상자 안에 있는 각각의 토파즈 표본들은 모두 광물이다. 광물들은 대부분이 결정이며 자연스럽게 형성된 고체, 무기물, 화학적 화합물이다. 결정은 규칙적으로 원자의 내적 패턴이 반복되는 고체다. 이상적인 조건에서 성장하는 광물 결정들은 부드러운 면들을 가진 기하학적인 형태들을 가지고 있다. 그렇다면 보석은? 연마되어 광택을 낸 광물 결정이다.

광물과 보석 갤러리의 주요 섹션 6가지

이 갤러리에는 다양한 색상과 모양을 가진 약 2,500개의 매혹적인 광물과 보석들이 있다. 그것들을 중요한 광물 특성을 바탕으로 6개의 섹션으로 나누었다.

모양(Shape)

이 갤러리에 있는 몇몇 결정들은 그 모양이 너무 특이해서 그것들이 땅속에서 자연적으

다양한 형태의 방해석들

로 성장했다는 사실이 믿어지지 않을 정도다. 그 형태를 보면 정육면체, 길고 가느다란 바늘 모양, 긴 칼날 모양, 그리고 무수히 많은 갖가지 모양들이 다 있다. 무엇 때문에 이토록 다양한 모양들이 만들어졌을까? 그 답은 광물의 내부에 있다. 즉 원자들이 각 결정의 기본 형태를 결정하는 특수한 패턴으로 스스로 정렬하기 때문이다. 결정이 성장할 때, 온도와 화학적 조성의 차이가 대단히 흥미로운 변형들을 일으킨다.

예를 들어 황철석을 보자. 모든 황철석 결정은 철과 황 원자들로 만들어진다. 만약 철과 황 함량이 적은 용액에서 온도가 낮으면 정육면체 모양의 결정이 만들어진다. 그러나 철과 황 농도가 진하고 온도가 높아지면 팔면체 또는 12면의 5각형으로 된 결정들이 만들어진다. 이렇게 성장 조건이 달라지면, 수십 가지 다른 형태들이 만들어진다. 이 황철석은 그 색상과 광택 때문에 '바보들의 금(Fool's Gold)'이라는 별명이 생겼다.

또 하나 그 결정의 형태가 다양한 것으로는 방해석이 유명하다. 방해석은 탄산칼슘($CaCO_3$)이 주성분이다. 칼슘과 탄소, 산소로만 되어 있다. 이것은 기본적으로 3겹 패턴의 결정면을 가지는데, 다른 어떤 광물들보다 변형이 많다. 1,000가지가 넘는다.

색깔(Color)

가시광선은 색깔들의 스펙트럼으로 되어 있다. 광물의 색상은 원자가 빛과 어떻게 상호 작용하느냐로 결정된다. 광물 속의 어떤 원자들은 색상 중 어떤 것들을 흡수한다. 우리 눈에 보이는 색은 흡수되지 않은 색이다. 원자들이 모든 색을 다 흡수하면 검은색으로 보인다. 원자들이 빛을 하나도 흡수하지 않으면 흰색으로 보인다.

터키석은 항상 파랑이나 하늘색을 띤다. 공작석은 항상 녹색이다. 왜 그럴까? 그들은 모두 구리를 함유하고 있기 때문이다. 구리 원자가 산소와 결합하면 원자는 파란색과 녹색만 빼고 모든 색을 다 흡수한다. 전시실에 설치된 간단한 비디오는 특정 원자가 가시광선에서 일부 색상을 어떻게 흡수하는지를 보여준다.

블루 사파이어

36개의 스카이블루 사파이어(총 196캐럿)와 435개의 다이아몬드(총 84캐럿)로 장식된 목걸이(왼쪽), 비스마르크 딥 블루 사파이어 목걸이(오른쪽)

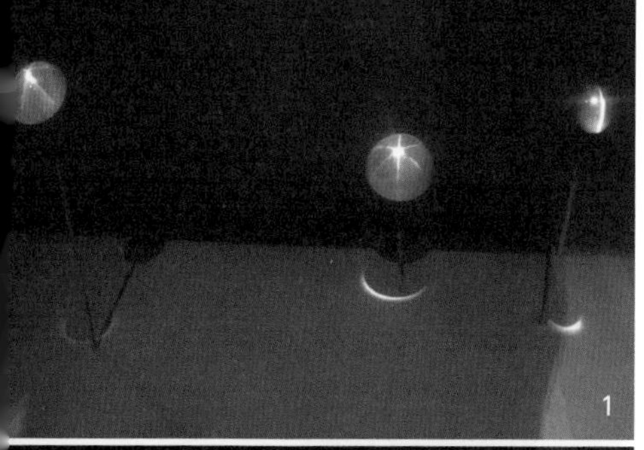

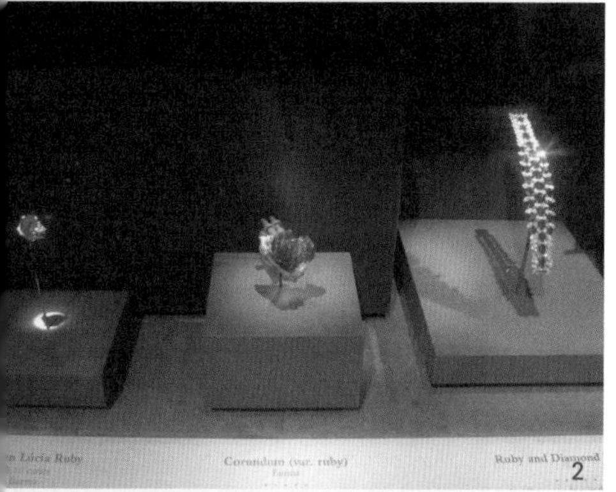

광물들은 원자구조에 미량의 불순물, 함유물 또는 결함이 포함되어 있으면 놀랍도록 다른 색깔로 바뀔 수 있다. 예를 들어 순수한 강옥은 무색이다. 그러나 결정이 성장하는 도중에 크롬 원자가 알루미늄 원자의 자리 일부를 대체하면, 결과는 붉은 루비가 된다. 그러나 철과 티타늄 불순물이 들어가 있으면, 전혀 다른 보석인 블루 사파이어가 만들어진다.

놀라운 보석들(Amazing Gems)

이 구역의 광물들은 반짝이는 표면에 별이 빛나고, 불이 번쩍거리면서 눈에 장난을 친다. 예를 들어, 단백석을 좌우로 돌리면 색깔들이 춤을 춘다. 전자현미경 사진은 그 이유를 보여준다. 작은 오렌지 같은 실리콘과 산소 원자는 오렌지처럼 쌓여 빛을 산란시킨다. 이러한 특수한 광학효과는 단백석과 이 섹션에 있는 많은 광물을 매우 바람직한 보석으로 만들어준다. 바늘 모양의 결정 또는 가운데가 빈 튜브에서 반사되는 빛은 '캣츠 아이(Cat's Eye)'와 '멀티레이드 별(Multi-rayed Star)' 모양의 슬릿을 만든다. 〈쾌걸 조로〉의 원조인 배우 더글러스 페어뱅크스가 아내인 무성영화 배우 메리 픽포에게 준 '12-rayed 스타'와 딥 블루 '봄베이의 스타'도 이 섹션에 전시되어 있다.

1 루비, 사파이어, 캣츠아이
2 여러 종류의 루비
3 에메랄드와 다이아몬드로 만들어진 목걸이
4 후커 다이아몬드와 후커 에메랄드

다양성 규산염광물들(왼쪽)과 석영광물들(오른쪽)

다양성(Diversity)

지구는 방대한 환경을 가진 광대하고 다양한 화학 실험실이다. 다양한 온도와 압력들이 다양한 원소의 원자에 작용하여 광물을 만들어낸다. 과학자들이 지금까지 확인한 광물만도 4,000가지가 넘는다. 그리고 매년 새로운 것들이 계속 발견된다.

인도에서 나오는 캐번사이트 같은 일부 광물들은 지각에서는 매우 드문 광물이다. 반면 석영은 가장 흔한 광물 중 하나다. 이 갤러리 중앙의 큰 전시 부스에서 다양한 형태와 색상들을 볼 수가 있다. 또 1940년 아칸소주의 핫 스프링스 근처의 광산에서 발견된 3개의 거대한 석영 수정 석판도 이 박물관 전시실에 전시 중이다. 가장 큰 석판의 무게는 약 400킬로그램인데, 지금까지 확인된 결정 종류가 1,000가지가 넘는다.

성장(Growth)

결정은 성장한다. 대부분은 광물이 풍부하게 용해되어 있는 물에서 자란다. 그러나 결정은 녹아 있는 암석이나 증기에서도 자란다. 그 과정은 원자들의 그룹이 반복되는 3차원 패턴으로 서로 고정될 때 시작된다. 그러면 온도와 압력이 변화하면서 멋지고 신비한 일들이 생겨난다.

다양한 사례들이 있다. 크게 보면 서로 위에서 자라는 결정, 결정 내의 결정, 물에 의해 에칭된 결정, 쌍둥이 결정(Crystal Twins), 컵 모양의 결정, 돋보기 없이는 볼 수 없는 아주 작은 결정 등이다. 그 외에도 더 많은 놀라운 변형들이 있다. 또 멕시코 '칼의 동굴(Cave of Swords)'의 거대한 석고 결정 그룹들처럼 포켓이나 구멍 안에서 자라는 결정도 볼 수 있다. 망간광은 망간을 함유하고 있어서 항상 분홍색 아니면 빨간색이다.

페그마타이트(Pegmatites)

페그마타이트는 석영, 장석, 운모 등의 거친 결정으로 된 화성암이다. 이것들은 마그마가 화성암으로 엉겨 굳은 다음, 남은 일부가 화강암보다 낮은 온도에서 엉겨 굳으면서 형성된다. '함께 묶는다'라는 뜻의 고대 그리스어에서 유래한 페그마타이트는 다른 암석들과는 다르게 광물을 거의 포함하고 있지 않다. 하지만 이 안에서 아쿠아마린, 에메랄드, 토파즈 같은 다양한 보석들이 발견되었다.

멕시코 칼의 동굴에서 발견한 석고 결정(왼쪽)과 페그마타이트의 색다른 광물들(오른쪽)

페그마타이트의 레피도라이트 등 다양한 광물(왼쪽), 베릴륨이 풍부한 광물들(오른쪽)

페그마타이트는 가장 가벼운 금속인 리튬의 주된 재료다. 리튬은 요즘 리튬배터리의 필수재료이기 때문에 모르는 사람들이 없다. 배터리 외에도 리튬은 원래부터 항우울제와 다른 약재로 쓰였고, 수소폭탄 제조에도 쓰인다. 그리고 리튬화합물은 고무와 고온용 그리스 내열 및 내충격용 세라믹과 유리, 항공기용 알루미늄합금에도 사용된다. 스포듀민은 리튬의 1차 공급원이다. 레피도라이트는 운모 타입인데 리튬이 풍부해서 '리튬운모'라고도 부른다. 페그마타이트에서 가장 흔한 리튬 광물은 스포듀민이다. 사우스다코타주에서 발견된 어떤 결정들은 엄청나게 크게 자라서 14.6미터까지 자란 것도 있다. 라일락처럼 핑크색을 띠는 쿤자이트와 옅은 녹색에서 에메랄드 녹색까지 다양한 색깔을 띠는 히든아이트는 보석으로 사용되는데, 모두 스포듀민의 변형이다.

베릴륨은 두 번째로 가벼운 금속이다. 지각에는 거의 없지만, 베릴 및 기타 페그마타이트 광물에는 농축되어 있다. 로켓, 위성 및 제트 비행기용 고강도 합금의 중요한 구성요소다.

페그마타이트는 또한 화려한 보석의 원천이다. 아름다운 토파즈, 전기석 같은 멋진 보석들을 볼 수가 있다.

광산 갤러리

광산 갤러리(Mine Gallery)는 실제 미국 내의 유명한 광산 4곳을 재현해놓은 곳이다. 규모는 작은 편이며, 출입구 표시는 있지만 문은 따로 없다. 한쪽은 보석과 광물 갤러리, 다른 한쪽은 암석 갤러리와 연결되어 있다.

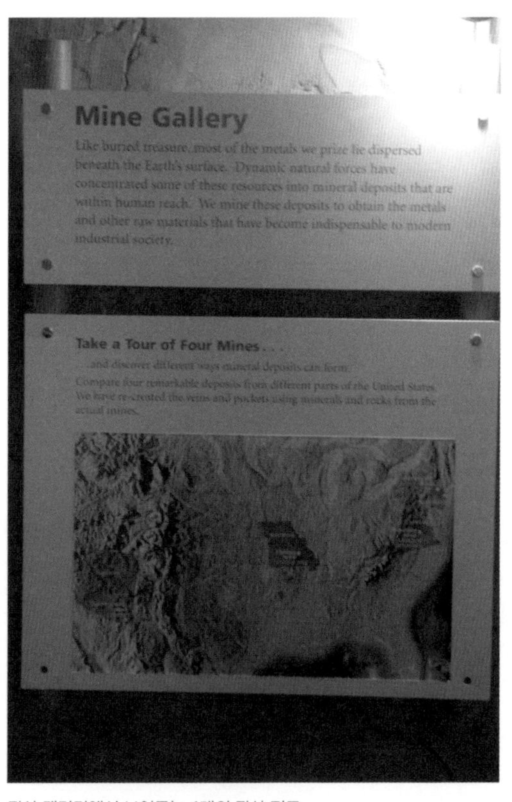

광산 갤러리에서 보여주는 4개의 광산 지도

이곳 전시실에 들어서면 갑자기 안에서 조명이 어두워지고, 암벽이 사방에서 솟아오른다. 지구 깊숙한 곳, 광산을 재현해놓은 갤러리이기 때문이다. 관람객들은 미국 내 4개의 유명한 광산들을 둘러볼 수 있다. 스미스소니언은 실제 이들 광산에서 가져온 광물들과 암석들을 가지고 광맥과 포켓(광산 내 금 등이 많이 있는 갈라진 틈)을 다시 연출해냈다. 4개의 광산은 미주리주의 플레처 광산, 아리조나주의 커퍼 퀸 광산, 버지니아주의 모어필드 광산, 뉴저지주의 스털링 힐 광산이다.

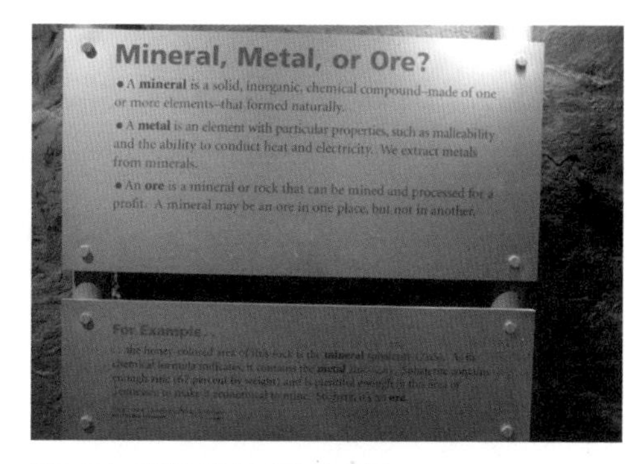

광물, 금속, 광석의 차이를 설명하는 패널

갤러리 바로 안쪽 입구에 들어서면서 보이는 전시 케이스(진열 상자)는 매우 특별하다. 그 안의 반짝이는 것들이 모두 진짜 금이다. 무게가 445그램이나 되는 인상적인 삼중 금 리본을 포함해 특별한 형태의 금덩이들 77개가 전시되어 있다. 금덩이 하나가 22.5킬로그램 나가는 것을 비롯해 전시 케이스에서 가장 큰 금덩이 몇 개는 1849년 캘리포니아 골드러시 때 생긴 캘리포니아의 마더 로드 광산에서 가져온 것들이다. 금은 다른 원소들을 화학적으로 결합해서 만들 수 없는 천연 금속이다. 금은 또 산에도 녹지 않는다. 그래서 금을 '금속의 왕'이라고 한다.

TIP

금을 녹이는 산은 하나밖에 없다. 염산과 질산을 3:1로 섞은 왕수가 바로 그것이다. 금속의 왕인 금을 녹이는 물이라는 뜻이다.

금 전시 케이스(왼쪽)와 은·동 전시 케이스(오른쪽)

대표적인 방연석 광산인 플레처 광산. 오른쪽은 청록색 아마조나이트 광산인 버지니아의 모어필드 광산이다.

금 전시 케이스 바로 앞에는 금광석이 전시되어 있다. 그 옆에는 광물과 금속, 그리고 광석의 차이를 설명하는 패널도 있다. 패널 설명에 따르면, 광물(Mineral)은 고체이고 무기물이며, 화학적 화합물이다. 금속(Metal)은 넓게 퍼지는 전성과 열 전도성, 전기 전도성 같은 특별한 성질을 갖는 원소다. 금속은 주로 광물에서 추출한다. 광석(Ore)은 광상에서 채굴된 경제성이 있는 유용한 광물이나 이를 포함하는 암석을 말한다.

금은동 전시를 지나서 만나는 첫 번째 디오라마는 플레처 광산이다. 미주리주와 그 인근 주들의 전형적인 납 아연 광산이다. 이곳은 샤프트를 타고 290미터 밑으로 내려가면 거의 수평인 광맥이 나온다. 주요 광석은 방연석(Galena)이다. 방연석은 납황화물의 천연광물 형태인데, 납광석이면서 은의 주요 원천이기도 하다. 플레처 광산에서 나오는 방연석은 87%가 납이다. 이 디오라마 옆에는 방해석과 방연석들을 모아 놓은 전시 케이스가 있다.

바로 다음 디오라마는 버지니아의 모어필드 광산이다. 희미하게 빛나는 청록색 아마조나이트(녹색 장석의 일종)의 띠가 광산을 관통하는 터널을 밝혀준다. 모어필드 광산은 페그마타이트에서만 볼 수 있는 장식석인 아마조나이트가 나오는 광산이다. 페그마타이트는 마그마가 화강암으로 엉겨 굳은 다음, 남은 일부가 화강암보다 낮은 온도에서 엉겨 굳어서 이루어진 화성암이다. 그래서 석영, 장석, 운모 등의 결정으로 이루어져 있다. 주로 입자 크기가 2센티미터 이상 되는 큰 결정들이라서 거정질 화성암이라고도 한다. 이 암석에서 인회석, 아쿠아마린, 에메랄드, 토파즈 같은 다양한 보석들이 발견된다.

세 번째 디오라마는 아리조나주의 비스비에 있는 커퍼 퀸 광산이다. 이곳은 다양하고 웅장한 광물들로 널리 알려진 세계적인 광산이다. 200종 이상의 광물들이 나오는데, 특히 남동석(Azurite)과 공작석, 그리고 다른 구리 광물들이 유명하다. 디오라마에서는 광산 터널이 천연 지하동굴 안으로 뚫고 들어가 남동석과 공작석이 반짝이는 것을 보여준다.

네 번째 디오라마는 전시 조명이 주기적으로 켜졌다 꺼졌다를 반복한다. 불이 켜져 환할 때는 전시된 광물들이 그저 평범해 보인다. 그러나 조명이 꺼져 어두워지면 광물들이 형광을 발하면서 찬란하게 빛의 화려함을 뽐낸다. 그 이유는 자외선 때문이다. 이 전시 디오라마는 뉴저지주 스털링 힐과 인근 프랭클린에서 발견된 70종 이상의 광물들로 만들었다. 스미스소니언 지질학자들은 1930년대부터 한때 아연을 채굴했던 이 독특한 광상을 연구해왔다.

아리조나주 커퍼 퀸 광산 디오라마. 남동석과 공작석 광산이다.

암석 갤러리

재닛 애넌버그 후커(Janet Annenberg Hooker) 보석·광물·지질학 전시실에는 7개의 갤러리가 있다. 하지만 이것을 크게 둘로 나누면 하나는 보석과 광물, 광산 갤러리들이고 다른 하나는 지질학 갤러리들이다. 지질학 갤러리는 다시 암석 갤러리와 판구조론 갤러리, 그리고 운석과 태양계 갤러리로 나눠볼 수 있다.

광산 갤러리를 지나면 바로 암석 갤러리로 연결된다. 그 입구에는 지구의 역사가 돌의 페이지에 적혀 있다. 46억 년 전 지구가 탄생한 이래 암석들은 지속적으로 형성되어 왔

1,570만 년 전 생긴 용암 기둥. 활화산인 세인트 헬렌스 산에서 수집한 것이다.

고, 하나에서 또 다른 것으로 변화해 왔다. 모든 암석은 고대의 부분과 계속되는 이야기를 간직하고 있다.

지구 표면에서는 중력과 태양에너지로 힘을 받은 이동하는 물이 암석을 파괴하고 새로운 것을 만든다. 지표면 밑에서는 지구 내부에서 열과 압력이 암석을 변형시키거나 심지어는 녹여버리기도 한다.

이곳에 있는 암석 전시물들은 어느 정도 지구의 역사를 대표하는 것들이다. 이것들은 시간이 지나면서 암석들이 어떻게 휘어지고, 부서지고, 녹으며, 어떻게 다른 종류의 암석들로 변형되는지를 보여준다.

암석은 기억한다

암석 갤러리로 들어서면 한가운데 장작개비들을 모아서 무더기로 세워놓은 것 같은 전시물이 크게 자리 잡고 있다. 이것은 1,570만 년 된 용암 기둥들이다. 모두 미국 워싱턴주의 스카마니아 카운티에 있는 활화산인 세인트 헬렌스 산에서 수집한 것들이다.

이 용암 기둥은 수백만 년의 지질학적 역사에 걸친 무용담의 한 페이지를 나타낸다. 모든 암석들은 암석을 만든 사건을 기록하기 때문에 과거를 재구성하고, 미래를 예측할 수 있다. 이 기둥은 녹아 있던 암석이 1,570만 년 전에 용암으로 분출한 후 빠르게 냉각된 것이다. 지구의 뜨거운 내부에서 시작되었고, 수백만 년이 지나면서 기둥이 무너지고, 그 조각들은 새로운 종류의 암석으로 통합될 것이다.

암석은 기억한다. 용암 기둥은 수백만 년의 역사를 다 기록하고 있다.

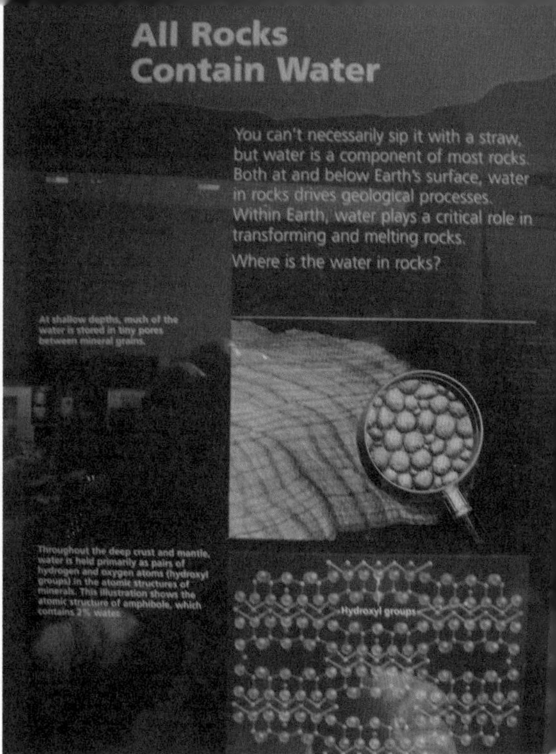

암석의 변형과 암석에 함유된 물

암석은 변형된다

암석 갤러리로 들어서서 바로 오른쪽 전시는 암석들의 변형에 관한 것이다. 디오라마 제목이 '암석은 변형된다'이다. 암석들은 밀고 당기고, 쥐어짜듯이 뒤틀리고 깎인다. 접히고 부서진 것들은 암석들이 압력 때문에 변형되었음을 말해준다.

하지만 이것들은 단기간이 아니고 아주 오랜 시간에 걸쳐 변형되는 것들이다. 대부분 지진과 산맥 형성, 그리고 지구의 거대한 지각판들의 운동으로 변형이 일어난다. 얼마나 특별한 암석 변형이 일어나는가는 온도와 깊이, 응력의 크기와 속도, 방향, 그리고 암석 안에 내재된 힘과 암석에 들어 있는 물의 양에 달려 있다.

모든 암석은 물을 함유하고 있다

암석에서 빨대로 물을 홀짝이며 빨아 마실 수는 없다. 그러나 물은 모든 암석의 성분이다. 지구 표면과 아래에서 암석에 들어 있는 물은 지질학적 과정들을 일으키는 추진력이다. 땅속에서 물은 암석을 변형시키거나 녹이는 데 결정적인 역할을 한다.

그렇다면 암석의 어디에 물이 있는가?

깊이가 얕은 곳에서는 많은 물이 작은 광물 입자들 사이의 작은 구멍들 속에 들어 있다. 지각 깊은 곳과 맨틀 전체에서는 광물들의 원자구조 속에서 주로 수소와 산소 원자들의 쌍으로 잡혀 있다. 이곳 전시에서는 2%의 물을 함유하는 각섬석의 원자구조를 통해 이것을 설명해주고 있다.

암석의 종류에 따라 물의 함량은 얼마나 다를까? 물의 함량이 적은 순서대로 나열하면 화강암, 사암, 황철석 순이다. 콜로라도에서 발견된 14억 년 전 만들어진 화강암에는 0.8%의 물이 들어 있다. 그 아래 유타주의 모압에서 발견된 쥐라기 시대의 사암에는 1.6%의 물이 들어 있다. 그리고 그 아래 버몬트주의 노스필드에서 발견된 실루리아기에서 데본기의 황철석을 함유하는 편마암에는 6.9%의 물이 들어 있다.

그 밖에 물이 암석을 순환시킨다는 디오라마도 있다. 여기서 물은 파괴자이고, 이송

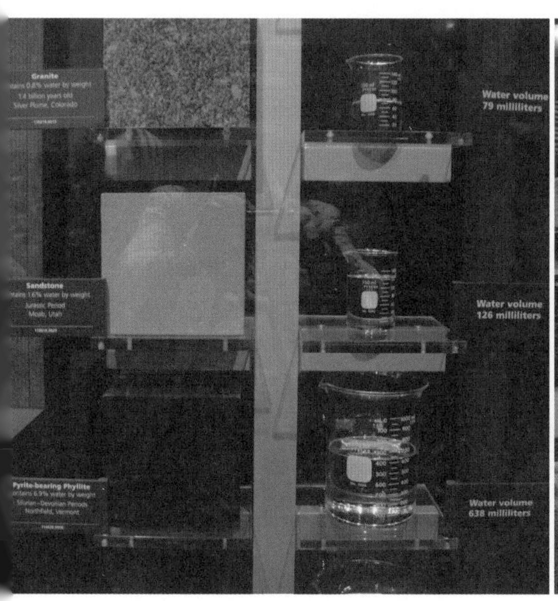

암석의 종류에 따른 물 함량(왼쪽), 물과 암석의 순환 관계(오른쪽)

자이며 암석의 제작자이기도 하다. 비, 눈, 얼음, 그리고 세차게 달리는 물은 가장 단단한 암석들도 무너뜨린다. 그런 후에 끊임없는 순환으로 돌무더기에서 또 새로운 것을 만들어낸다.

암석은 녹는다

땅속 깊이 들어가면 암석들도 다 녹일 정도로 대단히 뜨겁다. 1킬로미터 땅속으로 들어갈 때마다 온도가 25℃씩 올라간다. 녹은 암석이 뜨거운 상태로 깊은 곳에 있을 때는 화

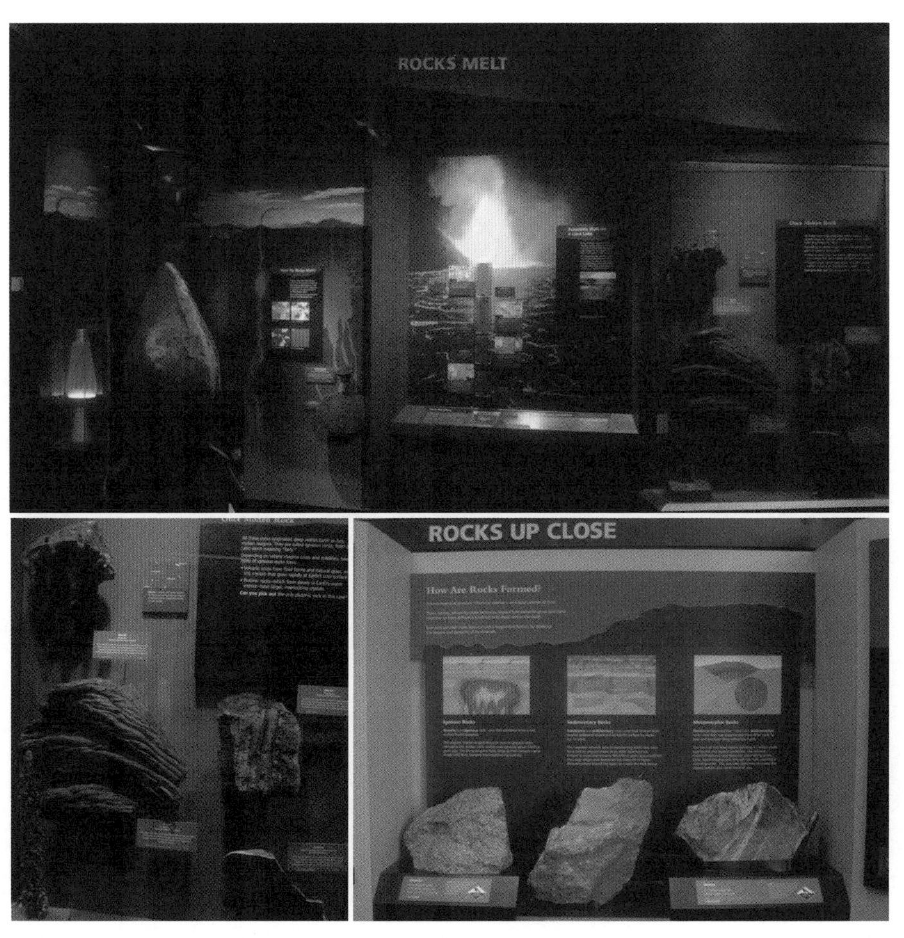

암석들이 녹고, 녹은 암석들이 다시 화성암, 심성암, 화산암으로 바뀌는 것을 보여주는 전시

성암이다. 이것은 불같이 격렬하다. 이 화성암이 지구 내부의 따뜻한 분위기에서 천천히 모양을 바꾸는데, 이것을 심성암이라고 한다. 이 땅속의 뜨거운 것들이 차가운 표면으로 분출되어 나오는 것이 화산암이다.

암석은 변한다

번데기가 애벌레로, 애벌레가 나비로 변신하는 것처럼, 암석의 광물들은 땅속 깊은 곳에서 엄청난 온도와 압력을 받아서 다른 것으로 바뀐다. 그 과정을 변성작용이라고 한다.

4억 2천만 년 전 2개의 대륙이 충돌했을 때, 뉴잉글랜드에서는 거대한 스케일로 변성작용이 일어났다. 북아메리카의 동쪽 가장자리가 지구 표면 아래 깊은 곳에서 밀쳐졌다. 주위의 더 뜨거운 곳에서 석회석이 대리석으로 바뀌었다. 현무암은 각섬암이나 백립암으로 그리고 셰일층은 천매암이나 편암 또는 편마암으로 바뀌었다.

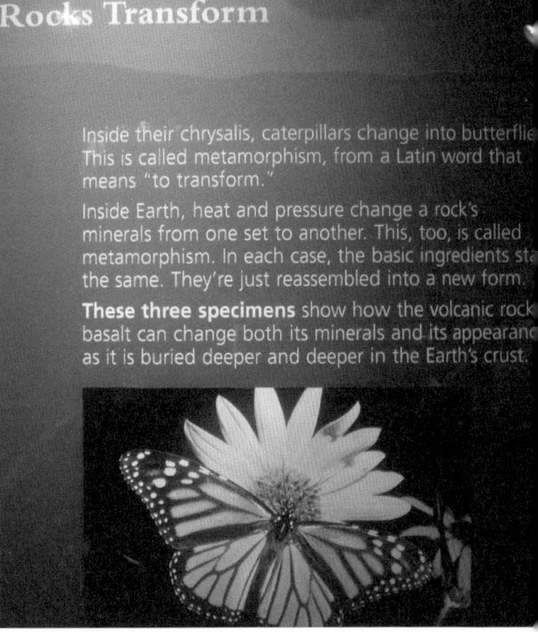

Rocks Transform
Inside their chrysalis, caterpillars change into butterflie
This is called metamorphism, from a Latin word that
means "to transform."
Inside Earth, heat and pressure change a rock's
minerals from one set to another. This, too, is called
metamorphism. In each case, the basic ingredients sta
the same. They're just reassembled into a new form.
These three specimens show how the volcanic rock
basalt can change both its minerals and its appearanc
as it is buried deeper and deeper in the Earth's crust.

'암석은 변신한다'는 것을 설명하는 전시

판구조론 갤러리

암석 갤러리를 지나면 판구조론 갤러리가 나온다. 그 입구 간판에는 이렇게 쓰여 있다.

- 왜 남아메리카와 아프리카는 퍼즐 조각처럼 딱 들어맞는가?
- 왜 화산들과 지진들은 지구를 둘러싸고 있는 벨트에 모여 있는가?
- 왜 모든 해양분지는 모두 대단히 새로운 것들인가?
- 지질학의 통합 개념인 판구조론이 이 질문들에 대해서 지구 지각판들의 상호작용과 역동적인 움직임을 설명함으로써 답을 줄 것이다.
- 과학자들이 판구조론 퍼즐을 어떻게 맞춰가는지 알아보자.

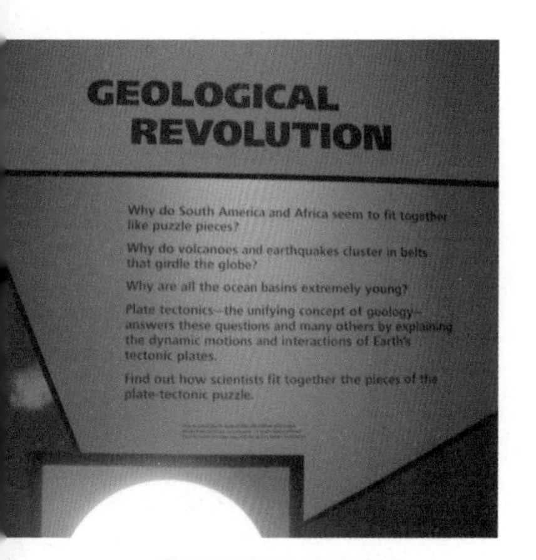

판구조론 갤러리 입구의 설명

오늘날의 대륙은 어떻게 형성되었나

약 2억 년 전, 초대륙 판게아가 쪼개지기 시작했다. 그 결과 대서양이 만들어졌다. 작년 한 해에도 대서양은 2.5센티미터 넓어졌다. 다시 2억 년이 지나고 나면 대서양은 두 배로 넓어질 것이다. 천천히 그러나 쉬지 않고 지각 아래 뜨거운 열에 의해 힘을 받아서, 지구 표면은 46억 년 전 탄생한 이래 자기 자신을 새로운 모양으로 바꿔왔다. '판구조론'이라는 이 과정은 지금도 계속되고 있다. 전시실

지각판들로 구성된 지구 표면을 보여주는 대형 지구본

소극장에서 판구조론에 관한 짧은 영화가 상영된다.

갤러리 중앙에는 대형 지구본이 있다. 이것을 보면, 지구 표면은 8개의 큰 지각판과 9개의 작은 지각판들로 구성되어 있다. 이 거대하고 단단한 암석 판들이 뜨거운 맨틀 암석층을 타고 지구의 뜨거운 내부에서 차가운 외부 공간으로 열이 빠져나가면서 눈에 띄지 않게 움직인다.

지구본 앞에 있는 컴퓨터로 지난 2억 년 동안 판구조론이 어떻게 초대륙인 판게아를 쪼개고, 그 조각들을 끌어다가 오늘날의 7개 대륙으로 만들었는지를 탐구해볼 수 있다. 판 경계에서 지구의 가장 극적인 지질학적 사건들이 발생한다. 대형 비디오 모니터에서 지진과 화산 폭발을 볼 수 있다.

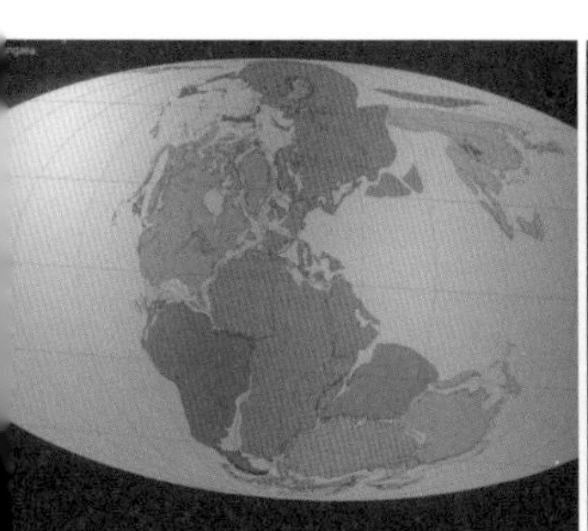
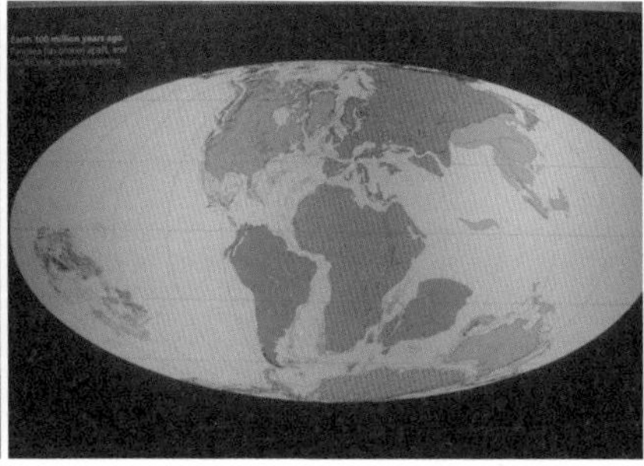

판구조론을 보여주는 지구본. 왼쪽부터 차례로 2억 년 전, 1억 년 전, 현재의 판구조론

대륙이동설

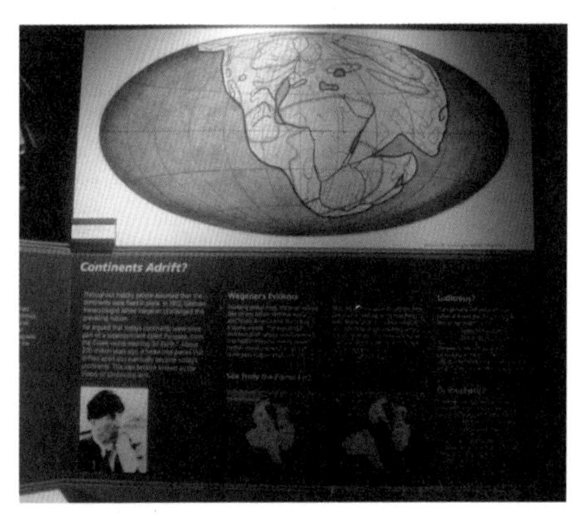

베게너의 판구조론

역사를 통틀어 사람들은 대륙이 제자리에 고정되어 있다고 가정했다. 1912년 독일의 기상학자인 알프레드 베게너는 이 통념에 도전했다. 그는 오늘날의 대륙이 한때 '모든 지구'를 의미하는 그리스어 단어인 '판게아(Pangaea)'라는 초대륙의 일부였다고 주장했다. 약 2억 년 전에 이 대륙은 여러 조각으로 갈라져 떠다녔고, 점점 멀리 떨어져 결국 오늘날의 대륙이 되었다. 이 아이디어는 대륙이동설로 알려지게 되었다.

베게너의 증거

세계 지도를 연구하면서 알프레드 베게너는 아프리카와 남아메리카가 직소 퍼즐 조각처럼 보인다는 것을 알아차렸다. 특정 암석 지층과 화석이 널리 분포되어 있었다. 이것은 모든 대륙이 과거에 하나로 합쳐져 있었다는 증거라고 그는 확신했다. 그는 말했다. "조각들이 얼마나 잘 들어맞는지 맞춰보았는가. 이것은 마치 우리가 가장자리를 일치시켜 찢어진 신문의 양쪽 면을 따라 붙여놓고, 인쇄된 글자들이 서로 연결되는가를 보는 것과 똑같은 일이다."

베게너의 이론은 특히 미국에서 놀림을 받았다. 주요 비판은 대륙이 떠다니게 만드는 힘을 적절히 설명하지 못했다는 것이었다. 그러나 1940년대에서 1950년 사이에 과학자들은 해저를 탐사하면서 해저 확산 현상을 발견했다. 무엇이 대륙이동을 일으키는지를 알게 된 것이다. 베게너의 생각이 기본적으로 옳은 것으로 나타났다.

1962년 미국 프린스턴대 교수인 지질학자 해리 헤스가 논문을 발표했다. 헤스는 펼쳐진 능선에서 새로운 해저가 지속적으로 형성되고, 먼 해구에서는 파괴된다는 것을 깨달았다. 그는 대륙이동 현상을 "거대한 지각판들이 말타기 놀이처럼 대륙을 등에 업는 스타

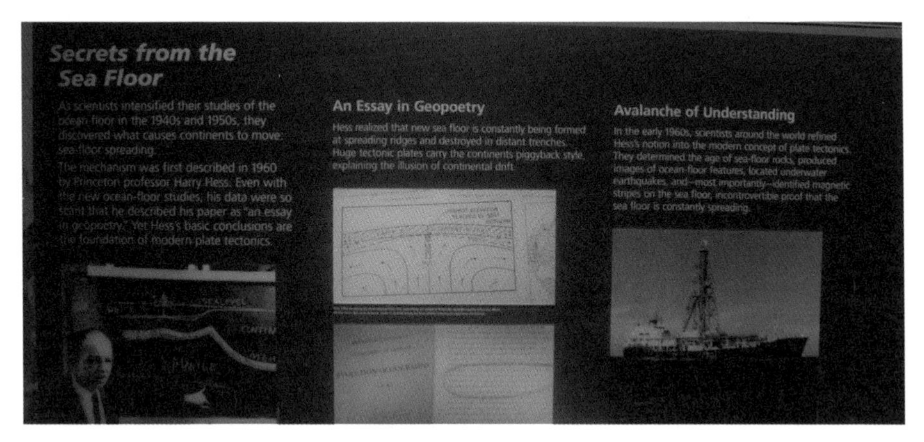

해리 헤스의 판구조론

일로 대륙을 나른다."고 설명했다. 이것이 중앙 해령에서 해양 지각이 생겨나고, 섭입대에서는 오래된 해양 지각이 파괴된다는 이른바 '해저확장설'이었다. 그러나 이 주장은 과학적 데이터는 별로 없었다. 하지만 이것으로 설명하면 막히는 게 별로 없었다. 그래서 사람들은 그의 이론을 '지질 시학의 에세이(An Essay in Geopoetry)'라고 불렀다.

그러다가 1960년대 초, 과학자들은 헤스의 개념을 판구조론의 현대적 개념으로 다듬었다. 그들은 해저 암석의 연대를 측정하고 해저 지형, 해저 지진, 해저에서 가장 중요하게 확인된 자기 스펙트럼 이미지를 생성시켜 해저가 계속 퍼지고 있다는 확실한 증거를 제시했다.

지각판 하나가 다른 지각판 밑으로 파고 들어가 가라앉으면, 열과 압력이 증가하고, 하강하는 판에서 물이 빠져나와 위의 맨틀이 녹게 된다. 이 녹은 암석, 즉 마그마 중 일부는 상승하고 분출해 칠레의 안데스산맥과 태평양 북서부의 캐스케이드산맥 같은 화산을 형성한다. 이 부분에 대해 스미스소니언의 판구조론 갤러리에서는 패널 제목을 '눈사태처럼 이해가 되다'라고 지었다.

판구조론에 관한 견해

"내가 자랄 때는 대륙이동설이나 해저가 확장된다는 생각을 배우지 않았습니다. 하지만 아프리카 대륙의 북동쪽 부분이 좁은 만에 의해 분리되어 서로 맞춰지는 방식을 보면 누구라도 믿지 않을 수가 없지요." 아폴로 우주비행사이자 지질학자인 해리슨 슈미트의 말이다. 오늘날 우리는 판구조론의 확실한 증거를 보기 위해 우주에서 지구를 내려다볼 수 있다. 대륙이동설 개념은 우리가 지구에 대해 생각하는 방식을 혁신적으로 바꿔주었다. 많은 프로세스들이 단 하나의 글로벌 계획으로 통합되었다.

판구조론을 설명하는 패널

화산에 대해 궁금한 모든 것

화산 폭발을 영상으로 보면, 지각 아래에 흐르는 엄청나게 뜨거운 마그마를 충분히 상상할 수 있다. 화산 역시 판구조론을 일으키는 것과 같은 열 엔진으로 발생한다. 화산은 크기, 모양, 그리고 폭발성이 매우 다양하다. 5개의 화산 기록들과 이들로부터 분출된 것들을 비교해보자. 어떤 차이가 있을까?

예를 들어 하와이 화산 마우나 로아는 지구에서 가장 큰 순상 화산이다. 뜨거운 액체 용암이 반복적으로 분출되면서 넓은 경사면이 형성되었다. 멕시코의 콘크리트 콘에서 나온 스핀들 폭탄은 더 엄청난 폭발을 증언한다. 수명이 짧지만 장관을 이루는 이 화산에서는 백열광 마그마 덩어리가 공중으로 솟아올라 뒤틀린 모양으로 굳어지고 떨어지는 입자는 작고 가파른 원뿔 모양을 만든다.

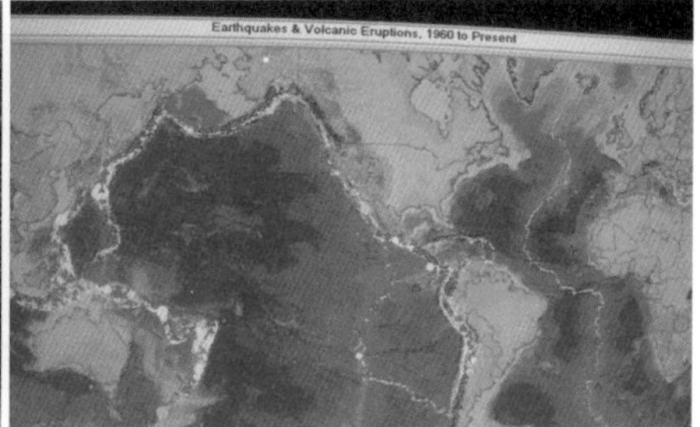

전 세계 지진 발생 현황 맵(왼쪽), 1960년부터 2009년까지 발생한 지진과 화산 폭발 현황 지도(오른쪽)

갤러리에는 실시간으로 전 세계의 지진 발생 현황을 보여주는 맵도 있다. 또 1960년부터 현재까지 발생한 지진과 화산 폭발 현황을 보여주는 실시간 맵과 앱도 있다.

화산에 대해 더 전문적인 자료를 원하면, 글로벌 화산 활동 프로그램을 접속해서 최신 데이터에 액세스할 수 있다.

(https://volcano.si.edu/faq/index.cfm?question=countries)

참고로 위의 이 웹사이트에 접속하면 사람들이 가장 궁금해하는 질문과 그에 대한 답이 나와 있다. 몇 가지 소개하면 다음과 같다.

Q1. 화산이 가장 많은 나라는?

미국, 일본, 인도네시아, 러시아, 칠레

Q2. 얼마나 많은 화산이 분출하고 있을까?

주어진 시간에 40~50회 지속적 분출된다.

Q3. 홀로세 화산은 몇 개나 있을까?

지난 1만 2,000년 동안 약 1,350개가 활동하고 있다.

Q4. 화산 활동이 증가하고 있을까?

아니다.

Q5. 1년 사이에 무슨 일이 있었을까?

1991년 이후 총 분출 범위는 연간 56~88회 정도다.

Q6. 가장 오래 분출한 화산은?

5년 이상 101번 분화된 화산

Q7. 근처에 가장 많은 사람들이 살고 있는 화산은?

화산 중 10개는 5킬로미터 이내에 100만 명이 산다.

Q8. 가장 주목할만한 화산은 무엇인가?

상당한 활동이나 영향을 미치는 화산은 187개 정도다.

달·운석·태양계 갤러리

달·운석·태양계 갤러리로 들어가는 입구는 해리 윈스턴 갤러리 입구와 바로 붙어 있다. 이쪽으로 들어가면 맨 첫 번째 갤러리가 달·운석·태양계 갤러리다. 해리 윈스턴 갤러리로 들어간 입장객은 보석과 광물, 암석, 판구조론의 지질학 전시실의 맨 끝에서 만나는 곳이 이 전시실이다. 그러나 순서가 중요한 것은 아니다. 어차피 달에 관한 전시, 운석에 관한 전시, 태양계에 관한 전시로 나뉘어 있으니까.

남극은 운석의 보물창고다.

운석이 왜 중요한가

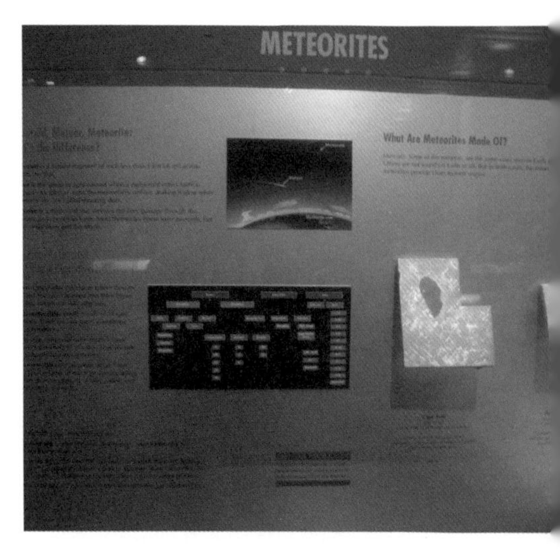

운석은 유성체와 유성, 운석의 3가지로 분류된다.

46억 년이 넘는 태양계의 탄생과 함께 지구 이야기는 시작된다. 모든 다른 행성들과 위성들, 소행성들, 운석들, 유성들과 마찬가지로 지구는 방대한 먼지와 가스로부터 태양이 만들어질 때 생성된 부산물이다. 이 엄청난 사건의 근거들은 지구상에는 거의 남아 있지 않다. 판구조론과 침식들이 그것들을 지워버렸기 때문이다. 그러나 지구에 상륙한 외계 암석인 운석들은 태양계의 유아기와 성장기의 증거들을 간직하고 있다.

지구에서 운석이 가장 많이 발견되는 곳은 남극이다. 지구의 다른 지역에서 발견된 것들 전체보다도 남극에서 발견된 것들이 훨씬 더 많다. 운석이 더 많이 떨어지는 것도 이유가 되겠지만, 빙하로 덮여 있어서 운석을 구분하기가 쉽다. 또 수천 년 지나서 보면, 남극 눈 속에 묻힌 운석들이 그대로 보존이 잘 되는 까닭도 있다. 그래서 과학자들은 남극을 '운석의 보물창고'라고 한다.

운석 전시 케이스

운석의 계열별 분류, 철질 운석

운석 전시실 바로 옆의 패널에는 운석에 관한 용어가 간단히 정리되어 있다. 이것부터 잠깐 짚어보자. 영어로 Meteoroid와 Meteor, 그리고 Meteorite의 차이는? Meteoroid는 번역하면 유성체, 또는 운성체다. 이것은 태양 궤도에서 1킬로미터보다 작은 자연의 파편 암석이다. Meteor는 유성 또는 별똥별이다. 이것은 운석이 지구 대기권에 진입할 때 대기 마찰로 타면서 하얗게 빛을 내며 떨어진다. 이것을 슈팅 스타(Shooting Star)라고도 한다. 그리고 Meteorite는 우리가 말하는 운석이다. 이 운석은 대부분 소행성에서 나오지만, 화성과 다른 행성의 위성에서 온 운석도 있다.

그런데 운석은 어떻게 이름을 붙이고 분류할까? 운석의 이름은 발견된 지명을 따서 이름을 붙인다. 물론 식별 번호도 주어진다. 운석은 크게 3개의 카테고리로 분류한다. 첫째는 석질운석, 둘째는 석·철질 운석, 셋째는 철질 운석이다. 석질운석은 대부분 규산염광물로 구성되어 있다. 이것을 다시 구립운석이라고 하는 콘드라이트(Chondrite)와 현무암의 무구립운석인 아콘드라이트(Achondrite)로 나눈다. 석·철질 운석은 석질과 철질이 비슷한 비율로 구성되어 있다. 그리고 철질 운석은 주로 금속으로 되어 있는데, 상대적인 철, 니켈, 흔적 요소들에 따라 다시 12가지 메이저 그룹으로 분류한다.

운석들을 모아 전시한 전시 케이스에는 태양계 궤도 그림과 함께 지금까지 발견된 운석들 중에서 특별한 것들을 잘 분류해 놓았다. 몇 가지 대표적인 것들을 소개한다.

화성에서 온 운석

대부분의 운석들은 태양계와 거의 나이가 같다. 그러나 화성암(Igneous)으로 된 운석들은 훨씬 나이가 젊다. 그것들은 최근의 화산 활동이 있었던 천체에서 생긴 것들이 틀림없다. 상대적으로 크레이터가 적고, 그런 까닭에 젊은 용암들이 평지를 이룬다. 그래서 화성이 그 소스일 가능성이 크다. 1976년 바이킹 탐사선이 화성의 대기를 직접 분석했다. 그 성분을 보았더니 일부 젊은 아콘드라이트 내부에 갇혀 있던 가스와 매우 비슷했다.

소행성 베스타에서 온 운석

소행성 베스타(Vesta)는 화성과 목성 사이의 소행성대에서 2번째로 큰 소행성이다. 베스타에서 반사된 태양 빛은 일반적인 빛의 스펙트럼과 다르다. 실험실에서 분석해 보면, 화성 운석의 주요 그룹 중 하나로서 반려암의 일종인 유크라이트(Eucrite)는 사실상 베스타와 같은 독특한 스펙트럼을 보인다. 이 유사성 때문에 유크라이트가 베스타에서 형성되었을 것이라는 추론이 가능하다.

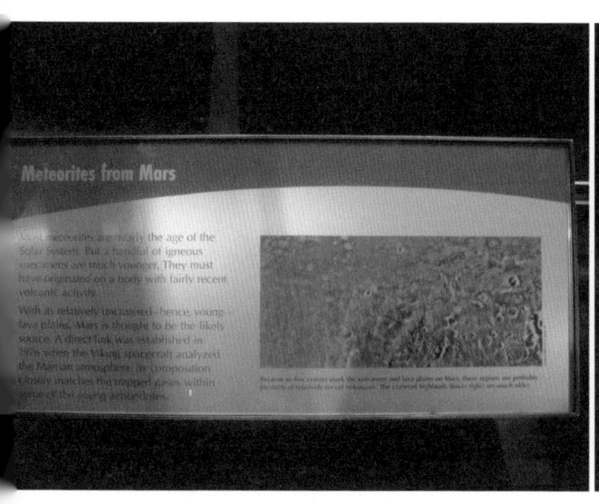

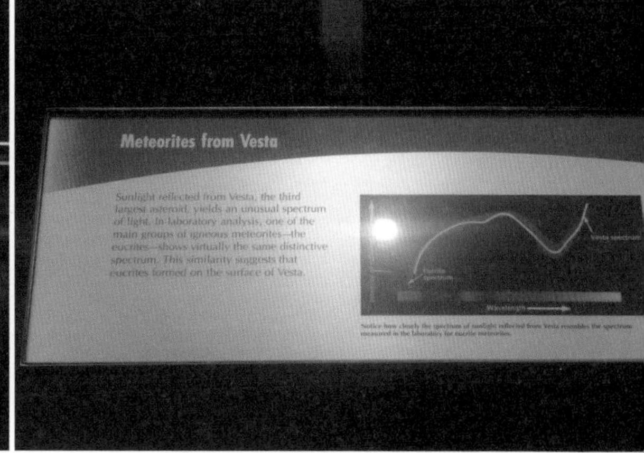

화성에서 온 운석과 소행성 베스타에서 온 운석

다른 세계의 화산과 행성들에서 온 운석들

다른 세계의 화산들에서 온 운석

용융된 소행성과 행성들로부터 나온 운석들을 아콘드라이트(현무암의 무구립운석)라고 부른다. 이 화성암들은 큰 석질 천체들이 열을 잃기 전에 더 빠르게 열을 축적한 것들이다. 그래서 그 내부는 부분적으로 녹고, 녹은 암석들이 부력으로 표면까지 떠올라서 화산을 만든다. 그리고 이것들로부터 아콘드라이트가 생기게 된다. 소행성에서는 화산활동이 수십억 년 전에 멈추었다. 화성에서는 약 1억 8천만 년 전에 멈췄다. 그러나 지구에서는 아직도 화산 활동이 일어나고 있다.

태양계의 형성

이 갤러리의 소극장에서는 태양과 다른 태양계 천체들의 탄생에 관한 비디오가 상영된다. 비디오를 통해서 태양계를 여행하고, 그 옆의 작은 전시 케이스에서 화성에서 온 조각들을 직접 만져볼 수도 있다.

태양 주위를 도는 행성들이 생기기 전에 먼지 입자들의 충돌이 있었다. 구르는 눈덩이처럼 큰 입자들이 작은 입자들을 끌어모았다. 거대하게 커진 몇몇 덩어리들은 엄청난 충격으로 파괴될 수밖에 없었다. 그러나 몇몇은 살아남았다. 시간이 지나면서 이것들은 현재와 같은 행성들과 소행성들의 배열을 하게 되었다.

행성과 소행성들은 어떻게 만들어졌을까?

수성, 금성, 지구, 화성 같은 암석형 행성들과 위성들, 그리고 소행성들은 모두 우리가 구립운석이라고 부르는 콘드라이트 운석에서 보는 것과 같은 물질들로부터 만들어졌다. 이것들은 운석의 원석이 형성될 때 용융되거나 분화에 의해 변형되지 않은 것들이다. 이들이 형성될 때 다양한 종류의 먼지들과 작은 알갱이들이 엉겨 붙어서 원시 소행성이 되었다. 이때 서로 부딪치는 충격으로 생긴 열과 방사성 붕괴 때문에 성장하는 천체들의 내부가 뜨거워졌다. 하지만 크기가 작은 소행성들은 열이 바로 빠져나갔다.

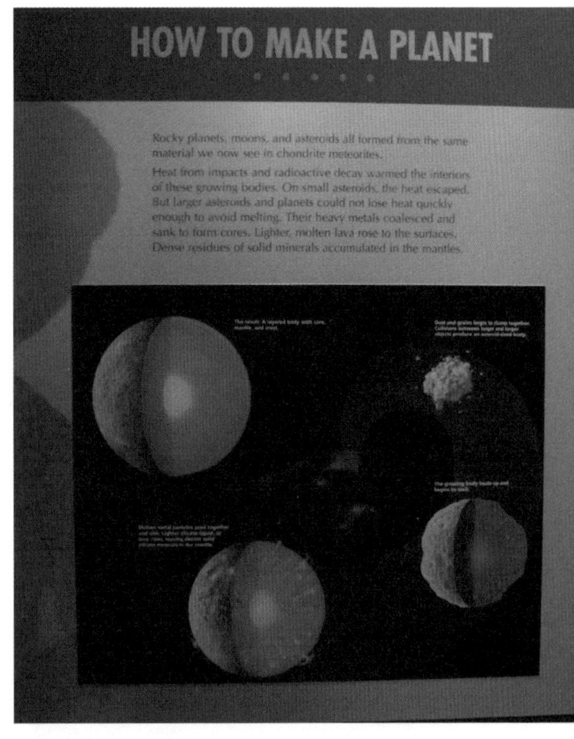

행성들이 어떻게 만들어졌는가

그러나 크기가 큰 소행성들과 행성들은 빨리 열을 잃지는 않았다. 그들 중 무거운 금속들은 합쳐져서 가라앉아 코어를 형성했다. 그리고 더 가볍고 녹아 있던 규산염 액체들 또는 용암들은 표면으로 떠올랐다. 나머지들은 맨틀에서 응축되어 고상의 규산염 광물들을 만들었다. 한편 큰 천체와 큰 물질들의 충돌은 소행성 크기의 천체들을 만들어 냈다.

우리의 이웃 달

비록 달이 지구와 닮은 점이 적기는 하지만 그 기원은 지구와 밀접하게 연결되어 있다. 아폴로 우주비행사들이 수집한 희귀한 암석들이 포함된 4개의 전시 케이스에서 지난 40억 년 동안 달의 역사를 알 수 있다. 충격과 화산 활동의 시대가 어떻게 오늘날의 달처럼 상대적으로 조용한 영역으로 바뀌었을까?

이 전시에 따르면, 달의 특별한 성질은 그것이 특이한 방식으로 만들어졌음을 암시한다. 다른 행성들과 그 위성들을 비교해보면, 달(지름 3,476km)은 지구(지름 12,742km)

달의 탄생을 설명하는 전시 패널

에 비해서 특이하게 크기가 크다. 또 달은 물도 전혀 없고, 끓는 점이 낮은 원소들이 거의 없다. 이것은 달이 형성될 때 매우 높은 온도에서 만들어졌다는 증거다. 달은 대기권도 없다. 그래서 운석이 떨어지면 그냥 그대로 달 표면에 떨어진다. 달 표면의 파인 자국들에서는 44억 년 전 유성체의 것도 나왔다. 과거부터 달의 기원에 관한 이론들이 많이 제기되어 왔다. 그러나 아폴로 우주비행사들이 가져온 월석들이 달의 특별한 역사에 관한 확실한 증거물이다.

38억 년 전, 화성 크기 정도의 큰 천체가 초기 지구와 충돌했다. 엄청나게 많은 양의 기화된 암석들이 우주로 튕겨 나갔다. 이 튕겨 나간 증기들이 응축되고, 커져서 달이 되었다. 그래서 지구나 달의 내부 구조는 모두 몇 개의 층이 있다. 그러나 달의 코어는 만약 하나가 있더라도 크기가 작다. 달의 맨틀은 매우 차갑다. 500킬로미터 깊이까지 들어가도 1,000℃에 불과하다. 지구 맨틀은 같은 깊이에서 1,500℃가 넘는다. 그래서 달은 판구조론도 관계없고, 달 표면을 바꿀 만한 융기도 없다.

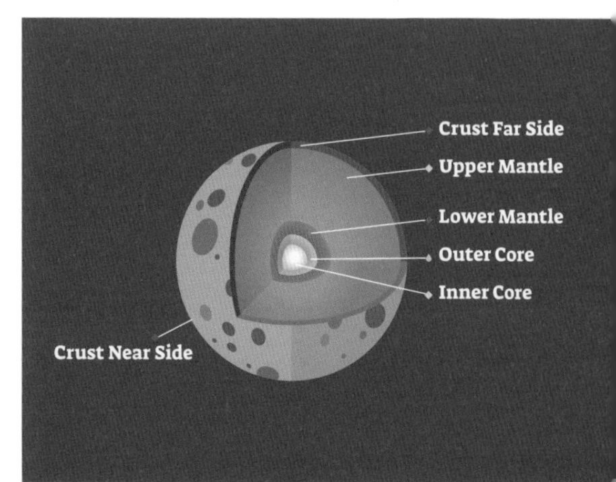

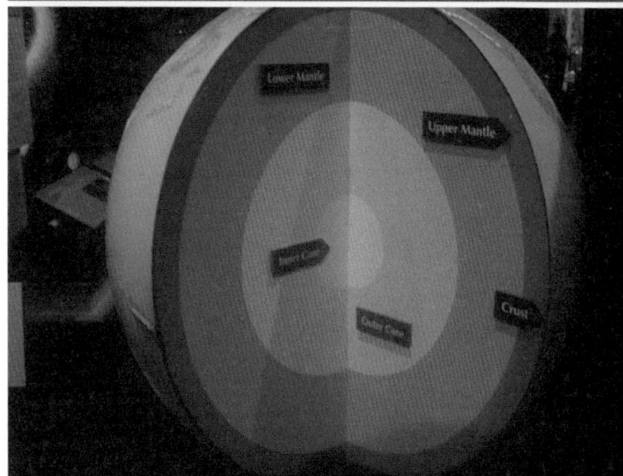

위에서부터 달의 내부 구조, 지구의 내부 구조, 달과 지구의 내부 구조 비교 사진

6장
화석 전시실

과거·현재·미래를 연결하는 새로운 관점, 딥 타임 화석 전시실

스미스소니언 자연사박물관 1층의 화석 전시실은 넓다. 870평 정도 된다. 이 넓은 곳에 700여 점의 귀한 화석 표본들이 전시되어 있다. 2019년에 공룡 전시실과 고생대 화석 전시실을 합쳐 새로 문을 열었다. 2014년 새 단장을 시작한 지 5년 만이다.

이곳에서는 생명체의 탄생부터 현재까지 멸종과 진화의 대역사가 드라마처럼 펼쳐진다. 화석 전시실이지만, 과거에서부터 현재와 미래까지 연결하는 새로운 관점으로 이야기를 전개한다. 이 전시를 따라가다 보면, 멸종과 진화가 별개의 것이 아니라 동전의 앞면과 뒷면 같음이 느껴진다. 생태계와 기후변화, 지질학적 힘들이 서로 어떻게 연결되고, 또 모든 생명체가 지구 전체와 어떤 관계가 있는지를 발견할 수 있게 해준다.

딥 타임 연대표. 오른쪽에서 왼쪽으로 갈수록 더 깊이 더 멀리 들어간다.

딥 타임 화석 전시실 입구, 과거로부터 미래까지의 여행을 상징하는
딥 타임 시그니처

그래서 이 자연사박물관의 관장 커크 존슨 박사는 말한다. “이곳에 오면 사람들은 과거에서부터 미래까지 여행하게 된다…. 그 과정에서 지구 생명의 역사를 경험할 수 있다. 또 이곳에만 있는 특별한 화석들과 상호 교감하는 매력적인 전시 기법을 즐길 수 있다. 그러면서 관람객들은 우리 지구가 직면한 실질적 도전이 무엇인지, 우리의 바람직한 미래를 위해 자신들이 어떤 역할을 해야 할 것인지를 생각해 보게 될 것이다.”

우리는 어디에서 왔는가, 우리는 무엇인가, 우리는 어디로 가는가

스미스소니언 큐레이터들은 화석 전시실을 소개할 때 폴 고갱의 이 작품 제목을 자주 인용한다. 〈우리는 어디에서 왔는가, 우리는 무엇인가, 우리는 어디로 가는가〉. 이 작품의 제목과 화석 전시실의 주제가 딱 맞아떨어지기 때문이다.

후기 인상파 화가 고갱의 대표작인 이 작품은 크기가 139.1×374.6센티미터나 된다.

폴 고갱의 작품 <우리는 어디에서 왔는가, 우리는 무엇인가, 우리는 어디로 가는가>

고갱은 극도의 궁핍과 건강 악화, 가장 사랑했던 딸 알린의 사망 소식을 듣고 절망 속에서 이 그림을 그렸다. 1897년 12월에 시작해 1년 가까이 걸려 완성했다. 그는 가장 길고 가장 철학적인 제목을 그림 왼쪽 위에 불어로 써넣었다. 'D'où Venons Nous / Que Sommes Nous / Où Allons Nous'. 그런데 이 세 가지 질문에는 물음표가 없다. 연결부호도 없다. 단어마다 모두 대문자로 시작한다. 고갱은 그림 속에 삶과 죽음에 관한 이야기를 담았다.

이 작품에 개인의 이야기 대신 우리 지구에서 살아가는 생명체들을 대입해보면 그것이 바로 화석 전시실의 메시지가 된다. '우리 생명은 어디에서 왔는가, 우리 생명이란 무엇인가, 우리 생명체들은 어디로 가는가?' 어쩌면 이 화석 전시실의 이름을 '우리는 어디에서 왔는가, 우리는 무엇인가, 우리는 어디로 가는가'로 하는 게 더 좋았을 거라는 생각이 들 정도다. 생명체의 탄생과 멸종, 과거에서 미래까지의 이야기가 다 담겨있으니까.

데이비드 H. 코흐 화석 전시실, 딥 타임(Deep Time)

화석 전시실의 이름은 '데이비드 H. 코흐 화석 전시실, 딥 타임'이다. 스미스소니언은 대체로 전시실 이름을 정할 때 주제 앞에 그 전시를 위해 가장 많이 기부한 사람이나 재단의 이름을 붙인다. 그럼으로써 기부자의 정신도 기리고, 기부 문화도 만들어간다. '케네스 E. 베링 패밀리 포유동물 전시실', '산트 오션 홀', '재닛 애넌버그 후커 지질학 보석과 광물 전시실' 등은 모두 그렇게 지은 이름들이다.

데이비드 H. 코흐는 이번 화석 전시실을 새로 꾸미는 데 기부를 가장 많이 한 사람이다. 사업가로서 스미스소니언의 이사회 멤버였던 그는 이 전시를 위해 2013년에 3천5백만 달러를 기부했다. 그는 2010년에도 이미 오픈한 인류의 기원 전시에 1천5백만 달러를 기부했다. 그래서 인류의 기원 전시실 이름이 '데이비드 H. 코흐 인류의 기원 전시실'이다. 두 번의 기부금을 합치면 모두 5천만 달러다. 그야말로 통 큰 기부다.

딥 타임 프로젝트는 스미스소니언 자연사박물관 역사상 가장 크고 복잡한 개조공사였다. 화석 전시실을 꾸미고 건물 설계를 바꾸는 데에 모두 1억 1,000만 달러의 예산이 들었다. 건물 개보수에 연방 예산 7,000만 달러, 화석 전시실 개보수에 4,000만 달러가 들어갔다. 4,000만 달러 중 3,500만 달러는 데이비드 H. 코흐가, 나머지는 수십 명의 개인과 기업들이 자금을 댔다.

TIP

데이비드 H. 코흐는 스미스소니언 외에도 2007년 자신의 모교인 매사추세츠 공과대학(MIT)의 암 연구소 설립에 1억 달러를 기부했다. 또 볼티모어의 존스홉킨스대학, 뉴욕의 슬론 케터링 기념 암센터, 휴스턴의 MD 앤더슨 암센터에도 각각 수백만 달러씩을 기부했고, 뉴욕시 발레단이 있는 링컨센터 극장에도 1억 달러를 기부했다. 링컨센터 극장은 2008년에 이름을 '데이비드 코흐 극장'으로 바꿨다.

딥 타임 전시실 전경

백과사전식 나열에서 스토리가 있는 전시로

딥 타임 전시의 가장 큰 변화는 연대순이다. 이야기가 시간의 역순으로 진행된다. 보통은 지구의 탄생이나 고생대 이전부터 시작해 시간의 흐름 순으로 전시물을 배치한다. 그러나 스미스소니언 화석 전시실은 거꾸로다. 인간이 실제로 살았던 가장 최근의 과거인 빙하기부터 여행을 시작한다.

과거의 화석 전시실은 고대 바다의 생명, 공룡 및 빙하기를 포함해 모두가 지구상에 나타났던 생명체들을 나열하는 백과사전 방식이었다. 전시의 수석 큐레이터 매튜 카라노는 2013년 스미스소니언 매거진과의 인터뷰에서 이렇게 말했다. "많은 박물관의 선사시대 전시를 보면, 마치 나 자신이 외계인처럼 느껴진다. 아마 관람객들은 다른 행성으로 우주선을 타고 떠나버리고 싶을 것이다."라고. 전시가 관람객들의 마음과 전혀 공감되지 않기 때문이다.

그러나 이 전시는 다르다. "고생물학과 현대 생활의 관련성을 짚어서 보여준다. 고대 식물과 동물들을 생태계의 상호 연결된 부분으로 파악했다. 과거의 기후변화와 이산화탄

고생대 여행, 중생대 여행, 최근의 과거인 신생대 여행

소, 멸종, 그리고 오늘날 일어나고 있는 일들을 어떻게 연결해야 할 것인가를 고민했다. 이 모든 거대 시스템이 함께 작동하는 방식으로 관점을 잡았다."

여기서는 신생대 다음에 중생대가 나온다. 중생대 하면 우리는 공룡을 생각한다. 1910년, 스미스소니언 자연사박물관이 처음 문을 열었을 때 고생물학 전시는 공룡 화석 전리품 갤러리에 불과했다. 마치 '멸종된 괴물의 전당' 같았다. 이후 세월이 지나면서 점점 더 많은 전시물이 자리를 잡았다. 그러다 보니 화석 전시실이 뒤죽박죽 섞여서, 마치 미로처럼 되어버렸다. 어느 자연사박물관에도 공룡들은 다 있다. 공룡들의 이야기도 대부분 비슷하다. 어떤 곳은 공룡만 있고 공룡 스토리는 없는 곳도 있다.

물론, 공룡이 빠진 고생물학 전시는 있을 수 없다. 당연히 새로운 화석 전시실도 공룡들이 대단히 중요하다. 그래서 쥐라기의 거대 초식 공룡 디플로도쿠스와 백악기의 티라노사우루스가 화석 전시실 전체 전시의 중앙을 차지하고 있다. 관람객들은 전시실에 들어서자마자 공룡들이 어디에 있는지 한눈에 즉각 알아볼 수 있다. 하지만 이번 스미스소니언의 공룡 전시는 어디 가나 다 있는 뻔한 이야기가 아니다. 다른 곳에서는 본 적 없는

트리케라톱스를 잡아먹는 국보급 티라노사우루스. 지금까지의 티라노사우루스 전시 연출 중 가장 파격적인 장면이다. 이 장면을 연출하는 데 4년이나 걸렸다.

파격이 있다. 특히 티라노사우루스가 트리케라톱스를 잡아먹고 있는 장면은 충격적이다. 공룡에 대한 설명도 다르다. 인터넷을 검색하면 바로 나오는 뻔한 얘기들은 이 전시실의 패널 설명에 나오지도 않는다.

고생대도 마찬가지다. 특히 스미스소니언 자연사박물관은 전 세계에서 캄브리아기 생명의 대폭발을 보여주는 버제스 셰일 화석들을 가장 많이 보유하고 있다. 그리고 화석 작업을 그대로 볼 수 있는 화석실험실도 있다. 화석에 대한 개념 설명도 좋다.

인류와 세계의 맥락을 관통하는 전시

화석은 37억 년 지구 생명의 역사를 보여주는 과거의 단서다. 그러나 '딥 타임'이라는 관점은 오늘날의 세계에 대한 맥락을 제공한다. 인류와 모든 생명체가 미래에 어떻게 살아갈지를 예측하는 데 도움이 된다. 전시실 전체의 주요 주제를 통찰하는 매우 특별한 전시를 소개한다.

첫째, 모든 생명은 과거, 현재, 미래의 다른 모든 생명, 그리고 지구 그 자체와 연결되어 있다. 대륙이동설로 대표되는 지질과 지구 내부의 변화는 시간이 흐르면서 생태계의 변화를 일으킨다. 그로 인해 생명은 멸종과 진화를 통해 끊임없이 변화한다. 대량 멸종이 여러 차례 일어났다. 이 전시실은 식물과 동물의 기원과 진화를 보여주고, 특히 고대 세계를 재현하며 기후변화와 멸종의 과거 사례를 강조하면서 지구 생명 전체의 역사를 보여준다. 특히 6천6백만 년 전 백악기 대멸종에 관한 전시는 그동안 다른 곳에서는 전혀 본 적 없는 멋진 전시다.

둘째, 인간의 시대와 글로벌 변화다. 인간은 이제 지구 생명의 미래와 운명을 만들고 있다. 그래서 특별한 전시 코너를 만들었다. 전시 코너의 제목은 '워너 에이지 오브 휴먼 갤러리(Warner Age of Humans Gallery)'다. 여기서는 인간이 지구에 전례 없이 급속한 변화를 일으키는 많은 사례를 볼 수 있다. 이것을 만들 때 인류세 자문위원회의 조언을 받았다. 패널에는 지구에 대한 인간의 영향과 기후변화를 다루는 저명학자와 커뮤니케이터, 교육자들이 나온다.

셋째, 스미스소니언 채널과 PBS가 스미스소니언 박물관과 협력해서 2시간짜리 영화까지 만들었다. 영화 제목은 〈고래가 걸어 다녔을 때: 딥 타임에서의 여행〉이다. 스미스소니언은 이 영화를 세계에서 가장 멋진 생명의 서사시라고 홍보한다. 이 영화는 생명의 기원 이야기를 추적하면서 혁신적인 스토리텔링 기술, 3D 그래픽 및 CGI(Computer

지구 생명의 미래와 운명을 보여주는 특별 전시 코너 '워너 에이지 오브 휴먼 갤러리'

Generated Imagery)를 사용해 고대 동물에 생명을 불어넣는다. 〈고래가 걸어 다녔을 때〉는 새, 악어, 고래 그리고 코끼리의 진화에 대한 놀라운 통찰력을 제공한다. 이 종들이 수백만 년 동안 걸었던 진화에 대한 신화를 재밌게 만들었다.

이야기 속의 이야기

현세의 독립된 지질시대, '인류세'

'인류세(人類世, Anthropocene)'는 홀로세(현세) 중에서 인류가 지구 환경에 큰 영향을 미친 시점부터를 별개의 시대로 정하자는 주장의 개념이다. 국제층서위원회가 정한 지질학적 명칭은 아니다. 인류세의 정확한 시점은 합의되지 않은 상태다. 대기의 변화를 기준으로 한다면 산업 혁명이 그 기준이다. 그러나 첫 번째 핵실험이 실시된 1945년을 인류세의 시작점으로 봐야 한다는 주장도 있다. 그들은 인류세를 대표하는 물질들로 방사능물질, 대기 중 이산화탄소, 플라스틱, 콘크리트 등을 꼽는다. 대다수 층서학자는 인류세를 별개의 지질시대로 보자는 주장에 유보적이다. 하지만 언젠가 인류세가 독립된 지질시대로 공인될 것이라는 전망도 많이 있다. 인류세의 개념은 노벨 화학상을 받은 대기 화학자 파울 크뤼천이 대중화시켰다. 유네스코는 2018년 9월호에서 '인류세'에 대한 특집을 다루었다.

딥 타임, 아득히 먼 지질학적 시간

화석 전시실의 이름을 다시 한번 보자. '데이비드 H. 코흐 화석 전시실, 딥 타임'. 뒷부분에 붙은 '딥 타임(Deep Time)'이라는 부제는 도대체 무슨 뜻일까?

인류 역사는 지구 역사의 극히 일부에 불과하다. 딥 타임은 지구를 형성한 사건과 그 위에 살고 있는 종을 이해하기 위해, 수백만 수십억 년의 관점에서 지구의 과거를 생각해 만들어낸 개념이다. 지구의 깊은 과거를 탐구하는 것은 사람들이 오늘날 세계를 이해하고 지속 가능한 미래를 계획하는 데 도움이 될 것이다.

이 전시실에는 거대 땅늘보, 무시무시한 이빨의 검치호랑이, 털북숭이 매머드 같은 멸종 포유류 화석들이 가장 먼저 등장한다. 그러면서 전시실 안으로 들어갈수록 익숙한 것에서 난해한 것으로, 하나씩 하나씩 원시 지구를 향해 시간을 거슬러서 들어간다. 마치 깊은 땅속으로 파고 들어갈수록 더 오래된 시간 속 화석들을 만나는 것처럼. 그래서 제목에 '딥 타임'이라는 부제를 붙였다.

딥 타임이라는 개념을 처음 생각한 사람은 18세기 영국 스코틀랜드의 지질학자 제임스 허턴이다. 그러나 이 단어를 처음 저널에 사용해 유명하게 만든 사람은 논픽션 작가 존 맥피다. 그는 1981년 잡지 〈뉴요커〉에 '분지와 산맥(Basin and Range)'이라는 지질학과 지질학자들에 관한 기사를 기고했다. 이때 지질학적 시간 개념을 소개하면서 딥 타임이라는 용어를 처음 사용했다. 그는 1978년부터 20년 동안 지질학에 관해 현지답사 여행과 연구를 하며 기사를 썼다. 이 기사를 포함, 그동안의 결과물들로 책 〈지난 세계의 연대기〉를 냈고, 그것으로 1999년 퓰리처상을 받았다.

빌 브라이슨의 〈거의 모든 것의 역사〉에는 존 맥피가 '분지와 산맥'에서 설명한 딥 타임, 즉 아득히 먼 지질학적 시간의 비유가 나온다. 거기서 존 맥피는 지구의 역사 전체를 사람이 두 팔을 완전히 벌린 것으로 가정했다. 그리고 말했다. "그럼 선캄브리아기는 오른손의 손톱 끝에서 왼손의 손목까지다. 그리고 모든 고등생물은 왼손 손바닥 안에서 생겨났다. 인간의 모든 역사는 손톱 줄로 손톱을 다듬을 때 떨어져 나오는 중간 크기의 손톱 부스러기 하나도 안 된다."라고.

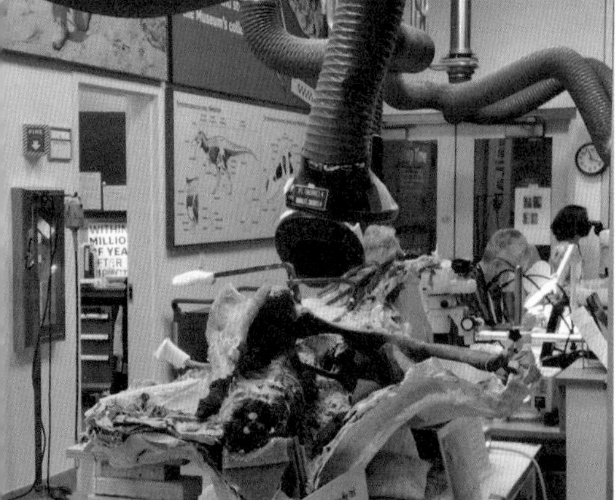

화석실험실 내부. 유리로 되어 있어 관람객이 직접 관람할 수 있다.

지질학적 시간의 개념, 천년을 하루같이?

딥 타임은 '아득히 먼 지질학적 시간'이다. 어느 정도 아득히 먼 시간일까? 고생물학자들의 시간 개념은 보통의 역사와는 완전히 다르다. 한번 시험해 보자. 4만 5천 년 전의 세계를 상상으로 그려보는 것은 쉽지 않다. 그런데 그것의 100배인 450만 년 전 지구의 한 장면을 상상해 그려보는 것은 더 어렵다. 지구의 나이는 46억 살이다. 450만 년의 1천 배가 넘는 엄청나게 긴 시간이다. 이것은 더 상상이 안 된다. 아무런 느낌이 없다.

그래서 지질학자들은 지구 역사를 다룰 때 캄브리아기, 쥐라기, 백악기 같은 이름을 붙여서 부른다. 역사학자들이 역사를 시대별로 삼국시대, 고려시대, 조선시대라고 부르듯이. 수백만 년이라는 숫자보다 상대적 시간을 다루는 게 편리하기 때문이다.

46억 년을 1년으로 비유하면

도널드 R. 프로세로의 책 〈공룡 이후 - 포유동물의 시대〉에 46억 년의 지구 역사를 1년짜리 달력으로 바꾼 비유가 나온다.

1월 1일: 지구가 만들어진 날. 여기서 하루는 1천2백만 년, 1분은 8,561년이다.

2월 21일: 최초의 단세포생물 출현.

11월 12일: 해파리, 삼엽충, 산호 등의 다세포생물 출현.

12월 15일: 최초의 포유류 조상 모르가누코돈 등장(2억 5백만 년 전, 트라이아스기).

12월 17일: 시조새 등장(1억 5천만 년 전, 쥐라기).

12월 26일: 공룡 멸종과 포유류 시대의 시작. 6천 6백만 년 전.

12월 31일 밤 11시 50분: 네안데르탈인 등장.

12월 31일 밤 11시 59분: 6천 년 정도 되는 역사시대는 새해 시작 1분 전.

12월 31일 밤 11시 59분 59초: 찰스 다윈 〈종의 기원〉 발표(자정 1초 전).

이것이 지질학적 시간과 우리가 살아가는 현실 시간과의 차이다. 그래서 도널드 R. 프로세로는 말한다. "지질학적 시간 규모로 보면 인간사는 조금 하찮아 보인다. 주기가 수천 년 미만인 지질학적 사건들은 퇴적암 지층에서 구별조차 어렵다. 수억에서 수십억 년 전 사건들을 다룰 땐 백만 년도 우습게 여겨진다."라고.

46억 년을 하루로 바꿔보면

〈거의 모든 것의 역사〉에서는 지구의 역사를 하루에 비유한다. 그것도 재미있다.(지구 역사를 책에서는 45억 년이라고 했지만, 지금은 46억 년. 정확히는 2021년 4월 국제층서위원회에서 47±1.4억 년으로 정리가 되었으니 우리는 46억 년이라고 하자.)

46억 년 지구 역사가 하루라면, 단세포생물의 처음 출현은 새벽 4시경. 해양 식물은 저녁 8시 30분, 에디아카라 동물군은 8시 50분, 삼엽충 등장은 밤 9시 4분이다. 밤 10시 직전 육상식물 출현. 이어서 최초의 육상 동물 등장. 밤 10시 24분 거대한 석탄기 숲이 만들어졌다. 날개가 달린 곤충도 등장했다. 공룡은 밤 11시경 나타나 45분 정도 무대를 휩쓸더니, 밤 11시 40분쯤 갑자기 퇴장했다. 그리고 신생대 포유류의 시대가 시작됐다. 밤 11시 58분 43초에 인간이 나타났다. 자정을 불과 1분 17초 남겨둔 시각이다. 그런 시간 척도로 보면, 우리의 역사는 겨우 몇 초에 해당한다. 사람의 일생은 한순간에 불과하다.

신생대 빙하기와 거대 동물들

'데이비드 H. 코흐 화석 전시실, 딥 타임'의 두 번째 이야기

스미스소니언 자연사박물관의 딥 타임 화석 전시실은 출입구가 두 개다. 하나는 로텐더 쪽, 다른 하나는 뒤쪽으로 '아프리카의 목소리' 전시실과 이어진다. 문이 따로 있는 것은 아니다. 사람들은 대부분 로텐더 쪽에서 들어온다. 이 입구로 전시실에 들어서면 바로 신생대다. 거기서 안으로 쭈욱 들어가면, 중생대와 고생대로 이어진다. 그래서 이 전시는 가까운 과거에서 먼 과거로의 여행이다.

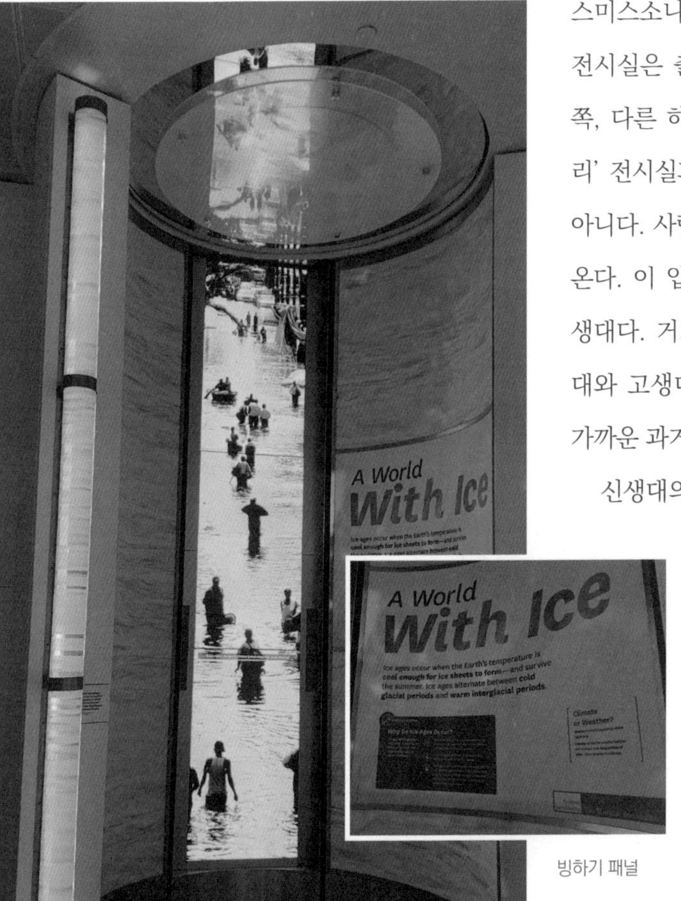

빙하기 패널

신생대의 가장 큰 특징은 두 가지, 빙하기와 포유동물이다. 이 둘은 서로 밀접하게 관련이 있다. 스미스소니언 화석 전시실에서 빙하기와 관련된 전시는 크게 세 부분으로 나뉜다. 하나는 빙하기의 인간들에 관한 얘기다. 그다음은 빙하 때문에 생긴 두 가지

변화, 파나마지협과 베링지협 이야기다.

바닷물이 얼면서 빙하가 확대되어 해수면이 낮아졌다. 그러면서 바닷속에 잠겨 있던 육지가 해수면 위로 솟아올랐다. 남쪽에서는 서로 떨어져 있던 남아메리카와 북아메리카가 연결되었다. 이것이 파나마지협이다. 북쪽 베링해 지역도 해수면이 낮아지면서 육지가 드러났다. 이것이 베링지협이다. 그로 인해 분리되어 있던 시베리아와 알래스카가 연결되었고, 이 지협들을 통해 동물들이 대륙을 서로 이동했다. 인류도 이동했는데, 다만 인류는 육지와 바다 양쪽을 모두 이용했다.

빙하기의 인간들, 포식자들과 먹이

신생대 전시실에 들어서자마자 우리를 맨 처음 반갑게 맞아주는 것은 빙하기에 살았던 인류의 조상이다. 빙하기는 지질시대 중 지구 역사의 가장 최근 시기다. 아기를 등에 업은 여자, 그 앞에는 창을 들고 서 있는 남자의 동상이 있다. 그 옆에는 배경이 되는 벽화가 있다. 단풍이나 나무들, 누런 풀들을 보면 계절은 가을이다. 그 위로 벽에 커다란 글귀가 눈에 들어온다. "자연에서는 혼자만 존재하는 것은 없다." - 해양학자 레이첼 카슨

이 코너의 제목은 '빙하기 인간들: 포식자들과 먹이'다. 가장 최근의 빙하기 동안에 인간들은 뿌리, 견과류, 과일 같은 먹을 것을 구하기 위해 돌아다녔다. 인간들은 낚시와 사

신생대 전시실 입구. 빙하기에 살았던 인류의 조상이 전시되어 있다.

냥을 하기도 했다. 작은 것에서 큰 것까지, 심지어 마스토돈까지. 때로는 인간도 포식자들에게 잡아먹히기도 했다. 아마 그 포식자들은 검치호랑이들이었을 것이다. 검치호 전시는 그 오른쪽 맞은편에 있다. 오늘날 우리 인간은 최상위의 포식자다. 우리는 우리의 필요에 따라 우리가 사는 생태계를 바꾸고 있다.

그 아래 패널에 빙하기 인간들에 대한 코멘트가 있다. "현대 인류(Homo sapiens). 1만 3천 년 전 북아메리카에 살았다. 우리의 조상 호모 사피엔스는 약 30만 년 전 아프리카에서 진화했다. 그리고 전 세계로 퍼져나갔다. 1만 3천 년 전 무렵 인간들은 남극을 빼고 모든 대륙에서 살았다. 북아메리카에서도 인간이 살았다는 증거가 있다. 창끝과 살해된 마스토돈 뼈의 창끝 자국이다." 친절하게 작은 안내판이 하나 더 붙어 있다. "인류의 기원 전시실에서 초기 인류의 진화에 대해 더 알아보세요."

마스토돈과 매머드, 누가 더 코끼리와 가까운 친척일까?

빙하기 인간 바로 뒤쪽 전시대 위에 완벽하게 복원된 아메리카 마스토돈(Mastodon) 화석이 보인다. 거대한 상아를 위로 뻗치고 웅장한 모습으로 서 있다. 이 화석의 학명은 맘뭇 아메리카눔(Mammut americanum)이다. 미국 인디애나주의 플라이스토세 퇴적층에서 발굴되었다. 마스토돈은 따뜻한 삼림지대에서 살았다. 살았던 시기는 1만 5천5백 년에서 1만 1천5백 년 전이다. 아래에는 이런 말이 쓰여 있다. "마스토돈보다 매머드가 현생 코끼리와 더 가깝다. 말하자면 현생 코끼리와 마스토돈은 사촌지간, 현생 코끼리와 매머드는 형제지간이다. 마스토돈이 멸종되었을 때, 그들의 게놈에 대한 분명한 역사도 다 함께 사라졌다. 영원히."

엘리자베스 콜버트의 책 〈여섯 번째 대멸종〉에 따르면, 마스토돈-코끼리-매머드의 관계를 밝혀낸 사람은 프랑스 자연사박물관의 박물학자 장 프레데릭 퀴비에다. 1705년 북부 뉴욕주에서 발굴된 아메리카 마스토돈의 어금니 하나가 런던으로 보내졌다. 당시엔 그것이 무엇인지 아무도 몰랐다. 그래서 거대 동물의 이빨로만 분류되었다. 그 후 1739년 아메리칸 마스토돈의 뼈가 발견되었다. 1미터 크기의 대퇴골과 어마어마하게 큰 상아, 거대한 이빨 몇 개였다. 이빨 뿌리가 사람 손만 했고, 무게가 4.5킬로그램까지 나갔다. 프랑스의 샤를 르 무안 남작과 그의 부대원 400명이 미국 신시내티 근처의 오하이오 계곡

완벽하게 복원된 마스토돈. 현생 코끼리와 사촌지간이라고 할 수 있다.

에서 발견한 것이다. 남작은 이것을 프랑스로 보냈고, 후에 루이 15세에게 선물로 바쳤다. 이 뼈는 왕의 박물관에 보관되었다. 그런데 박물관의 학자들은 이것이 무엇인지 도무지 알 수가 없었다. 대퇴골과 상아를 보면 코끼리종 같은데 이빨을 보면 그것이 아니었기 때문이다. 결론 없이 50여 년이 지났다.

이 논쟁에 종지부를 찍은 사람이 퀴비에다. 그는 마스토돈의 이빨을 상세하게 직접 그려가며 연구했다. 코끼리와 매머드의 이빨은 윗면이 평평하고, 좌우에 얇게 솟은 부분이 있다. 또 씹는 표면이 신발 굽처럼 닳아 있었다. 이들은 무엇이든 먹고 갈아낼 수가 있다. 그런데 마스토돈은 이빨 끝이 뾰족했다. 이것으로는 그냥 우적우적 씹기만 할 뿐이다. 해부학을 바탕으로 상세한 연구 끝에 퀴비에는 두 가지 결론을 내렸다. 결론 하나, 마스토돈은 코끼리와 다른 종이다. 결론 둘, 이 마스토돈은 더 이상 세상에 존재하지 않는 사라진 종이다. 그는 그 결과를 '코끼리의 종류, 살아 있는 코끼리와 화석'이라는 강의에서 발표했다. 그리고 1800년에 이것을 논문으로도 발표했다.

당시에는 '멸종'이라는 개념이 없었다. 그러나 퀴비에의 마스토돈 연구로 멸종이라는 개념이 과학에서 처음으로 인정받았다. 멸종은 매우 중요한 개념이다. 이것 때문에 논리적으로 적자생존과 다윈의 진화론이 존재할 수 있기 때문이다.

중생대 최고 포식자 티라노사우루스, 신생대 포식자 검치호랑이

빙하기 인간 바로 맞은편에는 검치호(Saber-toothed Cat) 화석이 전시되어 있다. 이 화석의 주인공은 '스밀로돈'이다. 이들은 약 2만 8천2백 년에서 1만 3천 년 전 사이에 살았다. 스밀로돈(Smilodon)은 그리스어로 smilo는 칼날, don은 이빨이라는 뜻이다. 우리말로는 '칼 같은 이빨을 가진 호랑이'라는 의미다. 검치호 또는 검치호랑이라고 하지만, 스미스소니언에서는 'Saber-toothed Cat'으로 표기하고 있다.

중생대의 포식자가 티라노사우루스였다면, 신생대의 포식자는 아마 검치호랑이였을 것이다. 길게 뻗은 검치호의 송곳니는 정말 보기만 해도 무시무시하다. 송곳니 모양이 마치 군도처럼 휘어져 있고, 긴 이빨의 한쪽 날은 스테이크용 나이프처럼 톱니자국이 나 있다. 이것은 고기를 써는 데 아주 유용한 도구다. 검치호는 송곳니로 자기보다 몇 배나 큰 먹이들을 잡아먹었다.

그러면 스밀로돈의 크기는 얼마나 되었을까? 패널에는 세 종류의 고양잇과 동물들, 즉 멸종한 아메리카 사자와 현재의 아프리카 사자 그리고 스밀로돈이 그려져 있다. 그리고 이렇게 쓰여 있다. "현재의 큰 사자나 늑대 같은 덩치 큰 포식자들은 빙하기의 포식자들과 비교하면 크기가 중간 정도 크기밖에 되지 않았다." 검치호는 주로 바이슨처럼 덩치가 큰 초식 동물을 잡아먹고 살았다. 때로는 인간들도 그들의 사냥감이 되기도 했을 것이다.

검치호의 화석이 발견된 곳은 라브레아 타르 연못이다. 이곳은 캘리포니아 LA시청에서 불과 11킬로미터밖에 안 되는 거리에 있다. 포식자와 먹이는 모두 끈적끈적한 웅덩이에 갇혀 있었는데, 타르가 공기와 습기를 차단해서 온갖 화석들이 깨끗하게(시커멓게) 그대로 보존되었다. 이곳에서만 이 화석을 포함해 약 2천 마리 이상의 검치호 화석들이 발견되었

신생대의 대표적인 포식자, 검치호랑이

다. 포유동물 화석 전체로는 약 1백만 점이나 나왔다. 이곳은 5만 년에서 2천 년 전 사이에 LA 분지에 살았던 빙하기 동식물들의 화석들이 세계에서 가장 많이 발굴된 곳이다.

빙하기 사건 1 남미·북미 대륙이 파나마지협으로 연결되다(동물들의 상호 이동)

2천만 년 전에는 남미와 북미 대륙이 완전히 분리되어 있었다. 이때는 카리브해와 태평양의 바다생물들이 왔다갔다했다. 그러다가 1천5백만 년에서 1천6백만 년 전 사이에 대륙판이 충돌하면서 화산섬 체인이 생겼다. 이때부터 육지 생물들이 남미와 북미 양 대륙 사이를 이동하기 시작했다.

그리고 6백만 년 전에서 3백만 년 전인 마이오세와 플라이오세 시기 동안 남미와 북미 대륙이 완전히 연결되었다. 이것이 파나마지협이다. 바다의 관점에서 보면, 하나의 바다로 연결되어 있던 태평양과 카리브해가 둘로 분리되는 엄청난 사건이기도 하다. 이렇게 파나마지협이 완전히 연결되는 데 약 1천5백만 년이 걸렸다. 그 이유는 빙하가 생기면서 해수면이 낮아졌기 때문이다. 9.104미터나 낮아졌는데, 그 높이만큼 육지가 솟아오른 셈이다.

남북아메리카가 육지로 연결되자 육지 동물들은 땅 위로 남북 대륙을 이동했다. 남미 대륙의 나무늘보, 개미핥기, 아르마딜로, 글립토돈, 호저 같은 동물들은 북미 대륙으로, 북미 대륙의 마스토돈, 말, 늑대 같은 동물들은 남미 대륙으로, 3종의 거대 땅늘보들은 북아메리카로 건너갔다. 그러나 약 1만 년 전, 거대 땅늘보들이 다 사라졌다. 과학자들은 인류가 그들을 사냥했기 때문으로 추정한다.(리처드 도킨스, 〈조상 이야기 – 생명의 기원을 찾아서〉)

포식자들도 공격하지 못하는, 거대 땅늘보

전시실에 들어서면 입구 왼쪽에 있는 거대 땅늘보(Giant Ground Sloth) 화석이 눈길을 끈다. 이 거대 땅늘보는 에레모테리움(Eremotherium laurillardi)이다. 메가테리움(Megatherium)과 같은 과에 속한다. 1만 2천6백 년 전에서 1만 1천7백 년 전에 살았었다. 몸길이 6미터, 무게 3톤 정도로 대략 코끼리만 했다. 크기는 거대한 동물이라는 메가테리움과 난형난제였다. 덩치가 커서 포식자들도 공격할 엄두를 못 냈다.

거대 땅늘보 전시 화석은 두 발로 일어서 있다. 거대 땅늘보들은 실제로는 두 발로 서기도 하고, 네 발로 걷기도 했다. 화석은 실감 나게 앞발로 큰 나뭇가지를 잡고 끌어당겨 나뭇잎을 먹고 있는 포즈를 취하고 있다.

거대 땅늘보는 이빨이 빈약한 동물, 빈치류다. 나무늘보, 아르마딜로, 개미핥기 등이 여기에 속한다. 메가테리움과 에레모테리움은 앞니와 송곳니는 없지만, 어금니가 있고 강한 턱이 있어 음식물을 잘 씹어 삼켰다. 현생 나무늘보처럼 굽은 긴 발톱도 달려 있다. 한때 그 발톱으로 죽은 동물을 뜯어먹었을 거라는 주장도 있었다. 그러나 스미스소니언에서는 이를 인정하지 않는다. 그래서 이 화석 앞 패널에 이런 설명을 적어놓았다. "거대 땅늘보가 멸종하고 나서 생태계에 변화가 생겼다. 마치 오늘날의 코끼리가 하는 역할처럼, 그들은 똥을 통해서 땅을 비옥하게 하고, 씨앗을 널리 퍼뜨리는 역할을 했다."

메가테리움 화석은 남아메리카에서는 플라이오세(533만 년 전에서 258만 년 전)와

거대 땅늘보

플라이스토세(258만 년 전에서 1만 1천7백 년 전) 지층에서 발견된다. 그러나 북아메리카에서는 플라이스토세 지층에서만 발견된다. 그래서 과학자들은 플라이오세 후기에 북아메리카와 남아메리카가 파나마지협으로 서로 연결되었을 때, 이들이 남아메리카에서 북아메리카로 이동한 것으로 본다.

엄청나게 큰 아르마딜로, 글립토돈

한편 거대 땅늘보 화석 바로 옆에는 거대 아르마딜로인 글립토돈(Glyptodon)이 있다. 리처드 도킨스는 책 〈조상 이야기〉에서 글립토돈을 이렇게 표현했다. "몸집이 자동차만 하며, 머리에 빵모자를 쓴 듯한 우스꽝스러운 모습의 아르마딜로다. 육중한 갑옷으로 몸을 감쌌고, 곤봉 모양의 꼬리가 달렸다. 꼬리에는 때로 무시무시한 가시가 나 있기도 했다…. 이 동물과 마주쳤을 때, 공룡을 만났다고 착각할 수도 있다. 언뜻 보면 백악기의 안킬로사우루스와 비슷하기 때문이다." 하지만 아르마딜로는 오늘날 북미에서 여전히 번성하고 있고, 글립토돈은 2만 3천 년 전에 사라졌다.

스미스소니언 딥 타임 전시실에서 거대 땅늘보 바로 옆에 글립토돈을 전시한 것은 그럴 만한 이유가 있다. 둘 다 빈치류로 이빨이 발달되지 않았고, 둘 다 남아메리카에서 북아메리카로 이동했다는 공통점이 있다. 그리고 그 후손들은 남아 있는데 둘은 같은 이유로 멸종되었다.

빙하기 사건 2 베링지협으로 시베리아와 알래스카가 연결되다

260만 년 전에 들어서면서 모두 4번의 빙하기가 있었다. 빙하가 늘어나면서 북쪽의 베링해협도 해수면이 낮아졌고, 시베리아와 알래스카가 육지로 연결되었다. 그에 따라 유라시아에서 북미 대륙으로 많은 동물의 이동이 시작되었다. 이 시기에 중요한 것은 인간들도 먹을 것과 자원들을 찾아서 이동하기 시작했다는 점이다. 인류는 육상과 해상 양쪽으로 모두 이동했다. 물론 빙하기라고 해도 중간중간 따뜻한 기간이 있었다. 그걸 간빙기라고 한다. 그리고 마지막 빙하기가 끝난 것이 약 1만 1천7백 년 전이다.

빙하기의 상징 매머드

흔히 빙하기(Ice Ages)하면, 거대 매머드와 마스토돈을 떠올린다. 둘 다 고대 코끼리처럼 장비목에 속하고, 크기가 5미터나 되는 거대 동물들이다. 이 두 동물의 골격 화석들 역시 모두 여기 딥 타임 전시실에 전시되어 있다. 그러나 이 둘은 다르다.

매머드는 넓은 초원과 관목, 야생화들이 쫙 깔려 있고, 다양한 먹을거리들이 있는 추운 스텝 지역에서 살았다. 이들은 아시아에서 번성했다가, 베링해협의 육지들이 드러나면서 베링지협을 건너 북아메리카로 이동했다. 약 10만 년 전쯤이다. 그래서 아시아코끼리들이 그들의 가장 가까운 친척이다.

매머드는 혹독하고 추운 기후의 생활에 독특하게 적응했다. 털이 이중인데, 그중 바깥 털은 50센티미터가 넘는다. 귀는 작아지고 꼬리도 짧아져 열 손실을 최대한 줄일 수 있었다. 다만 현대 코끼리와는 다르게 상아가 휘어 있으면서 꼬여 있다. 마모된 이빨들을 보면, 식물을 먹기 위해 눈을 치우는 데 이 이빨들을 사용했던 것으로 보인다.

긴 털 매머드

스미스소니언 화석 전시실에 조립된 매머드는 뼈 안에 강철 막대를 넣고 강도를 높여서 스스로 서 있는 것처럼 만들었다. 이 거대한 골격 화석은 처음 조립하는 데만 2년이 걸렸다.

한편 2백60만 년 전부터 오늘까지 빙하기를 묘사한 전시실에는 또 하나 재미있는 것이 있다. 빙하기 풍경을 묘사한 두 가지 상징적 벽화로 아티스트 제이 H. 마테르네스가 재현한 두 개의 미니어처 모델이다. 이들은 북미

빙하기에서 간빙기의 따뜻한 가을 풍경을 보여주는 미니어처, 빙하기에서 지구 냉각기 동안의 풍경을 보여주는 미니어처

지역에서 있었던 두 가지 다른 기후 조건의 영향을 보여준다. 하나는 간빙기의 따뜻한 가을 풍경을, 다른 하나는 지구 냉각기 동안의 풍경을 보여준다.

한편 긴 털 매머드, 아메리카 마스토돈, 거대 모아(뉴질랜드 고유의 날개 없는 새) 화석들은 인류가 어떻게 동물들을 멸종으로 몰고 갔는지를 설명한다.

빙하기 멸종 동물들

'아이리시 엘크'라고 불리는 거대 사슴(Megaloceros Giganteus)은 약 8천 년 전 멸종했다. 이들과 가장 가까운, 현재 살아 있는 친척은 엘크가 아닌 휴경 사슴이다. 이 거대 사슴은 시베리아에서 아일랜드까지 북부 유라시아 전역에서 살았다. 그러나 북미 대륙으로 이주하지는 않았다. 길이 3.7미터에 뿔 무게가 45킬로그램이나 된다. 뿔 모양이 삽처럼 생겨서, '삽사슴'이라고 부르기도 한다. 다른 사슴들과 마찬가지로 매년 거대한 뿔이 떨어져 나갔다가 봄이면 다시 자란다. 딥 타임에 전시된 이 화석은 박물관에서 가장 오랫동안 전시되어 온 골격 화석이다. 1872년부터 전시되어왔는데 최근 전시에서 새로운 모습으로 포즈를 바꿨다.

아일랜드 거대 사슴 화석 바로 옆에, 또 하나 매우 귀한 전시물이 있다. 바로 동결건조되어 보존된 바이슨(북아메리카 들소)의 미라다. 과학자들은 이 미라로부터 골격 화석에서는 얻을 수 없는 데이터들을 얻을 수 있었다. 예를 들면, 이빨과 위에 남아 있는 내용물에서 바이슨이 무엇을 먹었는지 알 수 있었다. 또 털 색깔을 알 수 있었고 DNA 채취까지 가능했다.

그러면 빙하기의 이 거대 동물들은 어떻게 멸종되었을까? 기후와 초목의 급격한 변화가 그들의 죽음을 앞당겼을 가능성이 있다. 하지만 사냥과 다른 포유류인 호모 사피엔스의 도착 등, 다른 변화로 인해 멸종되었을 가능성이 더 크다.

신생대와 빙하기 이해를 위한 사전 지식, 대륙이동 살펴보기

여기서 신생대와 빙하기를 이해하려면, 우선 대륙이동에 대해 잠깐 살펴봐야 한다. 고생대 초기에는 지구의 남쪽과 북쪽 끝에는 거대 빙하도 대륙도 없었다. 적도보다 약간 남쪽 바다에 4개의 대륙만이 떨어져 있었다. 로렌시아(북아메리카)와 사이베리아, 발티카, 곤드와나가 바로 그것이다. 이 대륙들은 꾸준히 움직였다. 고생대 말기(약 2억 5천2백만 년

이야기 속의 이야기

고생대, 중생대, 신생대… 구분하는 기준은?

신생대, 중생대, 고생대를 지질시대라고 한다. 지질시대를 구분하는 기준은 지층에서 발견되는 동식물 화석들이다. 딥 타임 전시는 여기까지만 다룬다. 고생대 이전은 묶어서 선캄브리아대라고 하는데, 이 전시실에는 없다. 신생대는 공룡이 멸종한 6천6백만 년 전부터 현재까지다. 크게 팔레오기, 네오기, 제4기로 나눈다. 이 '기'들을 다시 7개의 더 작은 시기 '세(Epoch)'로 나눈다.
중생대는 공룡들이 지구 전체를 누볐던 파충류의 시대다. 트라이아스기, 쥐라기, 백악기의 세 시기로 나뉜다. 고생대는 캄브리아기, 오르도비스기, 실루리아기, 데본기, 석탄기, 페름기의 여섯 개의 기가 있다. 이 시기에는 수많은 다세포생물들이 나타났다가 사라지기를 반복했다.

대 (Era)	기 (Period)	세 (Epoch)	기간
신생대	팔레오기	팔레오세	6천6백만 년 전 ~ 5천6백만 년 전
		에오세	5천6백만 년 전 ~ 3천390만 년 전
		올리고세	3천390만 년 전 ~ 2천303만 년 전
	네오기	마이오세	2천303만 년 전 ~ 533만3천년 전
		플라이오세	533만3천 년 전 ~ 258만 년 전
	제4기	플라이스토세	258만 년 전 ~ 1만 1천7백만 년 전
		홀로세	1만 1천7백만 년 전 ~ 현재

자료 : 국제층서위원회

*지질시대 명칭은 18세기 후반에 시작됐다. 처음에는 1756년 독일 지질학자 요한 레만이 암석을 오래된 것부터 제1기층, 제2기층, 하성층으로 나눴다. 1760년 이탈리아의 지질학자 조반니 아르뒤노가 이것을 다시 제1기층(산의 중심부를 이루는 결정질 암석), 제2기층(퇴적암), 제3기층(단단히 굳지 않은 퇴적물)-화산암으로 구분했다. 1833년 찰스 라이엘은 지층의 특성에 따라 제1기~제4기로 분류했다. 이후 1872년 지층에서 발견되는 동물 화석에 따라 지질시대를 고생대, 중생대, 신생대로 구분했다. 이때 제1기는 고생대, 제2기는 중생대가 되었다.

전)에는 이 대륙들이 거의 하나로 모였다. 그것이 초대륙 '판게아'다.

그런데 중생대 쥐라기부터 판게아가 다시 2개 대륙으로 분리되기 시작해 북쪽은 로라시아, 남쪽은 곤드와나로 나뉘었다. 로라시아는 로렌시아(북아메리카)와 유라시아가 합쳐진 대륙이다. 지금 인도와 아라비아반도는 아시아에 붙어 있지만, 당시에는 인도 대륙과 아라비아반도가 곤드와나에 붙어 있었다. 곤드와나는 남극+남아메리카+아프리카+오스트레일리아+아라비아반도+인도 대륙을 다 포함하는 거대 대륙이었다. 곤드와나라는 이름은 인도 중북부의 지명에서 따왔다.

신생대에는 곤드와나에서 호주와 남극 대륙이 분리되기 시작했다. 인도 지역은 아프리카에서 떨어져 나와 오랫동안 북상하더니, 로라시아 대륙과 충돌했다. 그러면서 히말라야 산맥이 만들어졌다. 이 시기의 지구는 따뜻했다.

그러나 5천6백만 년 전, 에오세부터 지구가 냉각되기 시작했다. 마이오세(2천303만 년 전에서 533만 년 전 사이) 동안 냉각이 계속되었다. 그리고 플라이스토세까지 본격 빙하기가 여러 번 닥쳤다.

TIP

빙하기가 주기적으로 생기는 이유는 무엇일까? 지구가 태양 주위를 공전할 때, 타원궤도로 회전을 하는데, 이 타원궤도의 모양이 주기적으로 변하기 때문이다. 또 하나는 자전축의 기울기가 주기적으로 변하기 때문이다. 지구 자전축의 경사가 바뀌면 햇빛이 지면으로 입사되는 각도가 달라진다. 그렇게 되면 햇빛에너지의 양이 달라지기 때문에 지구 온도도 변화한다.

말의 조상 에오히푸스의 진화 이야기

사람들은 '에쿠스' 하면 현대자동차의 최고급 승용차 이름을 떠올린다. 에쿠스는 말의 진화과정에서 약 2백만 년 전에 나타난 오늘날의 말이다. 에쿠스는 발굽이 하나다. 그래서 빠르게 잘 달린다. 승용차의 이름을 지을 때 말처럼 잘 달린다는 의미로 에쿠스라고 지었다.

말의 화석은 많이 발견되었다. 말의 조상은 신생대 에오세인 약 5천6백만 년 전에 처음 나타난 '에오히푸스(Eohippus)'다. 몸길이가 약 40센티미터 정도로 작고, 앞발은 발가락이 4개, 뒷발은 발가락이 3개였다.

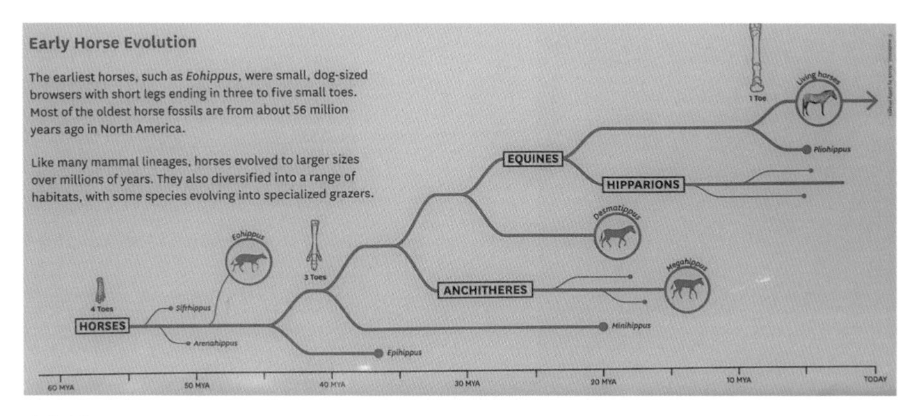
Early Horse Evolution
The earliest horses, such as *Eohippus*, were small, dog-sized browsers with short legs ending in three to five small toes. Most of the oldest horse fossils are from about 56 million years ago in North America.
Like many mammal lineages, horses evolved to larger sizes over millions of years. They also diversified into a range of habitats, with some species evolving into specialized grazers.
4 Toes
HORSES
Sifrhippus
Arenahippus
Eohippus
3 Toes
Epihippus
Minihippus
ANCHITHERES
Megahippus
Desmatippus
EQUINES
HIPPARIONS
Pliohippus
1 Toe
Living horses
60 MYA
50 MYA
40 MYA
30 MYA
20 MYA
10 MYA
TODAY
말의 진화

딥 타임 전시에는 말의 조상 에오히푸스와 관련해서 재미있는 정보가 있다. 날지 못하는 큰 새 디아트리마(Dyatrima) 얘기다. 디아트리마는 부리가 아주 크고 몸집이 사람만 했다. 큰 부리 때문에 수십 년 동안 과학자들은 디아트리마가 에오히푸스같이 작은 동물들을 사냥해 잡아먹었다고 생각했지만 그 부리와 발톱을 보면 오늘날의 맹금류처럼 날카롭고 강하게 굽어 있지 않다. 뼈를 화학적으로 분석한 결과, 그들은 식물을 먹었던 것으로 추정된다.

디아트리마와 그 친척들은 약 4천만 년 전에 사라졌다. 그러나 먼 친척들이 지금도 살아 있다. 바로 닭, 칠면조, 오리, 그리고 거위들이다. 이 설명이 적힌 패널의 팔레오 아트에는 와이오밍주의 숲에서 나뭇잎을 먹고 있는 디아트리마 옆에 작은 에오히푸스가 있는 모습이 보인다.

에오히푸스 이후, 3천5백만 년 전(에오세 후반) 말은 앞발의 발가락이 하나 줄어서 3개가 되었다. 이 말은 메소히푸스(Mesohippus)다. 크기는 약 60센티미터로, 비교적 등은 곧고 다리는 길며 어금니도 더 커졌다. 올리고세 후기에는 3개의 발가락 중 가운데 발가락만 더 커진 마이오히푸스(Miohippus=Mio+hippus=little horses)가 등장했다. 마이오히푸스는 '작

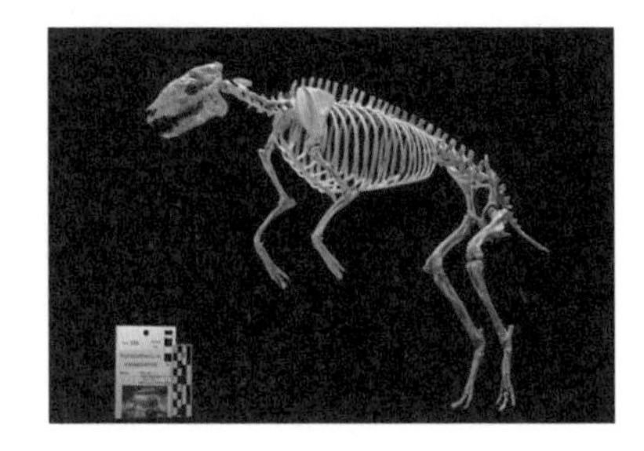
초기 말의 모습

초기 말 에오히푸스(앞)와 이것을 잡아먹었던 것으로 오해받았던 날지 못하는 큰 새 디아트리마(뒤)

은 말'이라는 뜻이다.

그다음에 메리키푸스(Meryc+hippus)가 등장했다. 메리키푸스는 가운데 발굽이 매우 크다. 나머지 발가락 2개는 퇴화해서 땅에 닿지 않았다. 크기는 90센티미터 정도로 조랑말만 하다. 'meryc'은 '되새김질'이라는 뜻이다. 말은 되새김질할 위가 없는데 왜 이름을 메리키푸스라고 했을까? 메리키푸스 이전까지 말은 나뭇잎만 먹고 살았다. 그런데 메리키푸스는 달랐다. 초원에서 풀을 뜯어 먹고 살았다. 소, 낙타, 양, 사슴처럼 풀을 먹고 사는 동물들은 모두 되새김질한다. 말은 되새김위가 없어서 같은 풀을 먹어도 소에 비하면 70% 정도만 소화한다. 대신 소장과 대장 사이에 커다란 맹장이 있어서 그것으로 소화과정을 보충한다.

그 후 발굽이 하나인 말들이 마이오세 지층에서 나타났다. 플라이오히푸스(Pliohippus)다. 이들은 목과 머리가 더 길어졌고, 눈은 양옆으로 더 이동했다. 키는 1.1미터, 당나귀만 했다. 이들의 화석은 미국 콜로라도, 미국 대평원(네브래스카와 다코타스) 및 캐나다의 1천2백만~6백만 년 전의 지층에서 주로 발견되었다. 이것은 마이오세(2천303만 년 전~533만 년 전) 후기 지역이다.

북아메리카에 살았던 이들 말의 조상들은 플라이스토세 말에 다 멸종했다. 반대로 아시아, 아프리카, 유럽으로 퍼져나갔던 에쿠스들은 다시 북미로 들어왔다. 약 3백 년 전 스페인 사람들이 유럽에서 들여온 말들이 지금 아메리카 대륙에 살고 있는 말들이다. 이 지역의 야생마들도 원래 토종이 아니라, 그때 유럽에서 들여온 말 중에서 야생으로 도망가서 번식한 것들이다. 그리고 전 세계적으로 말과(科)의 근연종을 보면, 화석 기록으로는 말과가 거대한 과였다. 하지만 지금은 단지 7종의 말과 당나귀, 얼룩말만 남아 있다. 이들의 야생종들은 무리를 지어 살며 초원이 펼쳐진 곳과 사막에서 서식한다. 사방을 볼 수 있는 시야, 움직일 수 있는 예민한 귀가 있어 포식자의 접근을 알아챌 수 있다. 하나의 발굽이 있는 발가락이 있고, 다리는 가늘며, 갈기와 꼬리의 긴 털을 제외하고는 털의 길이가 짧다.

신생대는 포유류 전성시대

신생대는 포유류의 시대다. 그런데 포유류 전시나 분류를 보면 유제류(Ungulate)라는 말이 자주 나온다. 라틴어인 'Unguis'는 발톱이라는 뜻이다. 유제류는 발톱, 즉 발굽으로 걷는 동물을 말한다. 유제류 중 발굽이 홀수인 동물을 기제류(외발굽 동물, Odd-toed Ungulate), 발굽이 짝수인 동물을 우제류(Hoofed and Even-toed Mammal)라고 한다. 리처드 도킨스의 책 〈조상 이야기〉에서는 발굽으로 걷는 방식이 서너 차례에 걸쳐 발명되었다고 한다.

발가락이 홀수인 발굽 포유류인 기제류에는 말과 맥과 코뿔소를 포함한 계통이 속한다. 말은 중앙에 있는 발가락 하나로 걷는다. 코뿔소와 맥은 중앙에 있는 발가락 3개로 걷는다. 발가락이 짝수인 우제류에는 소, 양, 염소, 사슴, 노루, 기린, 낙타, 하마, 돼지 등이 있다. 이들은 셋째와 넷째 두 발가락으로 걷는다. 소, 양, 염소, 사슴, 기린, 낙타는 발굽이 2개, 하마는 발굽이 4개다.

이야기 속의 이야기

소의 되새김질과 말의 소화, 무엇이 다를까?

소는 위가 모두 4개나 된다. 혹위, 벌집위, 겹주름위, 주름위다. 소가 풀을 먹으면 첫 번째 위인 혹위로 간다. 혹위는 전체 위의 80%를 차지한다. 첫 번째 위라고 하지만, 위치가 입 바로 다음에 첫 번째로 있는 것은 아니다. 그러나 입에서 삼킨 먹이가 가장 먼저 도달하는 곳이 혹위다. 혹위에는 장내 미생물이 있다. 이 미생물들이 식물의 셀룰로스를 당분으로 분해한다. 이렇게 장내 미생물과 어느 정도 소화된 먹이가 섞여서 두 번째 위인 벌집위로 이동한다.

벌집위는 이것들을 작은 덩어리로 뭉쳐준다. 그것을 다시 입으로 게워 올려서 이로 잘게 씹어준다. 이것이 바로 되새김질이다. 되새김질 한 것을 다시 삼키면, 다시 혹위와 벌집위를 거친다. 이 과정에서 먹이를 더 잘게 부순다. 이때 미생물들이 효소를 분비해 셀룰로스를 포도당으로 분해한다. 이 효소가 셀룰라아제다. 이렇게 포도당으로 분해된 상태에서 먹이들은 세 번째인 겹주름위로 간다. 여기서 더 잘게 부수기도 하고, 영양과 수분이 흡수된다. 그다음 네 번째 주름위로 가면, 여기서 위산이 분비되어 완전히 소화된다.

이런 되새김질 때문에 소는 풀을 먹고 소화하는 시간이 약 70~90시간이 걸린다. 입에서 하루에 3만 번, 12시간 이상을 씹는 것이다. 이에 비해 말은 48시간이면 된다. 계속 먹으면서 소화하고 배설하는 것이 소와 다른 점이다.

본 적 없는
과거를 보여주는 과학예술,
팔레오 아트

딥 타임 화석 전시실의 차별화 포인트, 팔레오 아트를 아시나요?

딥 타임 전시에는 당연히 각각의 시대를 대표하는 특별한 화석들이 많이 있다. 그러나 또 하나 확실한 전시의 차별화 포인트가 있다. 그것은 바로 팔레오 아트(Paleo Art)다.

스미스소니언 화석 전시실의 전시는 전시대 위에 화석들만 덩그러니 올려져 있는 것

딥 타임 화석 전시실에서는 고생물 미술의 거장 제이 H. 마테르네스의 작품을 볼 수 있다.

드웨인 하티의 팔레오 아트 미니어처. 관람객이 화석의 시대를 상상하고 전시를 이해하는 데 도움을 준다.

이 아니다. 신생대면 신생대, 백악기면 백악기, 쥐라기면 쥐라기의 장면을 묘사한 벽화나 그림, 조각들이 함께 어우러져 있다. 이것들이 전시에 생동감과 실감을 불어넣는다. 흔히 디오라마를 생각하겠지만, 그보다는 종류도 다양하고 스케일도 다르다. 무엇보다 고생물 미술의 진정한 효과를 느낄 수 있어 예술의 한 장르로 구분한다.

딥 타임 화석 전시실에서는 고생물 미술의 거장 제이 H. 마테르네스의 작품을 볼 수 있다. 그밖에도 요즘 가장 잘나가는 젊은 팔레오 아티스트들의 작품들을 즐길 수 있다. 줄리어스 T. 초토니와 안드레이 아투친의 벽화가 36점 이상 설치되었고, 알렉산드라 르포르가 만든 고생대 나무들도 감탄을 자아낸다. 드웨인 하티의 축소 모형들도 있다. 이것들은 관람객들이 화석의 시대를 상상하고 전시를 이해하는 데 도움을 준다.

팔레오 아트 작품들은 관람객들이 지구와 생태계가 '딥 타임, 아득히 먼 시간'을 통해 어떻게 변화가 되었는지를 상상할 수 있게 해준다.

그밖에 멀티미디어도 잘되어 있다. 13개의 비디오와 8개의 터치스크린 양방향 영상도 훌륭하다. 영상에서는 박물관과 전 세계의 전문가들이 출연해서 핵심 개념을 잘 전달해 준다. 그리고 지구 생명의 역사를 탐구해가는 과학적 과정을 보여준다.

팔레오 아트의 거장 제이 H. 마테르네스의 벽화

제이 H. 마테르네스는 미국의 고생물 미술가다. 신생대 올리고세, 마이오세, 플라이오세의 포유류들을 주로 그렸다. 그의 작품은 〈Time Life Books〉 시리즈를 포함해 1950년대와 1960년대에 널리 출판되었다. 또 내셔널지오그래픽 및 타임과 같은 잡지에 자주 등장하는 가장 유명한 과학 일러스트레이터 중 한 사람이다. 또한 그는 새 그림으로도 유명하다. 앞 장에서 얘기했던 거대 땅늘보와 글립토돈 화석 바로 뒤에는 커다란 디지털 벽화가 있다. 제이 H. 마테르네스의 작품을 디지털로 바꾼 것이다.

2014년까지 운영되었던 기존 화석 전시실에는 그의 고생물 벽화 6점이 40년 넘게 전

글립토돈 화석 뒤의 벽화가 제이 H. 마르테네스의 작품이다.

시됐었다. 스미스소니언에서는 이 작품들을 일단 수장고로 옮겼다가 딥 타임 전시에도 다시 설치할 계획이었다. 그러나 그대로 다시 설치하기에는 손상된 부분들이 많아서 무리가 있었다. 그래서 그중 2점을 대형 벽 크기로 디지털화해서 딥 타임 전시실에 설치했다. 그중 하나가 바로 거대 땅늘보 바로 뒤의 디지털 벽화다.

한편 제이 H. 마테르네스는 자기의 작품들을 중심으로 〈잃어버린 세계의 비전들(Visions of Lost Worlds)〉이라는 책을 출간했다. 스미스소니언 자연사박물관 관장인 커크 존슨, 공룡연구실 수석큐레이터인 매튜 카라노가 공저자로 참여했다. 스미스소니언 채널에서는 이 책으로 2019년 10월에 북 콘서트를 열었다.

줄리어스 T. 초토니와 안드레이 아투친의 벽화

줄리어스 T. 초토니는 헝가리 태생의 캐나다 고생물학자, 자연사 일러스트레이터다. 그

중생대 하늘을 표현한 팔레오아트

줄리어스 T. 초토니와 안드레이 아투친이 공동 작업한 실물 크기의 팔레오 아트 작품들이 공룡 전시에 생동감을 불어넣는다.

는 생태학과 환경생물학을 전공했고, 미생물학으로 박사학위를 받았다. 공룡, 고생물 환경, 그리고 멸종동물들을 사실적으로 복원하는 전문가다.

그는 스미스소니언 외의 캐나다 로열 온타리오박물관의 2012년 전시 '최후의 공룡들(Ultimate Dinosaurs)'에서 실물 크기의 공룡 벽화를 그렸다. LA 자연사박물관의 공룡 전시실에서도 실물 크기의 공룡 벽화를 그렸다. 그밖에도 〈공룡 무덤의 비밀〉, 〈선사시대의 포식자들〉 등 공룡뿐만 아니라 신생대 검치동물들을 그린 작품들을 책으로 발간하고 왕성한 활동을 전개하고 있다. 제이 H. 마테르네스에게서 영감을 받았다는 그는 기술적으로는 전통적인 미디어와 디지털 미디어를 모두 활용하고 있다.

안드레이 아투친은 러시아의 생물학자이자 고생물 미술가, 일러스트레이터다. 그는 멸종 동물의 이미지를 예술적으로 재현하는 일에 중점을 두고 작업을 한다. 고전적인 〈내셔널 지오그래픽〉의 일러스트처럼 깨끗하고 섬세한 스타일로 유명하다. 그는 2014년 발견된 깃털 공룡의 모습을 그렸고, 스미스소니언 딥 타임 전시에서는 줄리어스 T. 초토니와 공동으로 작업했다.

너무나 정교한 식물 팔레오 아트 조각품

알렉산드라 르포르는 행성학 박사이면서 화석시대의 식물이나 나무를 실물처럼 재현해 내는 작가다. 그의 조각품들은 딥 타임 전시실 내의 연대가 적힌 이정표 옆, 공룡처럼 그 시대를 대표하는 화석 주변마다 설치되어 있다. 마치 그 시대의 초록 나무들처럼 자연스럽게 서 있다. 이것들은 너무 정교해서 무심코 지나치는 사람들은 그것이 조각품이라는 사실조차 모를 정도다. 특히 조각품 재질이 석고나 청동 캐스트, 또는 대리석이라고만 생각하는 사람들에게는 더욱 그럴 것이다.

줄리어스 T. 초토니와 안드레이 아투친이 공동 작업한 실물 크기의 팔레오 아트 작품들.

멸종은 영원하다

살아 있는 생명체는 언젠가는 반드시 죽는다. 그래서 삶도 일상적이지만, 죽음 또한 일상적이다. 지구 생명의 역사에서 보면, 종의 출현과 멸종도 마찬가지다. 절대 멸종하지 않을 것 같았던 삼엽충도 공룡도 모두 멸종되었다. 그리고 지금도 수많은 종의 멸종은 계속되고 있다. '멸종은 영원하다'라는 말이 실감이 난다. 딥 타임의 관점에서 보면 멸종도 일상이다.

멸종과 진화의 역사를 보여주는 패널

백악기 대멸종 전체 과정을 보여주는 전시

딥 타임에 걸쳐 일어나는 멸종과 진화

37억 년 지구 생명의 역사에서 그동안 다섯 번 이상의 대멸종이 있었다. 대멸종은 그 시기에 살고 있던 생명체 종들의 75% 이상이 비교적 짧은 시간에 사라지는 현상이다. 현재와 가장 가까운 대멸종 사건부터 짚어보자. 가깝다고 해도 6천6백만 년 전이니 결코 가까운 시간은 아니다.

백악기 말 대멸종(6천6백만 년 전)

1억 6천만 년 이상 지구를 지배했던 공룡들이 멸종했다. 익룡, 모사사우르스, 해양 파충류, 그리고 많은 곤충과 해양 및 육상의 종들도 멸종했다. 암모나이트도 이때 멸종되었다. 멸종률 76%인 이때의 대멸종은 지름 약 9.6킬로미터의 큰 소행성이 현 멕시코 근처의 유카탄반도에 충돌하면서 촉발되었다. 그 충돌 자국이 지름이 약 180킬로미터에, 깊이가 20킬로미터나 된다. 그로 인해 지구의 기후와 환경이 바뀌고 생태계가 무너졌다.

트라이아스기 말 대멸종(2억 1백만 년 전)

수많은 산호초와 파충류 그룹, 턱이 없는 무악어류들, 해양 해면, 복족류, 이매패류, 두족류, '코노돈트'라고 불리는 뱀장어 비슷한 척추동물들이 사라졌다. 일부 육상 곤충들과 척추동물들도 멸종했다. 이때의 멸종률은 80%다. 이유는 거대 규모의 화산 폭발로 바다가 산성화되면서 그것이 광범위한 생태계 붕괴로 이어졌기 때문이다.

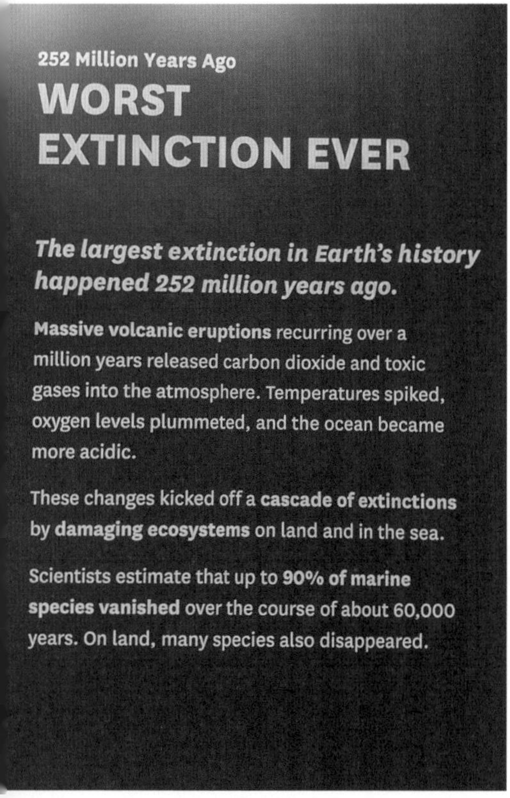

252 Million Years Ago

WORST EXTINCTION EVER

The largest extinction in Earth's history happened 252 million years ago.

Massive volcanic eruptions recurring over a million years released carbon dioxide and toxic gases into the atmosphere. Temperatures spiked, oxygen levels plummeted, and the ocean became more acidic.

These changes kicked off a **cascade of extinctions** by **damaging ecosystems** on land and in the sea.

Scientists estimate that up to **90% of marine species vanished** over the course of about 60,000 years. On land, many species also disappeared.

페름기말 대멸종 설명 패널 사진

페름기 말 대멸종(2억 5천2백만 년 전)

지구 역사상 최대의 멸종 사건이다. 고생대의 표준화석인 삼엽충을 비롯해 대부분의 해양종과 곤충, 많은 육상 동물들이 멸종되었다. 이때의 멸종률은 90%. 원인은 현재 시베리아 지역의 거대한 화산들로부터 용암이 끊임없이 흘러나왔기 때문이다. 100만 년 동안 계속된 용암 분출로 대기오염과 지구온난화 등 기후변화가 일어났고, 대멸종이 지구를 휩쓸었다.

데본기 말 대멸종(3억 7천5백만 년 전에서 3억 5천9백만 년 전 사이)

산호, 완족류, 단세포생물을 포함한 많은 해양종이 멸종되었다. 멸종률 75%였지만 원인은 아직 잘 밝혀지지 않았다.

오르도비스기 말 대멸종(4억 4천4만 년 전)

일부 이끼 동물, 암초를 만드는 완족류, 삼엽충, 필석류 및 코노돈트 같은 해양 생물들이 멸종했다. 멸종률 86%. 원인은 지구 냉각 때문이다. 남반구의 거대 곤드와나 대륙이 남극에 도달하면서 기온이 갑자기 떨어졌다. 남극 대륙이 꽁꽁 얼고, 사방이 얼음으로 휩싸였다. 그래서 해수면이 낮아졌고, 대기와 해양의 CO_2 농도도 급속히 낮아졌다. 그로 인해 식물들이 줄어들면서 생태계가 파괴되었다.

이렇게 보통은 5대 대멸종을 이야기한다. 하지만 스미스소니언은 5대 멸종 외에 다른 대멸종 하나를 더 추가했다. 바로 캄브리아기가 시작되기 직전이다.

최근 연구에 따르면 지구상에는 약 8백만 종의 생물이 살고 있다고 추정된다. 이중 최소 1만 5천 종이 멸종 위기에 처해 있다. 멸종 위기에 처한 많은 종이 아직 확인되거나 연구되지 않았기 때문에 정확한 멸종률을 파악하기는 어렵다. 그래서 과학자들은 멸종률을 추정하는 방법을 개선하기 위해 고심하고 있다.

정확한 멸종률을 파악하기는 어렵지만, 과학자들은 오늘날의 멸종 확률이 자연 기준치보다 수백 배 또는 수천 배 더 높다는 데 동의한다. 화석 기록에 따르면, 기준 멸종 확률은 연간 1백만 종 당 약 1종이다. 과학자들은 멸종이 계속 발생함에 따라 지구에서의 생물 다양성을 분류하기 위해 노력하고 있다.

딥 타임 전시의 멸종에 대한 관점

딥 타임 화석 전시실의 멸종에 대한 전시는 조금 특별하다. 가장 인상적인 것은 공룡시대의 막을 내리게 한 '백악기 대멸종'에 관한 전시다. 특히 대멸종을 바라보는 관점이 진취적이다. 앞에서 얘기했듯이 대멸종은 그 시대에 살았던 생물의 75% 이상이 모두 사라지는 대재앙이다. 당연히 두렵고 끔찍한 일이다.

하지만 딥 타임의 전시는 세세하게 백악기 대멸종의 과정을 보여주면서도 일상으로서의 대멸종에 대하여 긍정적 시각으로 대응한다. 그러면서 미래를 위해 우리가 어떻게 할 것인가를 생각하게 해준다. 딥 타임 전시에서는 대멸종 중 2개의 대멸종을 특히 강조했다.

하나는 백악기 대멸종, 다른 하나는 멸종 역사상 최대 규모였다는 페름기 말 대멸종이다.

그리고 대멸종에 대해 생각하게 만드는 또 하나 전시가 있다. 우리 인간들의 행위가 혹시 다음에 다가올 대멸종을 앞당기고 있는 것은 아닐까에 대해 문제를 제기하는 전시다. 바로 '워너 에이지 오브 휴먼 갤러리'다. 그 부분은 별도로 정리해 소개할 것이다.

6천6백만 년 전 우주 공간에서 날아온 죽음, 백악기 대멸종

6천6백만 년 전 지름 9.6킬로미터의 소행성이 지구를 강타했다. 그것은 지구 역사상 최악의 사건 중 하나였다. 그것으로 백악기 대멸종의 방아쇠가 당겨졌다. 이 소행성의 충돌은 쓰나미와 산성비, 전 지구적 냉각과 생태계의 붕괴를 가져왔다. 그 결과 많은 생물들

백악기 대멸종을 설명하는 패널

이 멸종됐다.

티라노사우루스나 트리케라톱스 같은 공룡, 날아다니는 익룡, 수장룡, 오징어의 조상이라고 하는 암모나이트 등 알려진 종의 약 75%가 빠르게 멸종 위기에 처했다. 바다에서는 작은 플랑크톤부터 거대한 파충류까지 수많은 생물들이 죽었다. 육지에서는 특히 공룡들이 치명타를 맞았다. 우리가 새라고 알고 있는 것들만 빼고 다 죽었다.

그러나 지구에서 생명체가 완전히 없어진 것은 아니었다. 공룡시대의 종말은 포유류 시대의 길을 열었다. 이 전시는 그런 관점에서 이 대재앙에서 생명이 얼마나 빨리 회복되었는지를 과정별로 간단히 훑어보게 해준다.

1. 충돌 전

과학자들은 멕시코 근처의 소행성 충돌이 대멸종의 방아쇠를 당겼다는 데 동의한다. 다른 요인들이 그 충격의 효과를 높였을 수는 있지만, 그 자체만으로는 대멸종을 일으킬 수 없었을 것이다.

해수면이 낮아지고 내륙의 바다가 약화하면서 생태계와 기후에 영향을 미쳤다. 그전에도 여러 차례 비슷한 변화들이 있었지만, 그것으로 대멸종이 일어나지는 않았다. 인도에서의 대규모 화산활동도 전 지구적 기후에 영향을 미쳤을 수 있다. 그러나 지역적으로 몇몇 공룡들은 살아남았다. 공룡들은 백악기 말에도 살아남았다. 공룡들이 바로 멸종했다는 징후는 없다. 인도의 데칸 용암대지 안에 있는 용암층들 사이에서 나온 화석들은 공룡들이 화산활동이 발발한 중간중간 이리저리 이동했음을 보여준다.

공룡이 지배했던 1억 6천만 년 동안, 소행성 충돌이 있기 훨씬 전에도 모든 공룡들은 일상적으로 죽었다. 이런 것들을 '배경절멸(Background Extinction)'이라고 한다. 개별적인 종들이 하나하나 멸종할 때 배경절멸은 늘 일어난다. 하지만 대량 멸종처럼 드라마틱하지는 않다. 그러나 오랜 시간 계속되면, 생태계에 큰 변화를 일으킬 수 있다.

2. 충돌

소행성 충돌의 즉각적인 효과는 바다와 육지에 사는 많은 생물의 터전을 황폐하게 만

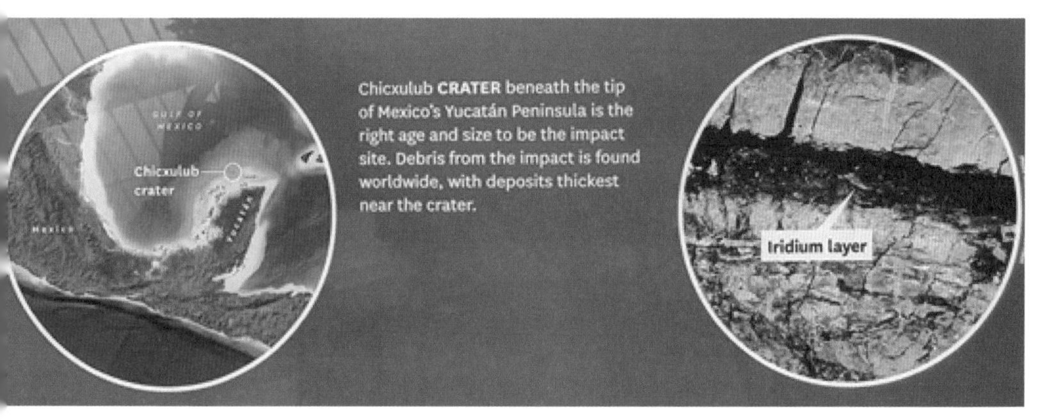

소행성 충돌 장소로 알려진 멕시코 유카탄반도 밑 칙술루브 크레이터와 소행성 충돌로 미세균열이 생긴 수정 사진

든 것이다. 6천6백만 년 전 소행성 충돌의 증거들은 전 세계 곳곳에서 발견된다. 멕시코의 유카탄반도 바로 밑에 있는 '칙술루브 크레이터'는 그 시기와 크기가 소행성 충돌 장소와 딱 맞아떨어진다. 그 충격의 흔적들이 크레이터 근처의 가장 두꺼운 퇴적물과 함께 세계 곳곳에서 발견됐다. 그중에서도 특히 중요한 것이 이리듐이다. 이리듐은 지각 속에 0.08ppb(10억분의 0.08)만 존재한다. 지구에서는 완전 희귀원소다. 그래서 지각에서 이리듐 함량이 유난히 많은 암석층이 발견되면, 그것은 곧 소행성이 지구와 충돌했다는 근거가 된다.

하나 더, 그 옆의 패널에는 미세균열이 생긴 수정(Quartz)의 사진이 있다. 소행성 충돌 시 발생한 강한 압력이 석영 결정에 미세한 균열을 만들었다는 증거다. 이 충격을 받은 수정은 세계 각 곳의 충격 경계층에서 발견된다.

3. 운석 충돌 후 며칠 이내: 충격파, 쓰나미, 산불, 먼지와 수증기

충돌이 일어난 근처 환경에서도 이 재앙을 겪어야 했다. 멀리 떨어진 곳도 고통을 받았다. 충격파는 주변의 살아 있는 모든 것들을 흔적도 없이 만들었다. 멀리 떨어진 곳에서는 생물이 즉각 죽은 것은 아니지만, 나중에 주변 생태계가 붕괴하면서 결국 죽었다.

거대한 쓰나미가 근처의 열린 바다와 해안을 따라 모든 공동체를 초토화해 버렸다. 충돌 지점에서 멀리 떨어진 곳에서는 높은 열 때문에 산불이 났다. 불은 식물들을 태우고,

그을음이 하늘을 컴컴하게 만들었다. 충돌 지점에서는 바닷물과 암석들이 대기 속으로 증발되었다. 이 먼지와 수증기들이 햇빛을 가렸다.

4. 운석 충돌 후 몇 주 이내: 낮은 기온, 산성비, 무너진 생태계

흩어진 불길들이 여전히 타올랐다. 그러는 가운데 산성비가 내렸다. 대기는 냉각되고, 생태계는 완전히 무너져버렸다. 공중에 떠있는 물방울들과 먼지 입자들이 태양 빛을 다시 우주로 반사했고, 그로 인해 온도가 계속 떨어졌다. 아마 몇 년에 걸쳐서 8℃ 정도 떨어졌을 것이다. 그런 전 지구적 냉각 현상이 10년 정도 계속되었을 것이다.

충돌 현장의 암석에서 증발한 황들은 산성비를 만들었다. 그로 인해 산호들의 백화현상이 일어났다. 산성비는 즉각적인 흔적을 남기지는 않지만 과학자들은 컴퓨터 모델링으로 그것들을 평가해왔다.

TIP

그동안 수많은 소행성이 지구로 떨어졌다. 그러나 단 하나의 소행성만이 대멸종을 일으켰다. 그것을 킬러 소행성이라고 한다. 그 이유가 무엇일까? 아마 그 소행성이 어디로 떨어졌느냐, 언제 떨어졌느냐의 문제일 것이다. 하필 그 소행성이 황이 많이 함유된 암석들이 있는 곳에 떨어지는 바람에 산성비와 글로벌 냉각을 일으켰다. 그리고 하필 인도에서 화산활동이 활발한 시기에, 또 해수면이 낮아진 시기에 충돌된 것이다.

백악기 대멸종(경과 시간대별 변화와 회복 과정). 운석 충돌 후 몇 일 이내, 운석 충돌 후 몇 주 이내(다음 면 계속)

WITHIN MONTHS
Around the world, marine and land ecosystems collapsed, and the climate continued to cool.
Though plants and animals survived in some refuges, many LANDSCAPES WERE DEVASTATED by fire, acid rain, or reduced light and temperature.
OCEAN ECOSYSTEMS SUFFERED from the sudden disappearance of many kinds of plankton. Starvation cascaded through the food web. Species that could live off of dead and decaying organisms had better chances of survival.
Smithsonian Institution
Discover more about this extinction's impact on ocean life in the Museum's Ocean Hall.
WITHIN YEARS
Surviving plants and animals began to recover.
FERNS FLOURISHED just after the impact. With no large plants around, ferns had plenty of light and room to grow. Fern spores disperse easily, and a single spore can establish a new population.
About half of the plant species in western North America survived, some perhaps as seeds or underground parts that SPROUTED AND REGREW when better conditions returned.

왼쪽부터 운석 충돌 후 몇 개월 이내, 운석 충돌 후 몇 년 이내, 운석 충돌 후 몇백 년 이내, 운석 충돌 후 몇백만 년 이내

땅 위에서도 바닷속에서도 생태계가 망가졌다. 냉각과 일조량 감소 때문에 식물들과 식물성 플랑크톤들이 죽었다. 그것들을 먹이로 살아가던 동물들도 죽을 수밖에 없었다. 산성비 때문에 민물에서 살던 생명체들도 죽었다.

5. 소행성 충돌 후 몇 개월 이내: 황폐해진 풍경

전 세계에 걸쳐서 해양과 대륙의 생태계가 무너졌다. 그리고 기후는 계속 추워졌다. 비록 몇몇 피난처에서 식물과 동물들이 살아남았지만, 산불과 산성비, 또는 줄어든 일조량과 온도 때문에 풍경은 황폐해져 망가졌다.

갑자기 각종 플랑크톤이 사라지면서 해양 생태계도 고통을 겪었다. 먹이사슬에 굶주림이 쏟아졌다. 죽거나 쇠락해가는 생명체들에 의존해 살아갈 수 있었던 종들은 오히려 더 좋은 생존의 기회들을 가질 수가 있었다. 해양 생물들에 관한 이 멸종의 충격에 대해 더 궁금한 사람들은 1층의 해양 전시실에서 더 알아볼 것을 추천한다.

6. 소행성 충돌 후 몇 년 이내: 회복의 시작

살아남은 식물들과 동물들이 회복되기 시작했다. 충돌 직후에는 양치식물들이 번성했다. 주변에 어떤 큰 식물들이 없었기 때문에 양치식물들은 햇빛을 충분히 받을 수 있었고, 자

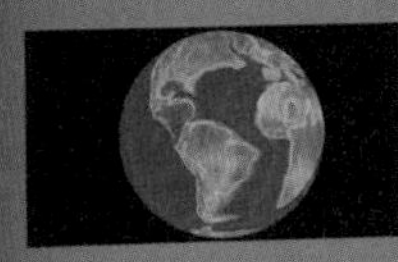

라기 위한 공간도 충분했다. 양치식물들의 포자들은 쉽게 퍼져나갔고, 홀씨들은 계속 수를 늘려나갔다.

VITHIN CENTURIES
rth's climate still wasn't stable,
t many types of plants resumed growing.
d dust, which had blocked
nd cooled the Earth, "rained
atmosphere. This left behind
ing carbon dioxide, which led
L WARMING.
As the climate warmed again, trees and other plants sprouted from protected seeds or stems. Some types of PLANTS RECOVERED more quickly than others. Though many plant species went extinct, no major plant groups were lost.

WITHIN MILLIONS OF YEA
After a few million years, life had recovered, but it was very different.
CLIMATE CHANGE caused by the asteroid was devastating at first, but within a million years the global climate returned to warm conditions similar to those before the impact.
OCEAN DIVERSITY CHANGED radically. Ammonites, large marine reptiles, reef-building clams, and many plankton species went extinct. This opened up opportunities for new species to evolve.
INSECT SPECIES DIED OFF IN HUGE NUMBERS, especially finicky plant-eaters. It took nearly 10 million years for insects to evolve specialized roles in new ecosystems.

북아메리카 서부지역의 식물 종은 반 정도가 살아남았다. 더 나은 조건들이 돌아왔을 때 어떤 것들은 싹이 나는 씨앗으로, 어떤 것들은 다시 자라는 땅속 부분들로 살아났다. 민물 또는 부패하는 물질 속에서 굴을 파고 살 수 있었던 생명체들은 살아 있는 식물이나 동물들에 의존해 살아가는 생명체들보다 더 나았다.

7. 소행성 충돌 후 몇백 년 이내: 식물들의 회복

몇백 년이 지나도 지구의 기후는 여전히 안정되지 않았다. 그러나 여러 형태의 식물들이 성장을 재개했다. 황산염$(SO_4)^{2-}$과 먼지들이 햇빛을 차단하면서 지구가 냉각되었다. 대기권에서 더 이상 비가 내리지 않았다. 그로 인해 대기에는 CO_2가 많이 생겼다. CO_2는 열을 가둬두므로 이 CO_2 때문에 다시 지구온난화가 진행되었다.

기후가 다시 따뜻해지면서 나무들과 다른 식물들이 그동안 보호받고 있던 씨앗과 줄기들로부터 싹을 피우기 시작했다. 어떤 타입의 식물들은 다른 식물들보다 훨씬 빠르게 성장했다. 비록 많은 식물 종들이 멸종했지만, 주요 식물 그룹들은 다 살아남았다.

화석 증거들로 보면, 전체적인 멸종 사건은 4만 년을 넘지 않았을 것이다. 그러나 많은 과학자가 아마도 몇십 년 또는 몇백 년에 걸쳐 일어났을 것으로 생각한다. 땅과 바다의 개체 수들이 늘어나기 시작했지만 많은 그룹에서 종의 수는 낮은 상태로 유지되었다.

8. 소행성 충돌 후 몇백만 년 이내: 다시 만들어진 지구

소행성 충돌 후 몇백만 년이 지나자 생명이 다시 회복되었다. 그러나 그것은 이전과는 매우 달랐다. 소행성 충돌로 촉발된 기후변화는 처음에는 대단히 파괴적이었다. 그러나 백만 년 안에 전 지구의 기후는 소행성 충돌 이전과 비슷하게 따뜻한 기후가 되었다.

바다의 다양성이 완전히 바뀌었다. 암모나이트, 거대 해양 파충류, 산호를 만드는 조개들, 그리고 많은 플랑크톤의 종들이 멸종되었다. 이것은 진화하려는 새로운 종들에게 새로운 기회를 열어주었다.

숫자가 많았던 곤충 특히 까다로운 초식 종들이 멸종되었다. 새로운 생태계에서 곤충들이 특별한 역할을 할 수 있도록 진화하는 데에는 거의 천만년이 걸렸다.

공룡들의 멸종 과정에서 포유동물들은 훨씬 다양화될 기회를 많이 얻게 되었다. 그들은 수백만 년에 걸쳐 덩치가 큰 쪽으로, 또 새로운 생태계에 맞는 모습으로 진화했다.

왜 어떤 종들은 살아남고, 어떤 종들은 죽었는가? 스미스소니언 자연사박물관 척추동물 고생물학자 한스 수 박사는 이렇게 말한다. “백악기 말 대멸종 때 살아남은 종들은 작고, 아주 다양한 먹이들을 먹는 경향이 있었다. 많은 종이 민물이나 지하에서 피난처를 찾았다. 덩치가 큰 동물들은 생태계 요구에 맞게 특화되거나 개체 수가 적었다. 어쩌면 그래서 더욱 환경적 재앙에 덜 영향을 받았는지도 모른다. 그러나 여전히 풀지 못한 문제들이 많이 있다. 예를 들어, ‘왜 포유류나 새 중 어떤 종들은 멸종했는데 악어처럼 더 큰 동물들이 생존해 있는 것일까?’ 같은 문제들이다. 우리는 계속 이런 문제들을 탐구한다.”

지구 역사상 최대의 멸종 사건, 페름기 대멸종

지구 역사상 최대의 멸종 사건이 2억 5천2백만 년 전 발생했다. 무슨 일들이 일어났는가? 약 1백만 년 동안 대규모 화산의 현무암 용암들이 맥박 뛰듯이 계속 분출되었다. 그

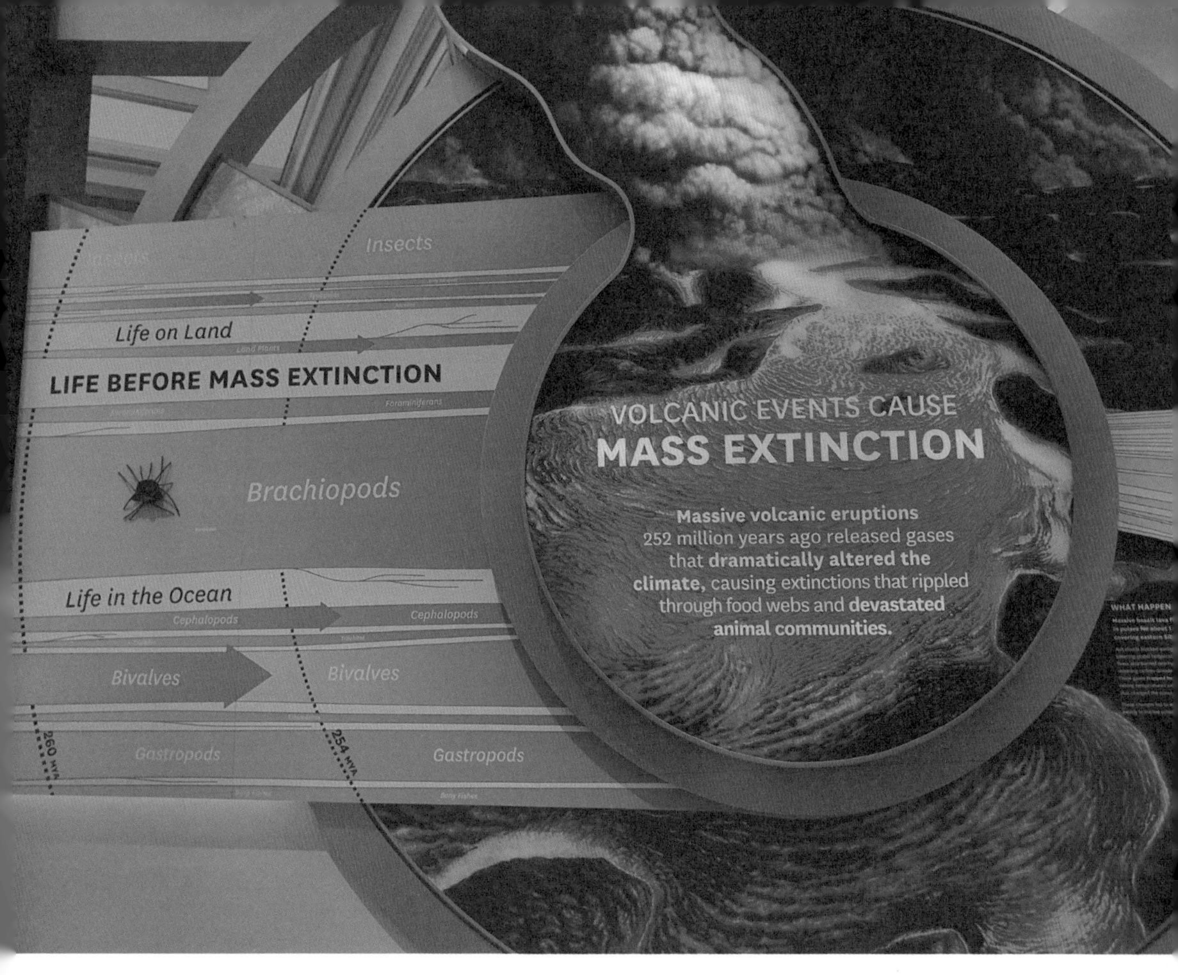

Insects
Life on Land
LIFE BEFORE MASS EXTINCTION
Brachiopods
Life in the Ocean
Cephalopods
Cephalopods
Bivalves
Bivalves
260 MYA
254 MYA
Gastropods
Gastropods
VOLCANIC EVENTS CAUSE
MASS EXTINCTION
Massive volcanic eruptions 252 million years ago released gases that dramatically altered the climate, causing extinctions that rippled through food webs and devastated animal communities.

1백만 년 동안 용암 분출이 계속되어 지구 역사상 최대의 멸종으로 기록된 페름기 대멸종

렇게 흘러나온 용암들이 동부 시베리아를 덮었다. 그 면적이 약 7백만 제곱킬로미터나 되었다. 재구름이 하늘에서 햇빛을 막으면서 순식간에 전 지구가 냉각되기 시작했다.

그러나 용암은 계속 흐르면서 근처의 석탄 매립지를 태웠다. 그래서 이산화탄소(CO_2)와 메테인(메탄 CH_4) 가스가 계속 뿜어져 나왔다. 이 가스들이 대기 중에 열을 가두면서 대기 온도는 급상승했고, 산소 수준은 급속히 떨어졌다. 그 결과 산성비가 만들어졌고, 바다의 화학조성이 바뀌었다. 이런 변화들이 육지와 바다에서 생태계를 파괴하며 먹이사슬로 확산되고, 연이은 멸종을 불러왔다. 과학자들은 약 6만 년 동안의 바다에서 약 90%의 생명체들이 없어졌다고 평가한다. 결국 사상 최대의 멸종으로 기록되었다.

대멸종 전시존 입구

이 규모가 얼마나 컸었는지는 아래 패널 사진을 보면 바로 실감할 수 있다. 원 왼쪽은 페름기 대멸종 전의 생물 분포다. 폭이 넓다. 동심원은 '대량절멸(Mass Extinction)' 과정이다. 원의 오른쪽 멸종 후를 보면 생명의 폭이 대폭 줄어들었다.

최악의 페름기 대멸종에서도 살아남은 생존자들

이런 와중에도 운 좋게 살아남은 생명체들이 있다. 이들이 나중에 공룡, 포유동물, 성게 등 많은 주요 동식물 그룹으로 다양하게 진화했다.

- 암모나이트도 페름기 말 멸종 때 타격을 받았다. 그러나 그들에게는 이 재앙이 전화위복의 기회가 되었다. 트라이아스기 동안 진화하면서 두족류들이 가장 다양한 그룹의 포식자가 되었다.

- 페름기에 가장 흔했던 성게는 이 멸종에서 타격을 많이 받았다. 에오티아리스(Eotiaris)가 살아남은 거의 유일한 계통 중 하나다. 오늘날 살아 있는 여러 타입의 성게들은 모두 에

오티아리스의 후손이다. 연잎성게류(Sand Dollar)들도 마찬가지다.

- 플루로미아(Pleuromeia)는 초기 트라이아스기 습지에서는 널려 있다시피 했다. 왜 그렇게 많이 있었을까? 그것과 가까운 친척인 물부추속(Quillwort)과 관다발식물(Lycopsid)과 함께 특이한 광합성을 했기 때문이다.

- 페르모 매미(Permocicada)는 매미목의 하나다. 매미, 진딧물, 딱정벌레, 방패벌레 등이 해당된다. 크기는 1밀리미터에서 15센티미터 정도. 입으로 먹이를 빨아 먹는다. 많은 다른 종들은 멸종했지만, 이들은 식물의 영양분이 많은 부분을 먹었던 덕분에 살아남을 수 있었다. 현재 약 7만 5천 종이 살아 있다.

페름기 대멸종에서 살아남은 리스트로사우루스.

- 리스트로사우루스(Lystrosaurus)는 고생대 페름기 후기부터 중생대 트라이아스기 전기까지 살았던 '초식 단궁류'다. 몸길이는 약 90~120센티미터로 땅딸막하고, 어금니가 있고, 튼튼했다. 중국에서 남극까지 전 세계에 퍼져 살았다. 트라이아스기 초기, 몇몇 지역에서는 가장 흔한 동물이었던 적도 있다. 리스트로사우루스는 고대 그리스어로 '삽 같은 도마뱀'이라는 뜻이다. 그런데 다른 비슷한 동물들은 다 페름기 멸종 때 멸종했는데, 왜 이 리스트로사우루스만 살아남았는지 그 이유는 아직 모른다.

공룡들의 족보 '공룡학 개론'

'진화는 다양성을 만들어낸다'

딥 타임 전시실에는 큰 주제마다 쉽고 재미있게 잘 정리된 도표가 등장한다. 중생대 전시 공간에도 공룡의 진화를 쉽게 정리한 '공룡의 계통도'가 있다. 제목은 '진화는 다양성을 만들어낸다'이다. 문장은 이렇게 시작된다. "공룡이 2억 3천만 년 동안 어떻게 진화했나를 알기 위해 공룡의 족보를 알아보자." 이 말에는 '공룡의 진화'에 관한 통찰이 담겨있다.

"공룡의 조상이라 할 존재가 약 2억 3천만 년 전 처음 나타났다. 그들은 엄청나게 진

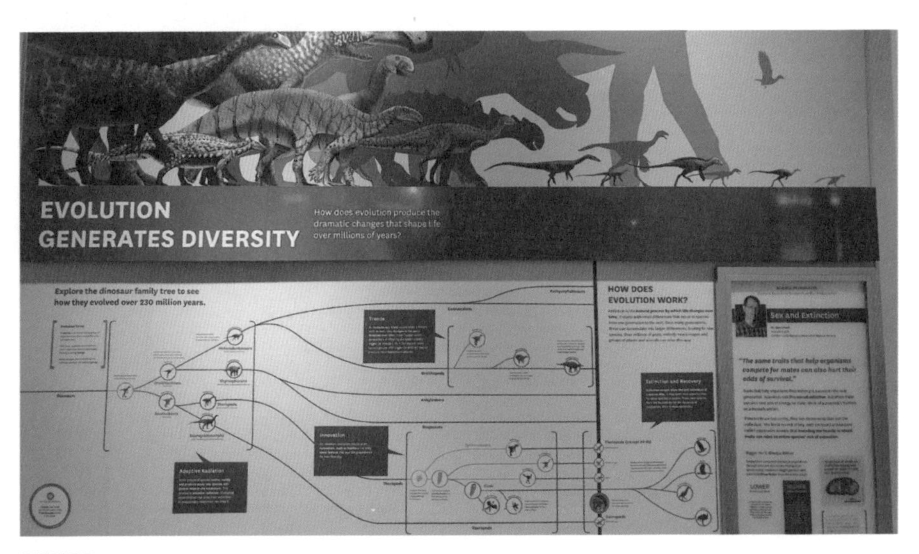

공룡계통도

화하면서 1억 6천만 년 넘게 지상의 지배자로 군림했다. 그러다 6천6백만 년 전, 소행성의 충돌로 멸종했다." 그동안 우리는, 이렇게 배웠다. 그런데 공룡의 진화 기간을 2억 3천만 년이라고 하면, 공룡이 아직 살아 있다는 얘기다. 대체 어떤 공룡이 지금껏 살아 있단 말인가?

문제는 공룡의 개념이다. 공룡은 6천6백만 년 전 멸종된 것이 아니다. 공룡의 후손인 '새'가 살아남았다. 새들은 지금도 1만 6천5백여 종이 하늘과 땅에서 살고 있다. 스미스소니언 딥 타임의 전시 도표는 이 점을 명확히 밝히고 있다.

'공룡이 공중으로 날아간다.' 공룡이 새로 진화되었다는 사실을 알 수 있는 화석과 이를 설명하는 패널

공룡과 악어의 차이

공룡의 공통 조상은 지배파충류(Archosaurs)에 속한다. 악어의 조상도 지배파충류다. 그러나 공룡과 악어는 골격 구조가 다르다. 악어와 도마뱀은 다리가 몸에서 옆으로 튀어나왔다. 그래서 걸을 때 어기적어기적 걷는다. 하지만 공룡은 다리가 몸 바로 아래로 뻗어 있다. 그래서 사람처럼 똑바로 걷는다. 이족 보행이 가능하다.

다음은 측두공이다. 파충류의 두개골을 보면 콧구멍 뒤에 눈구멍, 눈구멍 뒤에 또 다른 구멍이 있다. 이걸 '측두공'이라고 한다. 한편 겉보기에는 공룡처럼 생겼지만, 공룡이 아닌 디메트로돈은 눈 뒤의 구멍이 하나다. 그래서 단궁류(Synapsid)다. 이것이 나중에 포유류의 조상이 된다, 당연히 포유류도 단궁류다.

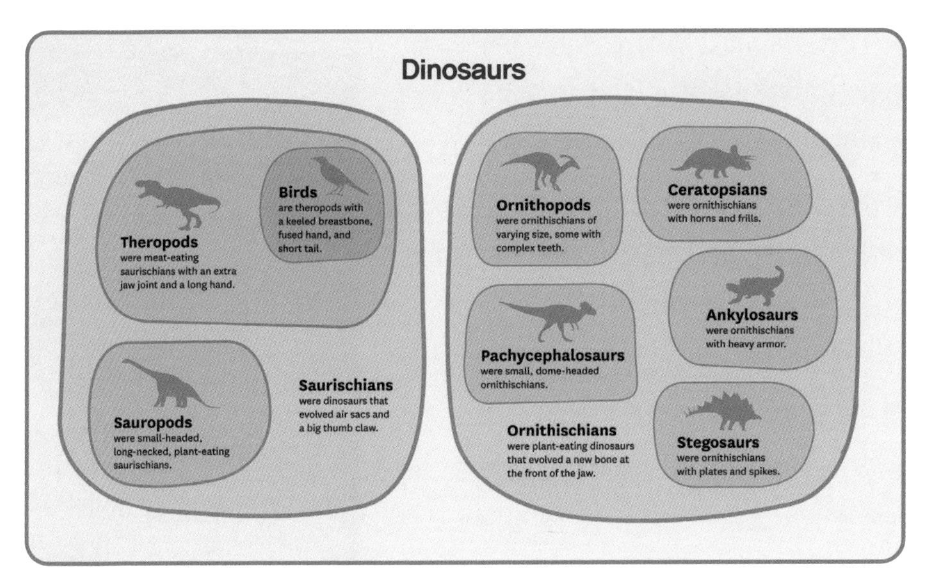

공룡의 분류

그러나 공룡은 눈 뒤의 관자뼈에 측두공이 위아래로 하나씩 두 개가 있다. 그래서 이궁류(Diapsid)다. 악어도 이궁류지만 앞에서 얘기한 것처럼 다리와 엉덩이 조직이 공룡과는 다르다.

한편 어룡과 수장룡은 아래쪽 측두공이 없어지고 위쪽 작은 구멍 하나만 남은 이궁류이다. 이것은 광궁류(Euryapsid)라고 따로 구분한다. 익룡은 이궁류지만, 공룡의 특징이 나타나기 전에 원시공룡류에서 따로 떨어져 나와 하늘을 날았다. 현재 하늘을 나는 새와는 관계가 없다. 광궁류들도 살았던 시기와 멸종 시기가 모두 공룡과 비슷하다. 한 시기에 살았고, 또 이름 뒤에 공룡처럼 '룡'자가 붙어 있다. 하지만 공룡은 아니다. 공룡은 땅 위에서만 살았다.

공룡의 분류 1단계, 조반목과 용반목

모든 공룡은 기본적인 공통점들이 있다. '진화는 다양성을 만들어낸다' 도표의 설명으로 보면, 최초의 공룡은 덩치가 작고, 이족 보행을 하던 육식 공룡일 것으로 추정된다. 그러나 아직 발굴된 화석은 없다. 이후의 몇몇 공룡들은 진화하면서 몇 가지 더 독특한 특징들을 갖게 되었다. 과학자들은 이 특성에 따라 공룡들을 분류한다.

그 첫째 기준이 엉덩이와 척추의 연결 뼈, 즉 골반의 구조다. 공룡의 엉덩이뼈는 모두 장골, 치골, 좌골로 되어 있다. 장골은 등 쪽 위에, 치골과 좌골은 장골 아래에 붙어 있다. 이 장골, 치골, 좌골의 구조에 따라 공룡을 '조반목(Ornithischians)'과 '용반목(Saurischians)'으로 나눈다.

조반목은 장골 아래에 붙은 좌골과 치골이 같은 쪽으로 나란히 뻗어 있다. 새들이 날아갈 때 두 다리를 뒤로 뻗고 날아가는 모습이다. 영어 Ornithischia(= Ornith + ischia)는 그리스어 Ornith(= of a bird)와 Ischion(= hip joint)의 합성어다. 새와 비슷한 골반을 가진 공룡이라는 뜻이다. 그래서 조반목이라 부른다.

용반목은 장골-치골-좌골이 'ㅈ'자 모양이다. 장골 아래 치골이 앞으로 뻗어 있다. 도마뱀의 엉덩이뼈 구조와 비슷하다. 영어 Saurischia(= Saur+ischia)는 도마뱀을 의미하는 그리스어 Sauros와 엉덩이를 의미하는 Ischion(= hip joint)의 합성어다. 도마뱀의 골반을 가진 공룡이라는 뜻이다. '공룡의 진화' 도표에서 가장 먼저 등장하는 용반목 공룡은 헤레라사우루스(Herrerasaurus)다. 이것은 화석이 모두 아르헨티나 북서부에 있는 카르니안 시대의 이스키구알라스토 층에서 발견되었다. 헤레라사우루스는 '헤레라의 도마뱀'이라는 뜻이다. 1988년에 거의 완전한 골격과 두개골이 발견되면서 헤레라사우루

용반목 수각류 티라노사우루스(왼쪽) 조반목 조각류 에드몬토사우루스(오른쪽)

스는 공룡의 계통 발생에서 초기 용반목으로 분류되었다.

용반목은 수각류와 용각류 2종류로 구분

공룡은 엉덩이뼈 구조에 따라 용반목과 조반목으로 나뉘고, 용반목은 다시 다리의 형태에 따라 '수각류'와 '용각류'의 2종류로 나뉜다.

용반목 수각류 공룡

수각류(Therapoda)는 이족 보행을 한 용반목 공룡이다. '짐승의 발을 가지고 있는 무리'라는 뜻에서 짐승 '수(獸)'와 다리 '각(脚)' 자를 사용한다. 수각류는 세 개의 발가락에 갈고리 형태의 발톱을 가지고 있다. 수각류 공룡들은 대부분 육식 공룡이다. 뾰족한 이빨과 날카로운 발톱으로 다른 동물들을 잡아먹었다. 수각류는 트라이아스기 중엽에 처음 나타나 백악기 말기까지 살았다. 이 수각류에서 새로 진화하는 종들이 나오게 된다. 공룡시대 전체를 살았던 유일한 육식 공룡들이다. 수각류의 대표 공룡으로는 티라노사우루스, 알로사우루스, 코엘로피시스가 있다. 모두 뒤 발가락이 3개다. 그러나 앞 발가락은 모두 다르다. 티라노사우루스는 2개, 알로사우루스는 3개, 코엘로피시스는 4개다.

용반목 용각류 디플로도쿠스(왼쪽)와 브론토사우루스(오른쪽)

용반목 용각류 공룡

용각류는 도마뱀과 같은 파충류의 발을 가진 무리라는 뜻이다. 용 '용(龍)'과 다리 '각(脚)' 자를 사용했다. 용각류 공룡들은 대부분 몸집이 큰 초식 공룡들이다. 이 공룡들은 네 발로 걸어 다녔고, 머리는 작고 목은 길었다. 워낙 큰 몸집을 지탱하기 위해 네 개의 기둥처럼 튼튼한 다리를 가지고 있다. 용각류는 트라이아스기 말에 처음 나타나, 쥐라기부터 백악기까지 번성했다. 용각류에는 아파토사우루스, 디플로도쿠스, 브라키오사우루스가 있다. 그중 디플로도쿠스는 딥 타임 전시실의 대표적인 공룡 전시물 중 하나다. 이곳에는 브라키오사우루스의 앞발 뼈도 전시 중이다. 브론토사우루스는 오랫동안 아파토사우루스에 통합되었다가 2015년부터는 별도의 종으로 인정받았다.

용반목 용각류 브론토사우루스

조반목은 수각류, 검룡류, 곡룡류, 각룡류, 후두류의 5종류로 구분

조반목(Ornith + ischians)은 장골-치골-좌골의 골반 형태가 새와 닮았다고 해서 용반목과 구분하기 위해 붙은 이름이다. 하지만 실제 새의 조상은 조반목이 아닌 용반목이다. 용반목 중에서도 주로 수각류가 새의 조상들이다. 조반목은 다시 조각류, 갑옷공룡으로 나눈다. 갑옷공룡은 다시 안킬로사우루스(곡룡류)와 스테고사우루스(검룡류)로 나뉜다. 이후에 뿔이 있는 각룡류(트리케라톱스), '박치기 공룡'으로 알려진 후두류가 추가되어 조반목 공룡은 크게 5종류로 나눈다.

조반목 조각류 공룡

조반목에 속하는 조각류(Ornithopods)는 '새와 비슷한 발을 가진 무리'라는 뜻이다. 그래서 새 '조(鳥)'와 다리 '각(脚)' 자를 사용한다. 영어 'Ornithpod'는 새를 의미하는 그리스어 'Ornithos'와 발을 의미하는 'pod'가 합쳐진 단어다. 이들은 3개의 발가락과 두 개의 다리로 걸어 다녔다.

대부분 초식 공룡인데 꼬리나 갑옷같이 육식 공룡의 공격을 막아낼 수 있는 무기가 없다. 따라서 조각류의 유일한 수단은 재빨리 도망치는 것이었다. 그래서 이들은 앞다리는 짧고, 뒷다리는 길고 튼튼하게 발달했다. 두 개의 뒷다리로 깡충깡충 뛰어서 재빠르게 도망쳤다.

이들은 1억 6천4백만~6천6백만 년 전 사이, 쥐라기와 백악기 동안에 살았다. 처음에는 두 발만 사용하다가 나중에는 네 발을 모두 사용하기도 했다. 조각류의 대표적인 공룡에는 이구아노돈과 헤테로돈토사우루스, 오리주둥이 공룡으로 유명한 에드몬토사우루스와 아나토티단, 볏을 가진 오리주둥이 공룡 코리토사우루스 등이 있다.

조반목 검룡류(스테고사우루스) 공룡

조반목에 속하는 검룡류의 특징은 등에 뼈로 된 골판이 줄지어 있는 것이다. 꼬리에는 칼처럼 생긴 날카로운 침이 달려 있다. 그래서 칼 '검(劍)'과 용 '용(龍)' 자를 넣어 이름을 지었다.

검룡류가 가지고 있는 골판과 꼬리 침은 방어 수단이다. 네 발로 걸어 다니는 초식 공룡이기 때문에 자신을 보호하려고 이런 무기를 발달시켰다. 등에 있는 골판은 두 가지 용도로 추정된다. 하나는 적으로부터 자신을 방어하는 수단, 다른 하나는 체온을 조절하는 수단이다. 검룡류는 주로 쥐라기에 번성했지만, 백악기에 들어서면서 사라졌다. 대표적인 검룡류 공룡은 스테고사우루스다. 검룡류 중에도 꼬리 부분의 골침 말고도 양쪽 어

조반목 조각류 에드몬토사우루스(뒤)

조반목 검룡류 스테고사우루스

깨에 1미터 길이의 뿔 모양 골침을 가진 것도 있다. 쥐라기 후기 공룡 렉소비사우루스다. 이들의 어깨뼈 골침은 수직이 아니라 수평으로 나 있다. 이 화석은 프랑스와 영국에서만 발견되었다. 그밖에 중국에서 화석이 발견된 투오지앙고사우루스, 후아양고사우루스도 검룡류 공룡이다. 아프리카에서 발견된 켄트로사우루스도 검룡류 공룡이다. 길이는 약 5미터, 허리에서 꼬리까지 가시가 7개가 있다.

조반목 곡룡류(안킬로사우루스) 공룡

조반목에 속하는 곡룡류는 온몸에 뾰족뾰족한 모양의 골침이 뒤덮여 있고, 등에는 골편이 덮여 있다. 또 갈비뼈가 활처럼 많이 휘어져 있다. 그래서 굽을 '곡(曲)'에 용 '용(龍)' 자를 써서 곡룡류라고 한다. 곡룡류는 백악기에 번성했는데, 이빨이 매우 약했다. 이빨이 약한 만큼 부드럽고 연한 풀을 먹고 살았던 초식 공룡이다.

곡룡류의 대표 공룡은 안킬로사우루스다. 꼬리 끝에는 둥그렇게 생긴 곤봉(뼈 뭉치)이 달려 있다. 딱딱하고 커다란 뼈 뭉치를 휘둘러서 육식 공룡들을 물리쳤다. 이들은 엉덩이가 넓

조반목 곡룡류 안킬로사우루스. 곤봉 모양 꼬리가 특징이다. 조반목 각룡류 트리케라톱스 두개골 화석, 조반목 후두류 파키케팔로사우루스

고, 늑골이 많이 굽어 있어 소화기가 크다. 천적은 티라노사우루스였다. 스미스소니언 딥 타임 전시의 패널 설명에 따르면, 이들은 7천2백만 년에서 7천1백만 년 전에 살았다.

2007년 국제공룡탐사단(단장 이융남 박사)은 몽골 남부 고비사막의 알탄울라 등지에서 안킬로사우루스 화석을 발견했다. 이때 그 근처에서 안킬로사우루스의 곤봉에 다리를 맞아 상처를 입은 타르보사우루스 화석도 발견했다. 티라노사우루스의 조상뻘인 타르보사우루스의 온전한 하반신 골격 화석이었다.

그 밖에 사우로펠타, 유오플로케팔루스도 곡룡류 공룡이다. 또 호주에서 처음 발견되면서 남반구에서 최초로 발견된 안킬로사우루스류인 '민미'도 곡룡류 공룡이다.

조반목 각룡류 공룡

조반목에 속하는 각룡류는 머리에 뿔이 달린 공룡이다. 그래서 뿔 '각(角)'과 용 '용(龍)'자를 써서 각룡류라고 이름을 지었다. Ceratopsia는 그리스어 케라스(Keras)는 '뿔', 옵스(Ops)는 '얼굴'이라는 뜻으로 '뿔이 있는 얼굴'이라는 뜻이다. 이들 중 가장 오래된 것은 프시타코사우루스다. 이것은 앵무새 모양의 부리가 가장 큰 특징이다. 프시타코사우루스는 뿔도 없고, 프릴도 없었다. 그러나 이후 나타난 케라톱스들은 모두 뿔과 목둘레의 프릴을 가지고 있었다. 프릴은 주름을 잡아 옷 가장자리를 아름답게 꾸미는 장식이다.

각룡류는 네 발로 걸어 다녔던 초식 공룡이다. 질긴 풀을 잘라 먹을 수 있는 입을 가지고 있다. 육식 공룡이 공격할 때는 머리에 달린 뿔과 프릴을 이용해 막아냈다. 이들의 또

하나 특징은 몸 전체 크기에 비해 머리가 매우 컸다는 점이다. 각룡류는 쥐라기와 백악기에 아시아와 북아메리카 일대에 많이 살았다. 대표적인 각룡류는 트리케라톱스다. 뿔이 하나인 센트로사우루스, 뿔이 다섯 개인 펜타케라톱스도 있다. 또 프릴 모양이 매우 독특한 스티라코사우루스도 있다.

조반목 후두류 공룡

조반목에 속하는 후두류는 두껍고 단단한 머리뼈를 가진 공룡이다. 이런 뜻에서 두꺼울 '후(厚)'와 머리 '두(頭)' 자를 사용한다. 후두류는 두꺼운 머리뼈를 가지고 다른 공룡을 공격하기도 하고, 짝짓기 철에는 동족끼리 서로 머리를 부딪쳐 누가 힘이 더 강했는지 가렸다. 그래서 별명이 '박치기 공룡'이다.

대표적인 후두류 공룡은 스테고케라스다. 머리뼈의 두께가 25센티미터나 되었고, 덩치는 2미터 정도로 작은 두 발로 걷는 초식 공룡이다. 머리뼈의 두꺼운 부분을 중심으로 여러 개의 혹과 스파이크가 줄지어 나 있다. 트리케라톱스와는 먼 친척이다. 또 몸길이가 8미터 정도로 크고, 뒤통수 부분에 많은 골 장식을 가졌던 파키케팔로사우루스도 대표적인 후두류 공룡이다.

※ 공룡의 분류 참고자료:
1. 스미스소니언자연사박물관 Deep Time전시
2. 〈공룡 백문백답〉 한국자연사박물관 관장 조한희 저.

딥 타임 전시실의 난폭한 제왕, 국보급 티라노사우루스

자연사박물관의 스타는 공룡이다. 자연사박물관의 경쟁력은 어떤 공룡 화석을 갖고 있느냐에 달렸다고 해도 과언이 아니다. 티라노사우루스와 트리케라톱스는 백악기, 디플로도쿠스와 브라키오사우루스, 그리고 스테고사우루스는 쥐라기 공룡들이다. 그중에서 최고 인기는 역시 티라노사우루스다.

WHAT DO FOSSILS REVEAL ABOUT
TYRANNOSAURUS?
Time: 66-68 million years ago
Ate: meat and bone
Length: about 40 feet (12.3 m)
Weight: up to 15,500 pounds (7 metric tons)

딥 타임 전시실 준비 기간에 5년 동안 스미스소니언 2층에 전시되었던 티라노사우루스 화석 '스탠'의 복제 모형

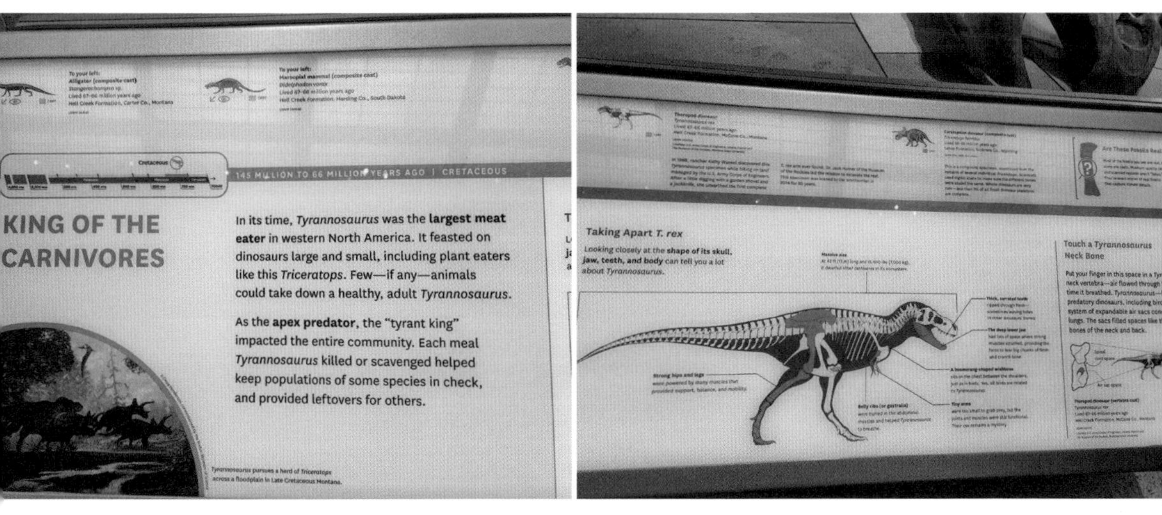

티라노사우루스 패널

스미스소니언 자연사박물관의 컬렉션은 세계 최대 규모다. 1억 4천6백만 점이나 된다. 전시의 규모나 표본의 질도 단연 최고다. 그러나 스미스소니언도 공룡 화석에 관해서는 해결하지 못한 고민거리가 있었다. 바로 공룡 전시실의 티라노사우루스 화석이 복제품이라는 사실이었다. 물론 미국 내에서 티라노사우루스 진본 화석을 가진 박물관은 6개밖에 없다. 그러니 스미스소니언만의 문제는 아니다. 하지만 세계 최대 자연사박물관임을 자부하는 스미스소니언으로서는 자존심이 상하는 일이다. 그래서 스미스소니언은 티라노사우루스 진품 화석 확보에 큰 노력을 기울였다.

그러던 중 1997년 10월, 티라노사우루스 화석 '수(Sue)'가 뉴욕의 소더비 경매에 나왔다. 스미스소니언은 그 경매를 위해 당시 15억 원을 준비했다. 그 정도면 충분할 것으로 생각했다.

한편 경쟁자인 시카고의 필드 자연사박물관은 "우리는 돈이 없어 경매에 나서기가 어려울 것 같다."고 엄살을 부렸다. 하지만 은밀히 디즈니와 맥도날드사에 후원을 요청했고, 그들로부터 경매자금의 후원을 받아냈다. 경매는 필드 자연사박물관의 압승으로 끝났다. 낙찰가 79억 원, 커미션을 합친 최종 경매가는 83억 원. 아무도 예상 못 한 높은 가격이었다. 그들의 연막작전과 깜짝 공세에 스미스소니언은 20분 만에 손을 들고 말았다.

국보급 티라노사우루스 화석, 50년 임대 계약 체결

이후로도 스미스소니언은 티라노사우루스의 진품 화석 확보에 최선을 다했다. 하지만 쉽지 않았다. 그러던 2013년 6월, 마침내 결실을 보았다. 화석의 소유권자인 미 육군 공병대와 50년 동안의 임차계약을 통해서다.

T. 렉스 화석이 발견된 곳은 찰스 M. 러셀 국립야생동물보호구역의 섬이다. 이곳은 헬크리크 퇴적층(Hell Creek Formation)이 있는 곳이다. 화석의 첫 발견자는 지역의 목장주 캐시 완켈이다. 그녀는 1988년 이곳에서 가족들과 하이킹을 하다가 화석을 발견했다. 아마추어 화석 사냥꾼인 그녀는 정원 삽과 잭나이프로 땅을 약간 팠다. 그랬더니 놀랍게도 그때까지 발굴된 것 중 가장 완벽한 T. 렉스의 팔이 나왔다. 이어서 로키스 박물관의 고생물학자 잭 호너 팀이 미 육군 공병대의 도움을 받아 나머지 발굴 작업을 진행했다.

화석의 이름은 'MOR 555'였지만, 사람들은 화석 발견자의 이름을 따서 '완켈 렉스(Wankel Rex)'라고 불렀다. 하지만 이 지역은 미 공병대 소유의 땅이라 화석의 소유권은 미 육군 공병대에 있다.

완켈 렉스 화석은 오랫동안 몬태나주의 로키스 박물관에 전시되었다. 표본의 캐스트도 만들어져, 스코틀랜드 국립박물관과 호주의 '화석과 광물 박물관', 그리고 캘리포니아대학의 고생물학 박물관에 전시되었다. 또 이 표본의 청동 캐스트는 록키스 박물관의 야외에 설치되었다.

스미스소니언으로 4년 만에 다시 돌아온 '국보급 티라노사우루스'

비록 50년 임차계약을 했지만 2013년 예산 문제로 미국 연방정부가 폐쇄되는 바람에 완켈 렉스 화석은 바로 워싱턴으로 올 수가 없었다. 스미스소니언의 관계자는 몬태나의 수장고에 남아 16개의 상자에 화석들을 포장했다. 그리고 2014년 봄까지 콜로라도박물관에서 투어 전시를 했다.

2014년 4월 15일, 드디어 완켈 렉스가 스미스소니언 국립자연사박물관에 도착했다. 스미스소니언은 이 화석에게 '국보급 티라노사우루스(Nation's T. Rex)'라는 새로운 이

트리케라톱스의 목을 물어뜯고 있는 티라노사우루스

름을 지어줬다. 이때부터 스미스소니언의 공룡 전문가들이 보존 평가를 시작했다. 동시에 스미스소니언은 이 화석의 모든 뼈를 3D로 스캔했다. 연구용 모델을 만들기 위해서였다.

그리고 국보급 티라노사우루스는 캐나다 온타리오의 화석 준비 및 제작업체 RCI(Research Casting International)로 보내졌다. 이 회사는 세계 최고 수준의 화석 준비 및 가공기업이다. 뉴욕에 있는 미국자연사박물관의 간판스타인 공룡 바로사우루스의 전시물도 이 회사가 담당했다. 필드 자연사박물관의 수(Sue) 화석을 조립한 곳도 이 회사다. 스미스소니언이 화석의 자체 조립작업을 외부에 맡긴 것은 처음이었다.

RCI가 국보급 티라노사우루스 화석을 전시용으로 새롭게 연출하는 데 꼬박 4년이 걸렸다. 그만큼 엄청난 작업이었다.

공룡 드라마의 주인공 국보급 티라노사우루스, 난폭한 제왕으로 데뷔

드디어 국보급 티라노사우루스가 2019년 6월, 화석 전시실 딥 타임의 주인공으로 멋지게 데뷔했다. 그러나 톱스타 하나만으로 영화가 성공하는 것은 아니다. 각본이 좋아야 하고 연출도 잘해야 한다. 조연급 배우들도 중요하다. 한마디로 과거 자연사박물관의 공룡 전시는 공룡 화석들을 늘어만 놓았지 스토리가 없었다.

하지만 스미스소니언 딥 타임의 공룡 전시는 완전히 달랐다. 티라노사우루스가 트리케라톱스의 목을 물어뜯으면서, 그 심장에 한쪽 발을 쑤셔 넣고 있다. '티라노사우루스 렉스'라는 이름이 딱 어울리는 난폭하고 무시무시한 공룡 제왕의 모습이다. 이런 장면은 과거의 공룡박물관에선 생각지도 못했던 파격이다. 티라노사우루스 렉스(Tyranosaurus rex)는 그리스어 폭군(Tyrant)과 도마뱀(Lizard)에다 라틴어 왕(Rex)이 합쳐져 만들어진 단어다.

이에 대해 스미스소니언의 공룡전문가 매튜 카라노는 이렇게 말한다. "과거에 사람들은 잠자는 공룡을 보면서 '뭐야? 내가 이걸 왜 보고 있지?' 하는 생각이 들었을 것이다. 하지만 트리케라톱스를 잡아먹는 티라노사우루스를 보면서는 이렇게 질문할 것이다. '왜 이 공룡을 이렇게 만들었을까?' 우리는 그런 질문을 통해 관람객이 새로운 사고방식으로 전환할 수 있기를 바란다. 그 과정에서 사물에 대해 다르게 생각하기 시작할 것이다. 그것이 딥 타임 전시실의 흐름이다."

그는 또 말한다. "나는 공룡이 아이들에게 실제 동물처럼 보이길 바란다. 우리는 과학적 증거를 바탕으로 그들이 살아 있을 때 실제로 했던 그 모습 그대로를 보여주고 싶었

트리케라톱스를 복제한 캐스트

다. 오래전부터 공룡은 가만히 서 있는 것으로 묘사하는 것이 전통이었다. 이것은 공룡을 예술 작품과 같은 오브제처럼 보이게 한다. 나는 우리 공룡이 사물처럼 보이지 않고 살아 있는 동물처럼 보이기를 원한다."라고.

이렇게 딱딱하게 굳어 있던 공룡 화석에 스미스소니언은 이야기를 입혔다. '아메리카의 마지막 공룡들'. 제목까지 멋지다.

국보급 티라노사우루스의 특별한 점들

사망 당시 국보급 티라노사우루스는 18살이었다. 성체지만 완벽히 성장하지는 않은 상태다. 두개골과 턱, 이빨, 그리고 몸체의 형태를 가까이서 보면 국보급 티라노사우루스에 대해 많은 것을 알 수 있다. 전시실의 패널 설명에 따르면, 이 화석의 몸집은 길이 13미터, 체중 7톤이었다. 이것은 당시 생태계에서 커다란 몸집이다. 다른 육식동물들이 왜소하게 보일 정도다. 강한 골반과 다리는 많은 근육의 힘을 받아서 지지력과 균형 잡기, 이동성이 우수하다. 복부 갈비뼈들은 복부 근육에 묻혀 있지만, 티라노사우루스가 호흡하는 것을 도와준다.

이 화석은 티라노사우루스의 앞다리가 완벽하게 보존된 상태로 발굴된 최초의 화석이다. 앞발은 너무 작아서 먹이를 잡을 수도 없다. 그러나 관절과 근육은 기능이 있다. 그들의 용도는 아직 미스터리다. 또 하나의 특징은 차골이다. 이것은 부메랑처럼 생겼다. 새들처럼 가슴과 어깨 사이에 있다. 모든 새는 티라노사우루스와 관계가 있다는 것을 알 수 있다. 한편 깊은 아래턱은 강한 근육들이 달라붙을 공간이 많다. 이것으로 큰 고깃덩어리를 찢고 뼈를 부술 힘을 공급받는다. 두꺼운 톱니 모양의 이빨은 살을 찢고, 때로는 다른 공룡의 뼈에 구멍을 낸다.

이미 밝혀진 것들과 아직도 밝혀내야 할 과제들

티라노사우루스 렉스는 1900년에 처음 발견되어 1905년에 명명되었다. 그러나 어떻게 살고 어떻게 죽었는지는 알려진 바가 별로 없었다. 국보급 티라노사우루스가 발견된 지도 30년이 넘었다. 고생물학자들은 지난 30년 동안 국보급 티라노사우루스에 대해 몇 가지 주요 사항들을 찾아냈다. 과거에 그들은 연대를 추정하는 좋은 방법이 없었다. 하지만 이제는 방사성 연대 측정과 같은 기술을 사용해 공룡 화석을 둘러싼 암석층을 분석한다. 그래서 다양한 공룡들이 언제 살았는지를 알아낸다.

국보급 티라노사우루스가 발견된 1988년 이후 과학자들은 티라노사우루스 렉스가 약 6천8백만 년 전에서 6천6백만 년 전, 즉 백악기 말기에 북아메리카의 서부지역을 돌아다녔다고 밝혔다. 이 종은 지질학적으로 볼 때 약 200만 년, 어쩌면 그보다 훨씬 더 짧은 기간만 생존했을 것이다. 북미 동부에 두 종류의 티라노사우루스가 있었다는 것이 분명해졌다. 하지만 당시 북아메리카 동부와 서부는 바다로 분리되어 있었다. 때문에 이 티라노사우루스는 서부의 거대한 티라노사우루스 렉스와 마주친 적이 없다.

한편 2천년대의 새로운 연구에서는 티라노사우루스의 아시아 친척인 작은 딜롱 파라독서스와 훨씬 더 큰 유티라누스 후알리가 깃털을 가지고 있었다고 발표되었다. 이 발견은 연구자들이 티라노사우루스를 시각화하는 방법에 혁명을 일으켰다. 티라노사우루스도 깃털이 있었을 것이다. 그러나 최근 티라노사우루스와 그 가까운 친척에게서 얻은 피부 이미지는 비늘 패턴만을 보여주었기 때문에 깃털 논쟁은 현재까지 계속되고 있다.

박물관의 공룡 큐레이터인 매튜 카라노에 따르면, 티라노사우루스 화석은 홀에서 가장 많이 연구된 표본 중 하나다. 또 이 화석은 생물학적 분자가 화석화된 뼈 안에 여전히 존재하는지 확인하는 연구에 최초로 사용되기도 했다. 하지만 여전히 밝혀야 할 몇 가지 비밀이 남아 있다. 과학자들은 티라노사우루스가 잔인한 살인범인지 아니면 시체 청소부 이상인지, 또는 둘의 조합인지 확신하지 못한다. 그래서 매튜 카라노는 이렇게 말한다. "이 전시에서는 (큐레이터가 일부러) 포식자가 살아 있는 트리케라톱스를 죽이고 있는지, 아니면 시체를 갉아먹는 것인지에 대한 해석의 여지를 의도적으로 남겨두었다."

그리고 티라노사우루스의 너무 짧은 팔을 사용하는 방법도 여전히 수수께끼다. 먹이를 잡기에는 팔이 너무 짧다. 가동성과 약간의 힘을 제공하기 위해, 필요한 모든 근육이 제자리에 있는 상태에서 여전히 기능이 있었던 것으로 보인다. 그러나 고생물학자들은 또 다른 용도에 대해서는 아직 잘 모른다.

공룡 화석의 보고 헬 크리크층

'헬 크리크 퇴적층'은 세계에서 가장 유명한 공룡 화석 발굴지다. 미국 서부 몬태나, 노스다코타, 사우스다코타, 그리고 와이오밍의 4개 주에 걸쳐 대규모 퇴적암들이 넓게 퍼져 있다. 시기적으로는 중생대 백악기 말기와 신생대 팔레오세에 해당한다. 이곳에서는 트리케라톱스와 티라노사우루스를 비롯해 많은 공룡 화석이 발굴되었다. 파키케팔로사우루스, 에드몬토사우루스, 안킬로사우루스 등도 이 지역에서 많이 나왔다.

이 지층은 공룡 말고 또 하나 과학적으로 매우 중요한 것이 있다. 바로 이리듐(Ir)이다.

이리듐은 지구 광물에서는 별로 없고, 소행성이나 운석에 주로 들어 있다. 그런 이리듐이 많이 발견된다면 그것은 곧 커다란 소행성 충돌의 증거가 된다. 따라서 공룡 멸종의 원인이 소행성 충돌 때문이라는 학설의 근거가 되었다.

한편 2020년 10월, 6천7백만 년 전의 티라노사우루스 렉스 골격 화석이 영국 크리스티 경매에 나왔다. 이 공룡의 이름은 '스탠(Stan)'이었다. 그전까지 경매에서 가장 비싸게 낙찰된 티라노사우루스 화석은 앞에서 얘기한 '수(Sue)'였다. 그런데 스탠이 그 기록을 깼다. 경매가 3천1백80만 달러, 한국 돈으로 3백75억 원이나 되었다.

딥 타임 화석 전시실에 전시된 티라노사우루스의 목뼈. 손으로 만질 수 있다.

이 화석은 아마추어 고생물학자 스탠 새크리슨이 1987년 사우스다코타에서 발견했다. 길이는 12.2미터, 높이는 약 4미터다. 188개의 뼛조각과 길이가 28센티미터인 이빨들이 발견되었다. 사우스다코타주의 힐 시티에 있는 블랙힐 지질연구소가 이것을 가지고 20년 넘게 많은 연구를 수행했다. 이 화석 역시 헬 크리크 층에서 발굴된 것이다.

스미스소니언 자연사박물관이 딥 타임 전시를 준비하는 기간은 모두 5년이 넘게 걸렸다. 그동안 스미스소니언은 임시로 공룡 전시실을 박물관 2층에 마련했다. 이 임시 전시(임시라고 해도 전시 기간이 5년이다)의 제목 또한 '아메리카의 마지막 공룡들'이었다. 이 전시의 주인공 역시 티라노사우루스와 트리케라톱스였다. 이때 전시된 티라노사우루스 화석의 모형이 바로 스탠의 복제품이었다.

티라노사우루스 조상의 이빨 화석

딥 타임 전시에는 또 하나 특별한 화석이 있다. 2016년에 우즈베키스탄에서 발견된 티무르렌지아 유오티카(Timurlengia euotika) 화석의 이빨이다. 이것은 9천만 년 전 티라노사우루스의 조상 화석으로 추정된다. 이 화석은 T. rex를 닮았지만 매우 작다. 성체임에도 3~3.6미터, 무게는 250킬로그램이다. 우리가 알던 T. rex와는 다르다. T. rex 성체는 이 화석보다 4배나 길고 20배가량 무겁다. 티라노사우루스는 6천8백만에서 6천6백만 년 전에 살았다. 둘 사이에는 약 2천만 년 이상의 시간 차이가 발생한다. 따라서 이 이빨 화석이 T. rex가 초기에는 작았다가 나중에 육중해졌다는 가설을 뒷받침할 중간 고리인 셈이다. 그 밖에 폭군 공룡 티라노사우루스의 똥 화석도 있다. 6천6백만 년 전 캐나다에서 나온 화석화된 배설물은 전시창 바로 밖에 있는 배설물 화석 진열장에 있다.

세계 최대 스미스소니언 자연사박물관 이야기

박물관이 살아 있다

지은이 권기균

책임 편집 김민주
디자인 한송이

인쇄 금강인쇄
초판 1쇄 2023년 7월 7일
초판 3쇄 2023년 12월 11일

펴낸이 이진희
펴낸곳 (주)리스컴

주소 서울시 강남구 테헤란로87길 22, 7138호
전화번호 대표번호 02-540-5192
편집부 02-544-5194
FAX 0504-479-4222
등록 제2-3348호

ISBN 979-11-5616-301-5 03400